NEURO
MARKETING

NEURO MARKETING

CIÊNCIA, COMPORTAMENTO E MERCADO

ENTENDA COMO O ESTUDO DO COMPORTAMENTO HUMANO E DAS CONEXÕES NEURAIS PODEM IMPULSIONAR ESTRATÉGIAS DE MARKETING, ALAVANCAR VENDAS E FIDELIZAR CLIENTES.

LUIZ MOUTINHO E KARLA MENEZES

www.dvseditora.com.br
São Paulo, 2023

NEURO MARKETING
CIÊNCIA, COMPORTAMENTO E MERCADO

DVS Editora Ltda 2023 – Todos os direitos para a língua portuguesa reservados pela Editora.

Nenhuma parte deste livro poderá ser reproduzida, armazenada em sistema de recuperação, ou transmitida por qualquer meio, seja na forma eletrônica, mecânica, fotocopiada, gravada ou qualquer outra, sem a autorização por escrito dos autores e da Editora.

Projeto gráfico e diagramação: Bruno Ortega

Design de capa: Rafael Brum

Revisão: Hellen Suzuki

Dados Internacionais de Catalogação na Publicação (CIP)
(Câmara Brasileira do Livro, SP, Brasil)

Moutinho, Luiz
   Neuromarketing : ciência, comportamento e mercado : entenda como o estudo do comportamento humano e das conexões neurais podem impulsionar estratégias de marketing, alavancar vendas e fidelizar clientes / Luiz Moutinho, Karla Menezes. -- São Paulo : DVS Editora, 2023.

   Bibliografia.
   ISBN 978-65-5695-095-2

   1. Comportamento - Aspectos psicológicos 2. Consumidores - Comportamento 3. Marketing – Administração 4. Marketing - Aspectos psicológicos 5. Neurociência 6. Vendas – Administração I. Menezes, Karla. II. Título.

23-163666   CDD-658.8342

Índices para catálogo sistemático:

1. Neuromarketing : Administração   658.8342

Aline Graziele Benitez - Bibliotecária - CRB-1/3129

Nota: *Muito cuidado e técnica foram empregados na edição deste livro. No entanto, não estamos livres de pequenos erros de digitação, problemas na impressão ou de uma dúvida conceitual. Para qualquer uma dessas hipóteses solicitamos a comunicação ao nosso serviço de atendimento através do e-mail:* **atendimento@dvseditora.com.br.** *Só assim poderemos ajudar a esclarecer suas dúvidas.*

SUMÁRIO

PREÂMBULO 8

CAPÍTULO 1 – UMA BREVE INTRODUÇÃO 13

CAPÍTULO 2 – NEUROFISIOLOGIA, NEUROCIÊNCIA E MARKETING 19

CAPÍTULO 3 – COMO O CÉREBRO TRABALHA? PROCESSOS COGNITIVOS E DECISÃO 44

CAPÍTULO 4 – NEUROCIÊNCIA DO CONSUMIDOR: A NEUROCIÊNCIA DA DECISÃO 59

CAPÍTULO 5 – NEUROIMAGEM, PLATAFORMAS E PRÁTICA 78

CAPÍTULO 6 – NEUROCIÊNCIA E IMAGENS DA MENTE – ONDAS CEREBRAIS E MAPEAMENTO 95

CAPÍTULO 7 – POUT-POURRI DE NEUROCIÊNCIA E ALGUNS INSIGHTS DE MARKETING 111

CAPÍTULO 8 – PROCESSOS BIOLÓGICOS, POLYMEASURES (POLIMEDIDAS) E BIOMETRIA 139

CAPÍTULO 9 – NEURO(R)EVOLUTION – A EMERGÊNCIA DAS NEUROTECNOLOGIAS 165

CAPÍTULO 10 – NEURO E ROBOÉTICA 179

CAPÍTULO 11 – O FUTURO DA BIOMETRIA 204

CAPÍTULO 12 – CONCLUSÕES E CAMINHOS A SEGUIR 238

REFERÊNCIAS 258

LUIZ MOUTINHO

O Profº Luiz Moutinho *Honoris Causa* e Professor Catedrático com 34 anos de experiência. É *Visiting Fellow* e Professor de Marketing na Suffolk Business School, University of Suffolk. Também Profº Adjunto na Graduate School of Business, University of the South Pacific, Fiji, e Professor Visitante de Marketing na Marketing School, Portugal. Ele é membro da Academia Europaea e editor-chefe fundador do Journal of Modeling in Management, co-editor-chefe do Innovative Marketing Journal e membro de conselhos editoriais e científicos de várias revistas acadêmicas. Suas áreas de pesquisa atuais incluem neurociência em marketing, marketing futurecast, tecnologia wearable e interface humano-computador. Recebeu prêmios por excelência em pesquisa acadêmica e é um palestrante renomado, com eventos em 46 países ao redor do mundo. É também o criador e fundador do Marketing Futurecast Lab em Portugal.

KARLA MENEZES

Karla Menezes é Profª Adjunta da ESCE-IPS, em Portugal, onde é coordenadora da Licenciatura em Marketing. É formadora da APEU-FEUC da Universidade de Coimbra, onde atuou como coordenadora científica do Programa Avançado em Neuromarketing. Também concebeu o MBA em Neuromarketing Aplicado pelo IPOG Brasil. Atualmente, é *country head* da Kotler Impact no Brasil e em Portugal, além de ser *keynote speaker* do e-WMS a convite do Profº Phillip Kotler. É doutoranda em Gestão de Empresas com foco em neuromarketing pela FEUC, Mestre em Comportamento do Consumidor, especialista em educação à distância e neurociência básica. Suas áreas de interesse são neurociência, psicologia, sociologia e antropologia, todas voltadas ao consumo. É *reviewer* da Springer Nature Group e autora de diversos artigos científicos. Recebeu vários prêmios e ministrou palestras, workshops e seminários no Brasil e Europa.

DEDICATÓRIAS

"A todos os meus verdadeiros amigos!"

PROF° LUIZ MOUTINHO

* * *

Esta dedicatória é sobre amor e amizade. A amizade é como um poema que se escreve ao longo da vida e dedico este livro a um amigo que, com seus traços de gentileza, bondade e carinho, escreve nosso poema. Obrigada Prof° Luiz Moutinho por me receber como sou e me permitir construir uma história consigo.

Quanto ao amor, está presente em cada apoio que recebi nesta jornada que é a vida, em cada pegada deixada em meu coração. Dedico este livro a todos estes, representados aqui pelo espelho da minha alma que se reflete na minha filha Clara, minha essência, e no meu esposo Silvio. Dedico este livro ao amor que nos une.

KARLA MENEZES

PREÂMBULO

A temática deste livro é Biometria e Neurociência, nomeadamente a Neurociência Cognitiva, com tudo alinhado ao Marketing. Aqui, passado, presente e futuro encontram o equilíbrio perfeito para trazer a essência do novo, do que está por vir, do que se segue ao hoje, isto é, o presente, mas que também do passado.

Para ler sobre futuro, é possível sentar-se e recorrer àquele vinho envelhecido em barricas de carvalho, de textura suave e aroma atraente que, após o envelhecimento perfeito (graças a dissolução adicional dos taninos), remete bem ao passado, com cores, sabores e aromas que só são possíveis com o tempo de guarda adequado. E assim como os vinhos guardam em si um momento pessoal de experimentação, transitar entre passado e futuro é uma questão de disposição ao entendimento perfeito da regência do Universo e do nosso lugar enquanto seres vivos, humanos.

A grande pergunta que deve estar em sua cabeça é: *onde está o passado neste contexto todo*? Para obter essa resposta, faz-se necessária uma viagem a tal passado, o mais longínquo que conseguirmos, a fim de compreender nossa estrutura física e mental, que nos levará à comportamental. Antes, contudo, é importante evidenciar que nosso guia nesta viagem será a Neurociência, a fim de entendermos nossa constituição biológica no âmbito cerebral, mas também a Antropologia, a fim de imergirmos em nossos antepassados e percebermos nossa evolução até aqui. Tudo para que chegue aos próximos capítulos deste livro com o entendimento de que precisa para perceber a grandiosidade que já nos acompanha cotidianamente, mas que também está por vir — um futuro alicerçado no passado e experienciado no presente.

Nossa mente é uma máquina do tempo e, como tal, perceber o futuro é uma releitura de tudo que vivemos até aqui. O filósofo inglês John Locke (1632–1704), afirmou que "O homem nasce como se fosse uma folha em branco", considerando que o conhecimento se determina pela experiência, tanto de origem externa, nas sensações, quanto interna, pelas reflexões. Para ele, a única fonte válida de conhecimento é a experiência que, ao longo do tempo, preenche a página em branco. E por falar em tempo, eis o passado, o presente e o futuro: a Teoria da Relatividade de Einstein. Em épocas e áreas do conhecimento diferentes, mas em conformidade com as ideias de John Locke, Einstein descobriu que tempo e espaço são faces de uma mesma moeda, mas com diferentes percepções de um ser humano a outro. Essa lacuna na percepção do tempo acontece graças ao movimento (ou será que podemos chamar experiência?), que faz com que o tempo passe mais rápido para uns do que para outros. A curvatura espaço-tempo é o que nos permite hoje usar o GPS sem nos perdermos, por exemplo (obrigado, Einstein!). A Teoria da Relatividade também explica por que estamos a conduzir um automóvel a 100 km/h e, ao vermos um avião no céu, nós o percebemos como se estivesse quase a parar, mesmo estando a aproximadamente 850 km/h.

Eis o passado: passaram-se mais de 100 anos do lançamento dessa teoria que nos permite vivenciar as maiores descobertas e experienciá-las como inovadoras. Eis o presente: pesquisadores do Instituto Kavli de Neurociências, na Noruega, descobriram que a relação espaço-tempo também ocorre no âmbito cerebral, em áreas próximas. Tais descobertas apontam que o relógio neural funciona ao organizar a experiência em uma sequência de eventos distintos, mostrando, assim, que o cérebro dá significado ao tempo à medida que cada evento é vivenciado.

Mas por que precisamos entender passado, presente e futuro para contextualizar um livro sobre biometria, neurotecnologias e marketing? Não podemos ter perspectivas do futuro sem perceber o percurso da humanidade até aqui. Passado, presente e futuro não são segmentos temporais lineares. Estão interconectados e suportados no nosso desenvolvimento enquanto espécie e sobre perspectivas diferentes para tantas situações semelhantes, em várias épocas da humanidade. Ou você acha que o homem das cavernas não tinha fome, sede, sono, ou falta dele, assim como problemas de relacionamento social — sem falar na discussão de relações entre casal? Claro que sim! Problemas relacionados com sobrevivência da espécie, equilíbrio e adaptação com o ambiente são os que, resumidamente, permeiam a humanidade até os dias de hoje, guardadas as devidas proporções de contexto, recursos e ambiente.

Há milhares de anos, descobrimos o fogo (embora recentes descobertas afirmem que não fomos exatamente nós que o fizemos). O *Homo sapiens* existia na época, em um cantinho em África. De acordo com o historiador Yuval Noah Harari (2011), os *Homo sapiens* já possuíam cérebros em tamanhos próximos aos nossos. Ao sair da África rumo ao Médio Oriente e à Europa, os *sapiens* encontraram-se com os Neandertais, mais musculados, com cérebros grandes, bons caçadores e, é claro, que dominavam a arte do fogo. Descobertas apontam que o arquétipo bruto do homem das cavernas não condiz com a realidade.

Cabe aqui uma nota sobre o tamanho do cérebro como fator de evolução. Embora existam teorias que relacionam fatos isolados, como a dominação do fogo, ao crescimento do cérebro, cientistas da Universidade de Chicago, em 2018, descobriram que esse crescimento foi lento, consistente e gradual. Nosso cérebro de hoje, com aproximadamente 1.232 gramas, é três vezes maior do que o de um chimpanzé (nosso parente mais próximo), cujo cérebro é do tamanho daquele que tínhamos quando éramos os primeiros hominídeos. O tamanho do cérebro é o que nos diferencia de outras espécies, mas o seu desenvolvimento relaciona-se também com a cultura, com a fabricação de ferramentas e, sobretudo, com a linguagem. No fim das contas, a pesquisa com 94 fósseis de 13 espécies, desde o mais antigo ancestral humano (Australopitecus — 3,2 milhões de anos) até o *Homo erectus* (500 mil anos), mostrou que o tamanho médio do cérebro aumentou gradualmente em 3 milhões de anos e que, à medida que espécies de hominídeos emergiram, outras com cérebro menores vieram a ser substituídos.

Essa evolução no tamanho do cérebro permitiu-nos vivenciar a Revolução Cognitiva, na qual, enquanto *sapiens*, fomos capazes de mudar nosso comportamento, mas também de deixar um legado desse comportamento a gerações futuras. Graças ao recurso excepcional que temos, a linguagem, instalamo-nos em lugares distantes, ecologicamente distintos e adaptamo-nos muito bem. Pelo pensamento criativo e necessidade de adaptação, desenvolvemos ideias.

Sabia que as roupas foram inventadas no ano de 1.600.000 BCE (*Before Common Era* — Antes da Era Comum —, uma versão secular do a.C. — antes de Cristo)? E não, não há zeros a mais nessa afirmação! As primeiras roupas eram feitas de folhas de árvores, gramíneas flexíveis e peles de animais. Ao dar um salto no tempo, os primeiros projéteis com pontas afiadas começaram a ser usados em 400.000 BCE. A partir dos projéteis, enquanto artesãos neandertais, fomos capazes de desenvolver uma técnica para construir ferramentas de sílex (250.000 BCE). E em 150.000 BCE fomos capazes de criar o comércio, pela troca de bens, serviços e itens de valor, que ficou estabelecido como parte vital da vida, enquanto impulsionador da economia, da interação social, difusão de ideias, riquezas, doenças, culturas e pessoas.

Essa viagem ao passado fica cada vez mais interessante, pois chegamos a 40.000 BCE, quando surgiu o Antropomorfismo, ou seja, a atribuição de características humanas a entidades não humanas. Consegue perceber que este já era um prenúncio às tentativas de humanizar os robôs? Nos próximos capítulos, você verá! Também foram criadas as primeiras máquinas (7.000

BCE), por meio do desenvolvimento de dispositivos básicos que modificaram o movimento e a força nas performances de trabalho. O calendário com base em anos, meses e dias, tendo como direcionadores o sol, a lua e as estações do ano, foi inventado 3.000 anos após as primeiras máquinas (4.000 BCE). E se você acabou de se lembrar de algum compromisso importante que terá nos próximos dias, saiba que isso é natural, pois temos um fio condutor de quem somos e da nossa continuidade pelas experiências vividas: a memória.

E se der uma piscadela durante essa viagem que estamos fazendo, chegará à Era Comum (ou o d.C. — depois de Cristo), mais precisamente no ano de 1280, quando foi inventado o relógio mecânico, um dispositivo autossuficiente, capaz de medir o tempo sem exigir fonte de alimentação externa, configurado para um ciclo de período limitado de operação. Em mais uma piscadela, estaremos em 1600, quando William Gilbert descobriu a eletricidade por meio da interação de partículas carregadas, marco importante para o advento da tecnologia.

Nesta viagem, podemos entrar num buraco de minhoca, que foi descoberto já no século XX, especificamente em 1918, e, neste túnel no espaço-tempo, chegar mais rápido que a velocidade da luz a um futuro que para nós já é passado, mas que tem nas próximas estações as suas bases. Em 1920 foi criada a robótica, por meio de máquinas que reproduzem as capacidades físicas e/ou mentais humanas. Acredite: até Leonardo da Vinci, em 1495, preocupou-se em criar um esboço de humanoide. Mas ficou a cargo de Karel Capek criar o primeiro de forma mais eficiente. E você pode pensar que os robôs são uma invenção recente! Acredita que eles surgiram antes da televisão? Ainda na Era Comum, deparamo-nos com o ano de 1948, quando Norbert Wienerm, ao usar o *feedback* de um sistema para melhorar sua capacidade de atingir o resultado pretendido, criou a cibernética.

Se olhar pela janela desta nossa viagem no tempo, verá que já estamos a chegar ao final, mas que é apenas o começo, em 1989, quando Tim Berners-Lee criou a World Wide Web, a internet, que nos tornou seres interconectados por meio de dados e informações em um sistema. Da tecnologia robótica, laboratórios de fabricação, à internet de tudo, sensorização das coisas, visualização social, inteligência inspirada biologicamente e polimedidas, chegamos ao contexto deste livro.

Em certos momentos, é bom perder-se no tempo, mas não podemos deixar de ouvir aquela voz ao pé do ouvido a dizer: "É hora de ir!". É o nosso hipocampo! Mais à frente você será devidamente apresentado a ele, que

PREÂMBULO

também é responsável por regular nossa motivação, emoção, aprendizagem e memória, elementos tão importantes no entendimento do comportamento de consumo, a ciência do marketing.

E agora, o futuro: robôs cerebrais, alimentados pelo movimento molecular inerente ao cérebro, os nanobots, que se espalhariam para formar uma teia de eletrodos microscópicos. Essa rede neural poderia identificar onde o circuito do cérebro de uma pessoa falhasse e repará-lo com toques elétricos precisos, mas persuasivos.

Este livro é projetado para abrir mentalidades, expandir a mente e desafiar conceitos aceitos, dissecar novos paradigmas e instigar leitores, ao apresentar muitas tendências e conceitos importantes, tecnologias e cenários futuros que se relacionam com o reino da biometria e neurotecnologias.

Esperamos que goste de ler estes *insights*, que representam um trampolim para dois grandes campos científicos que estão em fluxo permanente. Convidamos você a compreender o futuro à luz das tecnologias e do efeito que elas têm em nossas vidas — não como vilãs que vieram para nos transformar em zumbis, mas como o maior impulsionador do desenvolvimento humano já visto. E nem precisará entrar novamente em um buraco de minhoca para isso. Basta que aproveite a essência de cada palavra aqui escrita; descubra, descodifique, experiencie, viva a nossa visão de futuro, mas também deixe envolver-se no perigo de todo bom livro: o de fazer pensar![1]

Lisboa, 2023.

Luiz Moutinho e Karla Menezes.

---

1   Frase atribuída a Antonio González Iturbe, jornalista, escritor e professor espanhol: "Livros são muito perigosos, eles fazem pensar".

CAPÍTULO 1
UMA BREVE INTRODUÇÃO

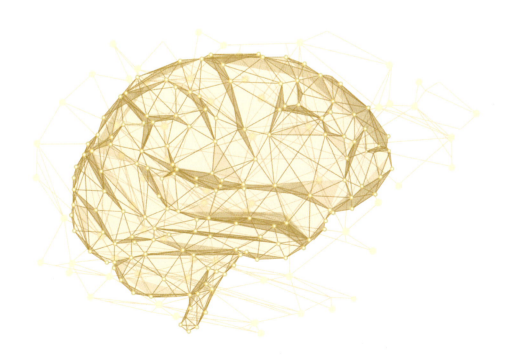

Um dos desafios que ambos nos demos ao escrever este livro foi mergulhar no mundo futuro das tecnologias biométricas e neurocientíficas que podem transformar a maneira como vivemos num mundo que muda constante e exponencialmente. Outro propósito e orientação na elaboração deste livro foram também fornecer exemplos, ilustrações e experimentos de pesquisas reais, bem como aplicações de negócios com resultados promissores. Esperamos ter conseguido cumprir esses dois grandes objetivos e atender, até mesmo superar, às expectativas dos leitores.

De forma mais simples, a palavra "biometria" é derivada do grego antigo *bios* (vida) e *metron* (medida), ou medição da vida, porém o conceito pode ser ainda mais simples: o estudo estatístico das características físicas e comportamentais dos seres vivos, um método para o identificar como único, seja por características físicas ou comportamentais. Atualmente a biometria é considerada um dos meios mais seguros para identificação e proteção de dados.

As tecnologias biométricas não são mais adereços de ficção científica ou *widgets* de tecnologia. Eles são uma solução de tecnologia viável e econômica para alguns dos problemas de segurança de negócios mais difíceis. A pesquisa no campo da biometria abrange um amplo domínio de atividades, incluindo a identificação de características únicas para os indivíduos, o desenvolvimento e o teste da confiabilidade de tecnologias relacionadas à verificação de correspondência biométrica e a análise das atitudes do consumidor em relação ao conforto com recolha, uso e armazenamento digital de tais características.

O uso da biometria encontrou seu caminho em muitos aspectos de nossas vidas diárias e está a espalhar-se lentamente para lugares que mal tínhamos considerado antes. Com tecnologias biométricas como digitalização de impressões digitais, reconhecimento facial e de voz e até mesmo reconhecimento de íris tornando-se populares em *smartphones*, a autenticação pode ser mais segura e conveniente. Na verdade, muitas aplicações já usam autenticação biométrica para autorizar pagamentos, com proximidade do que vemos em filmes de ficção científica. Um computador que pode reconhecer sua voz, entender seus comandos e executá-los parece-lhe familiar? O uso de impressão digital em um caixa multibanco ou na recepção de um hospital para o identificar no seguro-saúde são exemplos mais cotidianos de que a biometria nos acompanha.

Claramente, a biometria fornece uma maneira superior de identificar o indivíduo com precisão. Por exemplo, a biometria comportamental emprega tecnologias de *big data* e *machine learning* para analisar uma rica combinação de comportamento pessoal e características do dispositivo, no sentido de criar um perfil de "utilizador" exclusivo. Em um futuro próximo, podemos esperar maior taxa de adoção e melhor tecnologia para reconhecimento facial, não apenas para acesso a dispositivos pessoais, mas também autenticação e personalização. Os padrões de comportamento já foram integrados à biometria para fornecer recomendações personalizadas e até mesmo exibir anúncios relevantes.

A biometria abre a porta para um mundo livre de *passwords*, chaves e PIN, onde tudo o que você precisa fazer é falar, olhar ou tocar para ser identificado e verificado. Uma vez que as características biológicas são únicas para cada indivíduo, elas não podem ser facilmente falsificadas ou roubadas. Nos últimos cinco anos, houve um rápido aumento não apenas na adoção mas também na gama de setores de mercado e atividades direcionadas ao consumidor. A adoção de tecnologias biométricas deve continuar a acelerar e expandir-se em todos os domínios de utilizador e setores de mercado. Os profissionais de marketing e inovação estão lançando novas maneiras de usar a biometria regularmente. As empresas de tecnologia pessoal integraram a biometria em muitos de seus produtos, o que permite aos consumidores aceder a dispositivos, propriedades e sites da internet.

As compras online e presenciais, bem como o gerenciamento de contas e investimentos, são a principal área de prevalência para o uso financeiro da biometria, enquanto os empregadores continuam a usar soluções biométricas para rastrear e identificar colaboradores.

De forma introdutória, temos alguns exemplos das seis medições biométricas mais utilizadas atualmente. A primeira é a impressão digital, o mais antigo e de menor custo para implementação e execução. Devido à baixa probabilidade de mudarmos a impressão digital com o tempo, é muito confiável e hoje já se encontra digitalizada na maior parte do mundo.

A segunda é o reconhecimento facial, o mesmo que existe em *smartphones*. Ao mapear a face (seja em 2D ou 3D), funções são desbloqueadas com base na imagem do utilizador, criada pelo dispositivo. Vale lembrar que a confiabilidade existe desde que não façamos nenhum procedimento estético de cunho cirúrgico ou até mesmo envelheçamos.

Como terceira forma de medição mais popularizada está o reconhecimento da íris. A íris é a área colorida do nosso olho, e a biometria com base na íris é a mais confiável de todas (também das que têm maior custo de implantação), visto que essa membrana permanece idêntica por toda nossa vida.

Uma quarta medição é o reconhecimento de voz e, em contraponto com o reconhecimento da íris, é o menos confiável e o de menor custo. Por analisar os parâmetros físicos e comportamentais da nossa voz, inclui cordas vocais, laringe e outros órgãos, mas também sotaques e entonação. Entretanto qualquer ruído pode comprometer o resultado final, e assim não temos o reconhecimento adequado — imagine durante uma gripe!

A penúltima forma de medição é o reconhecimento da retina. Cabe aqui uma nota de que esta é uma das mais seguras que existe, pois temos uma assinatura única nessa área do corpo: os vasos sanguíneos que a irrigam, variando de pessoa a pessoa. É quase como as riscas de uma zebra (únicas em cada animal). Embora o método de recolha desses dados biométricos seja invasivo e incômodo, é o que mais dificulta a burla de informações.

Por fim, temos o reconhecimento pela digitação, que se baseia na sucessão de movimentos e compasso do indivíduo ao pressionar teclas com os dedos. Embora cada pessoa tenha um estilo próprio em termos de velocidade, quantidade de dedos que utiliza e força que pressiona as teclas, este método tem baixa confiabilidade, já que o cenário pode mudar, propositadamente ou não.

A biometria liberta consumidores e empresas, bem como cidadãos e governos, do fardo de ter que provar constantemente que você é quem diz ser. O desenvolvimento adicional de tecnologias biométricas mudará significativamente o mundo. Essas tecnologias, certamente, só podem ser usadas para tornar a vida mais fácil. Assim como a ciência no século XX foi transformada pela descoberta do DNA, a ciência e a medicina no século XXI serão transformadas à medida que desvendamos os mistérios da mente, abrindo caminho para maior saúde do cérebro e maior compreensão do que significa ser humano. Os próximos 20 anos serão uma era dourada de sistemas de inteligência artificial (IA), que são realmente baseados apenas em inteligência artificial estreita, mas nos permitirão expandir muito nossa inteligência efetiva. O verdadeiro progresso em IA virá da ciência da inteligência, ou seja, da neurociência e da neurociência computacional. Gostaríamos de ter um vislumbre — experimental e teórico — de como os circuitos dos neurônios computam "conceitos abstratos" ou, mais precisamente, como os circuitos dos neurônios criam "programas" e "rotinas" que fundamentam habilidades tipicamente humanas, como linguagem, raciocínio e o desenvolvimento da matemática e das ciências.

Avanços recentes na neurociência abriram caminho para aplicações inovadoras que aumentam e aprimoram cognitivamente os seres humanos em uma variedade de contextos. O desenvolvimento de técnicas para registrar e estimular a atividade neural produziu uma revolução na capacidade de compreender os mecanismos cognitivos relacionados à percepção, memória, atenção e planejamento e execução de ações. No entanto, se essas técnicas podem ou não ser usadas de forma realista para o aumento cognitivo, depende não apenas de quão eficazes são na detecção de atividade neural interpretável e/ou na estimulação de áreas-alvo específicas do cérebro, mas também de uma série de outros fatores relevantes. Entre eles está o grau de invasão — ou seja, até que ponto uma tecnologia requer a introdução de instrumentos no corpo —, bem como outros fatores práticos, incluindo o quão portáteis ou caras são as tecnologias, que influenciam sua usabilidade na vida quotidiana para o aumento cognitivo humano.

Historicamente, os neurocientistas adotaram uma abordagem reducionista para compreender a função cerebral. A compreensão moderna do cérebro evoluiu ao longo do século passado, das limitadas 47 regiões cerebrais conhecidas em 1909 até o nosso atual mapa do cérebro humano com 98 regiões apenas no córtex. Por meio da combinação de tecnologias para registrar e interagir com circuitos neurais em tempo real, bem como incorporar metodologias imparciais para caracterizar o comportamento e a atividade neural, veremos a transformação das tecnologias de interface neural que envolvem diretamente o sistema nervoso. Essa tecnologia está atualmente passando por um rápido avanço com interfaces cérebro-computador.

Embora não esteja aparente em nossa vida cotidiana, empresas em todo o mundo usam os resultados da pesquisa neurocientífica para informar suas práticas de negócios, desde a estrutura do escritório até a colocação de produtos e estratégias de marketing. Isso provavelmente aumentará ao longo das próximas cinco décadas, à medida que nossa compreensão da neurobiologia da cognição e da atenção amadurecer. Em particular, a neurotecnologia vestível, os *wearables*, têm o potencial de desempenhar um papel proeminente no fornecimento de *feedback* instantâneo ao consumidor, permitindo estratégias de marketing personalizadas que são atualizadas em tempo real. Com a construção do conectoma humano, uma espécie de diagrama de fiação do cérebro humano, de repente tínhamos os recursos e as ferramentas para começar a olhar para o cérebro de maneira diferente. Já uma técnica conhecida como estimulação cerebral profunda, ou DBS (*Deep Brain Stimulation*), usa eletrodos implantados cirurgicamente no cérebro das pessoas para ajustar o comportamento das células cerebrais.

A neurociência é um campo vasto. Com aproximadamente 86 bilhões de neurônios no cérebro humano adulto e o mesmo número de células não neuronais, não é surpreendente que o estudo desse órgão seja complexo. Além disso, o sistema nervoso se estende muito além do crânio, com neurônios que se projetam para as partes mais distantes do corpo, recolhendo informações e respondendo ao ambiente. O progresso do campo continua a reforçar seu enorme potencial.

Neste livro, capítulo a capítulo, serão retratados estudos de neurociência e algumas das tendências mais importantes que terão um certo grau de impacto nas aplicações futuras de técnicas biométricas, ao avançar no conhecimento e construir cenários-chave que entrelaçam a miríade de fatores que compõem o futuro da informação biométrica, medições fisiológicas e neurotecnologias. Iremos adquirir uma nova maneira de pensar sobre a condição humana, desta vez com olhos biológicos, culturais e tecnológicos, e pensar nos sinais do nosso corpo como *feedbacks* para apoio a tomada de decisões. Se você se interessa pelos estudos relativos ao marketing e ao consumo, este livro também é para você.

O próximo capítulo será sobre neurofisiologia, neurociência e marketing, seguido dos processos cognitivos que acompanham o trabalho do nosso cérebro e da neurociência da decisão, a neurociência do consumidor. Neuroimagem, plataformas e práticas estão junto com imagens da mente, por meio do mapeamento de ondas cerebrais, nos Capítulos 5 e 6 respetivamente. O Capítulo 7 traz um *pout-pourri* de neurociência com alguns *insights* de marketing: *brand sense*, hipersonalização da publicidade, neuromarketing, marketing e neuroética, assim como os argumentos e artefatos que usamos para perceber o comportamento do consumidor, seja pela neurociência do consumo, seja pela psicologia do consumo, estão presentes aqui. O Capítulo 8 trata de processos biológicos, polimedidas e biometria, seguidos da emergência das neurotecnologias no Capítulo 9. Neuro e roboética também se fazem presentes, no Capítulo 10, e o futuro da biometria está no Capítulo 11. Por fim, no Capítulo 12, trazemos alguns caminhos a seguir.

CAPÍTULO 2
NEUROFISIOLOGIA, NEUROCIÊNCIA E MARKETING

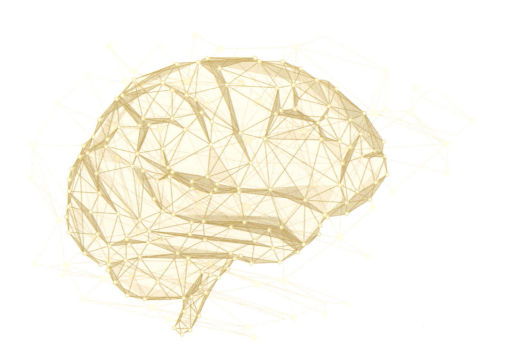

Como sabemos, uma decisão é multifatorial. Isso quer dizer que fatores de diferentes naturezas se fazem presentes em nossas decisões. Educação, cultura, (pré) conceitos, esquemas mentais, moralidade e experiência são alguns desses fatores, o que torna necessária uma visão mais ampla de quem somos e como decidimos.

O senso comum, em toda sua subjetividade, diz que nossas escolhas são fruto das experiências que vivenciamos no cotidiano, por meio de um saber não sistematizado, que usa os sentidos para nos guiar. Talvez você já tenha ouvido dizer que, se colocar sua bolsa no chão, perderá dinheiro. No entanto, não há qualquer evidência científica disso, mas algumas pessoas jamais deixarão alguém da própria família colocar a bolsa no chão, nem mesmo colocarão a própria bolsa. E se formos andar para trás e lembrar quem nos ensinou isso, chegaremos ao dilema filosófico que mais nos aflige: o do ovo e da galinha e quem nasceu primeiro.

Já o marketing, como bom estudioso do comportamento de compra, considera que nosso processo decisório acontece por etapas. Primeiro reconhecemos que temos um problema (e a compra é a solução dele), que pode ser a troca de um carro, de uma casa ou até mesmo uma roupa para aquela ocasião especial. A partir daí, buscamos informações com amigos, familiares e nas redes sociais e só depois avaliamos as alternativas. Após essa avaliação, tomamos nossa decisão de compra. Cabem aqui duas notas: a primeira é que nem sempre vivenciamos todas essas etapas; e a segunda é que, quanto maior o esforço que empreendemos na escolha, mais usamos nosso pensamento construtivo, ao aceder a aspectos cognitivos, habituais e afetivos.

Trocando por miúdos, comprar um carro é diferente de repor o açúcar que acabou. E como este livro não tem nada de simplista, não podemos deixar de considerar que as necessidades e os desejos humanos estão conectados com as nossas diferenças. Manuel não deseja o mesmo carro que João nem que Rafael, que não deseja carro algum e prefere pôr uma mochila nas costas e viajar sem roteiro definido. São situações como as previstas por Shakespeare em sua obra *Sonho de uma Noite de Verão* — Helena ama Demétrio, que ama Hérmia, que ama Lisandro, que também a ama...

Por toda essa complexidade maravilhosa que somos, o marketing não podia contentar-se com as etapas, ignorar as raízes e concentrar-se apenas na árvore. E assim a neurociência fez-se presente, nomeadamente a neurociência do consumidor, que vem a desempenhar um papel cada vez mais relevante no estudo do nosso comportamento de compra. Perguntar "quem", "onde" e "quando" não é mais suficiente. O "como" e o "por que" fazemos o que fazemos é o que nos conduzirá à aplicação da neurociência a estratégias de marketing. Como um campo de pesquisa que estuda as respostas cognitivas e afetivas dos seres humanos, podemos entender como o cérebro conduz as nossas escolhas, pelo estudo da atenção, aprendizagem, estados de consciência, memória, sentimentos e emoções. Entender a psicologia do consumo e o comportamento do consumidor à luz da neurociência é preencher os espaços em branco deixados pela ciência tradicional, como grupos de foco, entrevistas e questionários. Aqui há uma complementaridade entre os relatos conscientes e os inconscientes (que trazem uma grande percentagem das nossas escolhas).

Mas isso não é tudo. O entendimento completo dos fatores que determinam essas escolhas inconscientes não deve prescindir de outros conhecimentos científicos como antropologia, psicologia e até filosofia (que por vezes são encontrados neste livro). E se olharmos pela lente da neurociência, faz-se importante trazer a neurofisiologia a este contexto.

A neurofisiologia é uma subespecialidade da neurociência e da fisiologia e estuda o funcionamento do sistema nervoso, por vezes a recorrer a ferramentas eletrofisiológicas ou biomoleculares.

Para a neurofisiologia, a decisão decorre do ciclo percepção-ação como fator influenciador. A multifatorialidade da decisão indica que a saída decidida para a ação (no córtex frontal) deve resultar do processamento de várias entradas do meio ambiente, do meio interno e de outros setores do nosso córtex cerebral. Convidamos você a conhecer, agora, uma linguagem mais científica!

PRAZER EM CONHECÊ-LO! SOU O SEU CÉREBRO

Esta máquina perfeita pesa cerca de 1,5 kg e tem um tom róseo. O que se vê são protuberâncias até um pouco confusas a olho nu! O seu aspecto rugoso tem o papel de expandir a área de superfície, aumentando, assim, o número de neurônios em seu interior. Esse aumento, por conseguinte, potencia o processamento e as habilidades cognitivas, internamente aos hemisférios cerebrais.

Cada uma dessas fissuras compõe e guarda o universo maravilhoso que iremos adentrar. Alguns componentes ganham maior destaque neste livro, nomeadamente as áreas mais importantes para os experimentos e estratégias que envolvem o marketing, a neurociência do consumidor e o neuromarketing, como os lóbulos frontal, temporal, occipital e parietal, além do sistema límbico e algumas estruturas que o compõem.

O que deixamos aqui como nota é o fato de que o cérebro tem inúmeras funções e, por essa razão, grande necessidade de oxigênio e glicose para repor a energia que consome e suprir a que precisa.

Neste contexto, o primeiro destaque será dado aos neurônios. São as unidades básicas do nosso sistema nervoso, responsáveis pelos sinais elétricos (com cerca de 0,1 volt cada) que transmitem informações a todo nosso corpo, com suporte das células glias, que têm neste a sua principal função.

São cerca de 90 a 100 bilhões de neurônios a fervilhar em nosso cérebro e induzir a consciência do ser, por meio das mensagens que enviam uns aos outros. Entretanto, para que tudo corra bem entre o envio das mensagens, entram em cena as células glias, que ajudam os neurônios a conectarem-se com o cérebro em seu desenvolvimento, retiram as células mortas, isolam as fibras dos neurônios (os axônios), protegem nosso cérebro de infecções e ainda reciclam os neurotransmissores (que carregam as mensagens de um neurônio a outro).

O protagonismo do neurônio é atribuído ao arquiteto da neurobiologia moderna, o neurocientista, médico e histologista Santiago Ramón y Cajal, Prêmio Nobel de Medicina. Foi ele quem provou que o nosso sistema nervoso é muito mais do que uma única estrutura sem componentes individuais. A partir daí, os neurônios puderam ser interpretados como unidades funcionais e básicas do cérebro que, para nosso crescimento e adaptabilidade, modificam-se.

Existem três tipos de neurônios: os sensoriais, que buscam informações sobre o que está a acontecer dentro e fora do nosso corpo, processam-nas e as encaminham ao sistema nervoso central (SNC); os motores, que recebem informação de outros neurônios para enviar comandos aos músculos, órgãos e glândulas; e os interneurônios, que só estão no SNC e conectam um neurônio a outro.

O certo é que tudo o que acontece em nosso cérebro maravilhoso deve-se à sincronia do código neuronal, que pode ser captada pelo eletroencefalograma (EEG), em forma de ondas cerebrais. É nessa linguagem dos neurônios, seja individual ou coletiva, entre potenciais de ação que residem o mistério e a grandiosidade do funcionamento do nosso cérebro e do nosso ser.

Continuando nossa análise sobre o cérebro, em resumo, passamos pela divisão do cérebro em dois hemisférios: o esquerdo e o direito. Uma curiosidade sobre os hemisférios é que, por norma, um é ligeiramente maior que o outro, e o dominante (o maior) guarda em si o controle motor da fala. Entretanto, o outro é igualmente importante para o funcionamento do nosso sistema nervoso.

Cada hemisfério compõe-se de duas substâncias das mais importantes entre as estruturas nervosas do cérebro: a substância cinzenta e a substância branca. A substância branca são as fibras nervosas, os axônios dos neurônios, e são a ligação entre o córtex cerebral e outras regiões idênticas presentes nos dois lados do cérebro. Já a substância cinzenta consiste nos corpos dos neurônios, que incluem o córtex cerebral e outras estruturas que chamamos de subcorticais, como tálamo, hipotálamo e núcleos da base.

Nosso córtex cerebral é das partes mais importantes do sistema nervoso, pois é nele que interpretamos os impulsos produzidos por todas as vias sensíveis que temos. Também daqui originam-se os impulsos nervosos que comandam os movimentos voluntários, como virar a página deste livro. Ele é também o centro da razão e responsabiliza-se pela memória, percepção e linguagem. Através dos cinco lóbulos que o compõem (frontal, parietal, temporal, occipital e insular), passam por ele cerca de 20 bilhões de neurônios, que determinam e caracterizam a área em que se localizam. Por fim, este é nosso processamento neural mais sofisticado, e entre suas funções estão o pensamento, o raciocínio, a memória, a consciência, a atenção, a consciência perceptiva e a linguagem.

NÓS E O CÓRTEX CEREBRAL

Com quase 3 mm de espessura, o córtex cerebral é a camada mais superficial do cérebro, onde está a maior quantidade de massa cinzenta (cerca de 80%). É a cobertura que envolve todo o hemisfério cerebral. É no córtex que estão as funções cognitivas e o nível mais elevado de processamento de informação. Este ilustre personagem da nossa neuro-história é a razão de grande parte dos esforços de investigação em neurociência. Iremos abordá-lo por meio de três áreas: o neocórtex (evolutivamente mais moderno e composto pelos lóbulos frontal, parietal, temporal, occipital e insular); o sistema límbico (que tem como principais componentes o córtex orbifrontal, o hipocampo, o córtex insular, a amígdala e o hipotálamo); e o córtex pré-frontal (composto dos córtex orbitofrontal, córtex dorsolateral e córtex ventromedial).

NEOCÓRTEX

Comecemos pelo neocórtex: nossa parte humana, que comanda funções superiores do cérebro como a percepção sensorial, emoção e cognição. É devido ao neocórtex que nos tornamos "experts" em determinadas habilidades e comportamentos ao longo da vida, como a memória.

Compreendê-lo é compreender nossa humanidade, o pensar, o sentir e o agir. Ao dividir-se em lóbulos, o neocórtex concentra em si funções especializadas. Cada lóbulo recebe o nome dos ossos cranianos próximos a eles. Assim, apresentamos aqui o lóbulo frontal, que fica na região da testa; o lóbulo occipital, na região da nuca; o lóbulo parietal, no centro superior da cabeça; e o lóbulo temporal, na parte lateral.

Neste relacionamento entre nós e o neocórtex, cada área tem particularidades, e o seu conjunto processa, ainda, os primeiros sinais trazidos pelos sentidos, além das experiências sentidas.

LÓBULO FRONTAL

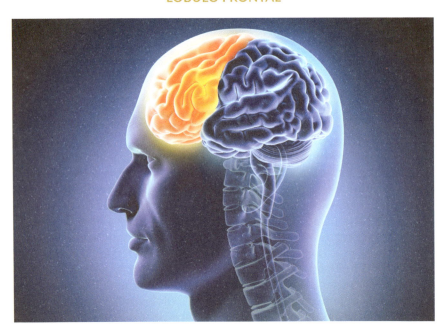

O lóbulo frontal, juntamente com o córtex pré-frontal, nos permite realizar funções como memória de trabalho, preferência, tomada de decisão, comportamento motor e muitas outras. Aqui está o controle dos movimentos horizontais dos nossos olhos (campos oculares frontais), dos movimentos voluntários dos músculos do corpo e da região da cabeça, além de ajudar na integração desses movimentos. Também tem um importante papel na personalidade, emoções, consciência pessoal, inteligência e concentração, assim como no intelecto superior, na personalidade e no humor, no comportamento social e na linguagem.

LÓBULO PARIETAL

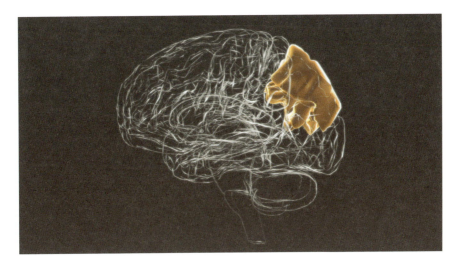

Está entre os lóbulos frontal e occipital e se relaciona com o movimento espacial e com diferentes funções de ações, com uma boa ajuda sensorial. Participa das nossas funções intelectuais, processos afetivos, percepção consciente de sensações somestésicas (vias de transmissão de sinais sensoriais), além de integrar funções motoras e sensoriais, ao ser um mecanismo de programação para respostas motoras.

É do lóbulo parietal que são enviados os sinais de dor para o cérebro. A interpretação das palavras, da linguagem, toque, dor e temperatura também é realizada nele, além da interpretação dos sinais da visão, audição, movimento, memória e percepção espacial e visual.

🧠 CURIOSIDADE

Já que falamos sobre a dor no âmbito cerebral, aqui vai uma curiosidade:

estudos do Instituto Max Planck, na Alemanha, apontam para uma herança genética dos neandertais, uma mutação relacionada com a sinalização da dor. Quem de nós tiver esse gene dos neandertais tem maior sensibilidade, uma vez que o limiar de dor é supostamente mais baixo. (Os neandertais, junto com os denisovanos e conosco,seres humanos modernos, compõem os últimos ramos do gênero *Homo*). Ainda em relação à dor, prepare-se para uma descoberta incrível: GASTAR DINHEIRO DÓI!

Uma teoria criada em 1998 já dizia isso, mas os dois cientistas responsáveis por ela (Prelec e Loewenstein) não conseguiram explicar esse tipo de dor. Foi o que levou quatro cientistas (Nina Mazar, Nicole Robitaille, Hilke Passmann e Axel Lendner) a aprofundarem a questão e descobrirem que a tal dor é real. Por meio de ressonância magnética, 21 mulheres tiveram seus cérebros observados enquanto recebiam pequenos choques elétricos (tudo pela ciência!). As mulheres, em jejum e com fome, recebiam os choques em troca de comida (a comida fazia o papel do dinheiro). Numa segunda fase, foi usado dinheiro de verdade, para fins de comparação entre a dor verdadeira e a dor de pagar. O resultado mostrou que nosso cérebro se prepara para o sofrimento em ambas as situações, ao ativar as mesmas áreas.

E mais: quanto maior o preço de alguma coisa, maior a dor, indicou outro estudo. Brian Knutson mapeou as mesmas áreas e concluiu que, quanto mais prestarmos atenção no preço de um produto, maior a chance de não o comprar. É claro que nossa capacidade criativa de resolver problemas já encontrou uma maneira de minimizar essa dor: o desvio de pagar com cartão de crédito ou vale-presente torna a dor menor do que a compra a dinheiro ou cartão de débito. Que aprendizado podemos tirar desses estudos? Nosso órgão avarento sente, sim, dor ao pagar!

LÓBULO TEMPORAL

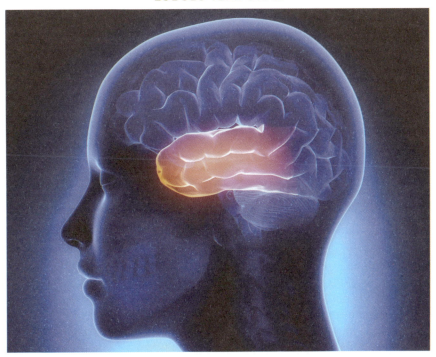

Está abaixo do lóbulo frontal e parietal e permite-nos reconhecer objetos e rostos, mas também acessar a memória destes. Nesta região também estão envolvidas as nossas memórias episódicas. Outras pesquisas mostram que o lóbulo temporal também regula a compreensão da linguagem, memória, audição, sequenciação e organização. Um experimento que envolveu três universidades americanas observou a forma de pensar de tribos indígenas, de americanos adultos, de crianças em idade pré-escolar e de macacos e descobriu-se que a nossa forma de pensar é mais semelhante à dos macacos do que imaginávamos, devido à recursividade. Recorremos à recursividade para pensar, ao interiorizar conceitos complexos quando inserimos uma frase ou ideia dentro da outra. Destacamos aqui a importância da linguagem nesse processo.

LÓBULO OCCIPITAL

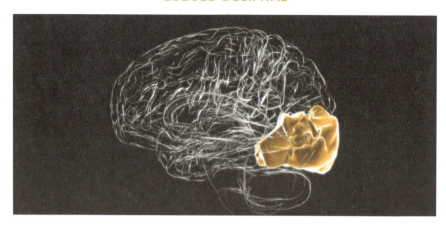

O lóbulo occipital está intimamente ligado a estímulos visuais e atenção visual, além da percepção visual. É aqui que ocorre também a interpretação da visão pela luz, cor e movimento. Mesmo no escuro somos capazes de processar imagens, desde que estejamos em movimento. Foi essa a conclusão de um estudo publicado na *Revista Neuron* e mostra-nos que existe partilha de informações entre o córtex responsável pela visão e a área cerebral que comanda os movimentos. Agora está explicado por que, ao adentrarmos no cinema após o início do filme, ficar parado não é a melhor solução para encontrar nosso assento.

LÓBULO INSULAR OU ÍNSULA

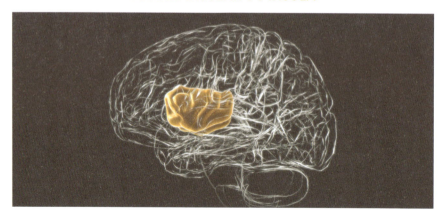

Está envolvido no processamento de várias sensações, como sabor, sensação visceral, dor e função vestibular. Está "enterrado" sob os lóbulos frontal, parietal e temporal. Alguns cientistas não costumam considerar o lóbulo insular como um lóbulo propriamente dito, e sim como uma estrutura do córtex — por essa razão, chamam apenas de ínsula. A ínsula é uma estrutura multifuncional, conhecida por estar na origem das nossas emoções. Também é onde está nossa empatia, nosso entendimento do outro, além de armazenar nossas intuições.

SISTEMA LÍMBICO

Recebeu este nome derivado da palavra em latim *limbus*, que significa "borda", por ser uma barreira física entre o cérebro e o hipotálamo.

Controla o olfato, a memória, as emoções e a homeostase corporal. Tem um formato de anel, em cor acinzentada, é formado por neurônios e composto de várias estruturas. Para a psicologia, o sistema límbico é a anatomia humana do inconsciente, e é influenciado por outras vias do sistema nervoso relacionadas com os nossos sentidos. Curioso entender que a descoberta deste sistema tão importante se deu em 1937, quando James Papez (1937) denominou-o Circuito de Papez e considerou-o como atuante ativo no mecanismo das funções emotivas e expressões periféricas, sendo ele o condutor das nossas emoções, e não os centros cerebrais como achavam os cientistas. Este circuito era composto de quatro estruturas conectadas: hipotálamo, núcleo anterior do tálamo, giro cingulado e hipocampo. Mais tarde, Paul McLean (2019) adicionou novas estruturas ao circuito e chamou-o de sistema límbico, sendo que destacaremos o tálamo, o hipotálamo, a amígdala e o hipocampo.

TÁLAMO

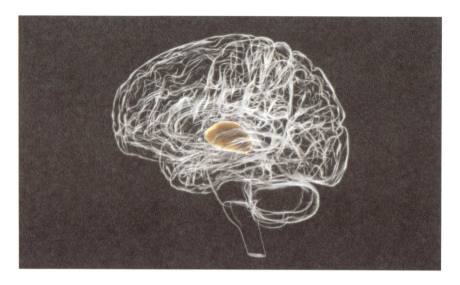

Encontra-se dos dois lados do cérebro e é responsável pelos nossos sentidos. Os estímulos sensoriais (excluso o olfato) passam por aqui e só depois derivam a áreas mais específicas. Localiza-se acima do hipotálamo, também regula sensações de dor, quente e frio e até aquela pressão que sentimos no ouvido. Os 12 núcleos do tálamo respondem por uma gama de funções do nosso corpo, como transmissão de sinais sensitivos e motores, regulação da consciência do sono e do estado de alerta. É ele que transmite sinais de outras regiões do Sistema Nervoso Central (SNC) para o córtex cerebral, ativando-o. Em resumo, sensibilidade, motricidade, comportamento emocional e ativação do córtex são suas funções mais conhecidas.

Para ficar o registro, o tálamo também se relaciona com alterações no nosso comportamento emocional, decorrente, ainda, da conexão com outras estruturas que compõem o sistema límbico, centro das nossas emoções. Um estudo realizado em 2013, fornece argumentos de que o tálamo age também como monitor central em atividades linguísticas, com base em operações da linguagem tanto perceptivas como produtivas, ou seja, exercer o controle e a adaptação da conectividade neuronal que influenciam o circuito linguístico.

HIPOTÁLAMO

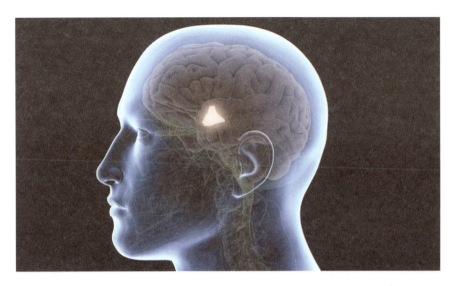

Por controlar mecanismos importantes relacionados com nossa sobrevivência, como a ingestão de alimentos e líquidos, o sono, o metabolismo e a temperatura corporal, o hipotálamo permite um estado de equilíbrio fisiológico (homeostase). Essa estrutura, um pouco maior que o último segmento do nosso dedo mindinho e com 4 gramas, é tida por pesquisadores como o segmento central do sistema límbico. Assim, tanto sua estimulação quanto sua inibição ocasionam efeitos sobre o comportamento e emoções dos animais, inclusos nós, seres humanos. Da estimulação decorrem sede, fome, fúria e até luta, devido ao aumento de atividade. Também saciedade, redução da ingestão de alimentos e tranquilidade, além do medo e reações de punição (Papez, 1937).

Como podemos perceber, é um centro de recompensa e punição, e seu tamanho não é diretamente proporcional à sua importância. Em toda sua representação de 0,4% do nosso cérebro, é ele o nosso nutricionista interno (ou a voz da consciência, se preferir!), que nos chama à razão e impede-nos de devorar aqueles pastéis de Belém deliciosos e apelativos (sim, aqueles feitos em Belém, receita exclusiva da "oficina do segredo", desde 1837). Ao regular a ingestão de alimentos, o hipotálamo percebe os níveis de uma proteína, a leptina, e quando comemos em demasiado, ele, como resposta, diminui nosso apetite.

Aqui uma atenção especial à hipófise ou glândula pituitária. Ela é uma continuação do hipotálamo. Um aspecto fascinante dessa glândula é a maneira como ela se conecta com o meio ambiente. Com base em todas as informações que recebe de nossos sentidos e do tálamo, libera uma série de hormônios com os quais podemos nos ajustar e reagir muito melhor às exigências do exterior. E mede apenas 1 cm!

HIPÓFISE – GLÂNDULA PITURITÁRIA

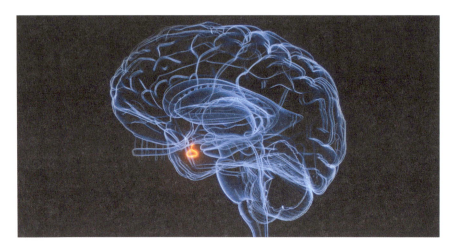

AMÍGDALA

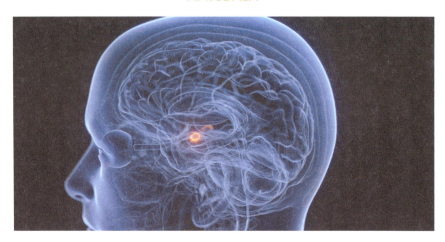

Ativa-se em situações com intenso significado emocional e também está ligada à aprendizagem emocional e ao armazenamento de memórias afetivas. A associação entre estímulo e recompensa também é regulada pela amígdala. É uma massa de neurônios em formato de amêndoa que se relaciona com formação e armazenagem de memória, associada a fortes emoções. Por essa razão, é considerada a sede das nossas emoções. Outros estudos mostram sua forte implicação na consolidação da memória. Também se relaciona com a percepção semi-inconsciente e é essencial para o reconhecimento, formação e manutenção das emoções envolvidas com o medo.

HIPOCAMPO

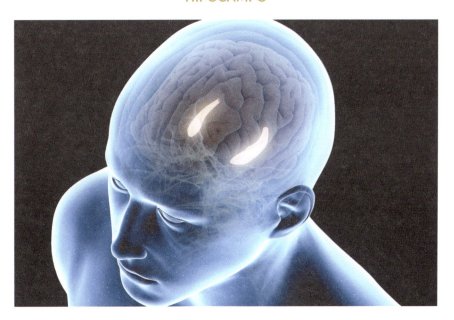

Estrutura cerebral relacionada com a transformação da memória recente em memória de longo prazo e em memória autobiográfica. Está no lóbulo temporal e tem um importante papel em nossa orientação espacial. Sua forma é de curvas, como um "S", e identifica-se como uma densa camada de neurônios. Tem vital importância para aprendizagem, codificação e consolidação da memória. Relativamente à memória espacial, o hipocampo forma um mapa cognitivo, uma representação mental que tem a aquisição, codificação, armazenagem, recordação e descodificação como suporte. Também se descobriu, por meio de vários experimentos, que o hipocampo se associa com a inibição do comportamento, ao ser um centro de avaliação.

Um experimento mostrou a relação entre o hipocampo e o transtorno de hiperatividade, TDAH (Hoogman *et al.*, 2017). Por meio de ressonância magnética, 3 mil pessoas tiveram seus cérebros submetidos a neuroimagens, entre pacientes com TDAH e indivíduos que não a têm. Em seguida, um mapeamento de cada região do cérebro analisou os diferentes centros cerebrais e obteve informações específicas sobre tamanho e volume de cada uma, o que possibilitou uma comparação entre as pessoas com e sem o transtorno de hiperatividade. Os resultados apontaram que o hipocampo, junto com outras estruturas (nomeadamente amígdala cerebral e o núcleo accumbens), é menor em pacientes com TDAH. Tais estruturas, por serem reguladores da nossa emoção e motivação, são nosso sistema de recompensa, ou seja, modificam nosso comportamento por meio de recompensas, função que fica comprometida em pessoas com TDAH.

O hipocampo também integra a tomada de decisão. Quando um sinal neuronal é interpretado como "importante", provavelmente essa informação ficará armazenada na memória.

CÓRTEX PRÉ-FRONTAL

Cientistas consideram que o reflexo mais requintado do nosso processo evolutivo é o córtex pré-frontal, pelo fato de ter sido a última região cortical a ser desenvolvida. É aqui que ocorrem os processos mentais e cognitivos mais complexos e, para a alegria dos cientistas do marketing, é bem próxima ao nosso rosto, o que facilita a medição desses processos. Podemos dizer que o córtex pré-frontal é a nossa essência humana, o que nos permite distinguir o bem do mal, avaliar o ambiente e controlar nosso pensamento. São funções executivas que exprimem nossa personalidade e comportamento.

O córtex pré-frontal é composto do córtex orbitofrontal (que está ligado às nossas decisões e comportamentos sociais), o córtex dorsolateral (por meio deste conseguimos planejar, estabelecer metas, refletir, memorizar) e o córtex ventromedial (onde relacionam-se nossa percepção e expressão de emoções).

O entendimento da relação entre o cérebro e o comportamento é, há muito tempo, um desafio para cientistas de várias áreas. Nascemos inacabados e todos os dias há "novidades" que nos colocam em modo "*work in progress*".

O neurocientista David Eagleman (2017) considera que os genes que nos orientam na construção do corpo e do cérebro, além de fornecerem especificidades que definirão o nosso comportamento e fisionomia, tornam-nos adaptáveis às experiências e ao ambiente enquanto somos jovens. É curioso pensar que a evolução do cérebro e a construção final podem levar até 25 anos. Hoje sabe-se que esse processo não se finaliza na infância. Temos a certeza de que isso explica o *insight* que você acabou de ter! *Eureka!* Nossos adolescentes, de aparência adulta, têm cérebros "imaturos". Explicamos: esse amadurecimento acontece da nuca para a testa, e a última área a "crescer" é o córtex pré-frontal.

Enquanto adolescentes, mudanças imperceptíveis, no âmbito da constituição cerebral, afetam nosso comportamento e visão de mundo, em transição à vida adulta. Nessa transição, a estrutura dominante é o núcleo accumbens (centro do prazer, com funções relacionadas à recompensa, ao prazer, ao vício, ao risco, ao medo ou à agressão) e a atividade do córtex pré-frontal (que continua a ter quase os mesmos registros de quando éramos crianças). Se considerarmos que essa combinação se relaciona com tomada de decisões, atenção e simulação de consequências futuras, teremos uma bela explicação da propensão ao risco que notamos nos adolescentes, principalmente quando estão em companhia de amigos. Já agora também têm um papel importante os nossos neurônios-espelho. Conversaremos sobre isso poucas linhas à frente.

A tradução da motivação em ação é o resultado de alterações neurais programadas que ocorrem em nosso cérebro adolescente (entre elas, maior sensibilidade emocional e uma certa falta de controle nesse aspecto). Portanto, um alento aos pais: tudo pode mudar com a maturidade do cérebro!

Na fase adulta, nossas transformações no âmbito cerebral já se encontram concluídas, mas a mudança ainda é um fato, visto que as experiências modificam nosso cérebro e ele mantém essas modificações. São as "pistas" que deixamos em nosso sistema nervoso que fazem de nós o que somos e o que podemos vir a ser, o que nos torna passíveis de aprender (a nossa memória). Assim, você pode aprender a tocar violino, andar de bicicleta pela primeira vez aos 60 anos, fazer um curso universitário aos 80 ou até saber mais sobre a fisiologia do seu cérebro, como está fazendo agora. De sete em sete anos, os átomos do nosso corpo são substituídos por átomos novos, mas a memória interliga este *"reset"* e não deixa que os dados gravados em nosso HD interno se percam.

OUTRAS ESTRUTURAS E ÁREAS IMPORTANTES

Diferentes áreas do cérebro e do nosso corpo são estimuladas por emoções distintas, e cada área tem o próprio papel. Nesse contexto, daremos uma atenção especial à glândula pineal e ao cerebelo, sem deixar de contextualizar outras áreas e estruturas (de forma mais resumida), importantes para termos como base de conhecimento para a leitura deste livro.

CEREBELO

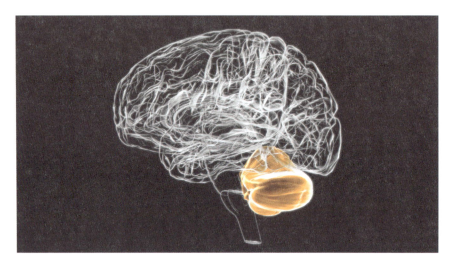

É uma estrutura neural que, tradicionalmente, está envolvida no controle motor, mas também participa em respostas emocionais e funções de cognição. Atualmente, tem-se reconhecido que este órgão tem funções mais amplas do que as puramente motoras, atuando em diversos processos cognitivos. Isso se deu por meio de experimentos com ressonância magnética em animais e humanos que tinham disfunção no cerebelo (Tirapu-Ustárroz *et al.*, 2011).

Ele tem variadas e ricas conexões com os hemisférios cerebrais e representa mais da metade do número total de neurônios que temos. Por essa razão, sugere-se um papel mais importante do que um simples coordenador de movimentos, ligado a processos cognitivos mais complexos, como funções executivas, memória processual e declarativa, processamento da linguagem, aprendizagem e, ainda, funções afetivas.

A neurociência também sugere que ele seja o centro de processamento de informações, como um sistema informático que antecipa as respostas de várias funções, ao coordenar e dirigir a atenção e a excitação, no sentido de atingir os objetivos propostos pelo sistema cerebral (Courchesne, 1997).

GLÂNDULA PINEAL OU EPÍFISE

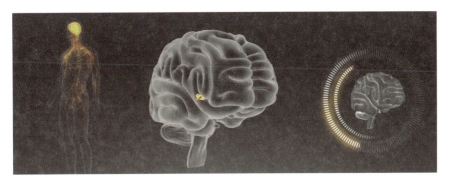

É o nosso roteador Wi-Fi, que nos conecta com o pensamento e com o sentimento das pessoas. Secreta serotonina (níveis de humor e energia), mas também é responsável pela síntese da melatonina, o hormônio do sono, que sincroniza nosso relógio biológico e mantém o nosso ritmo circadiano. O ritmo circadiano é o nosso relógio interior, um processo de 24 em 24 horas que regula o sono e a vigília. Este processo é dependente do aumento e diminuição da melatonina (hormônio regulado pela quantidade de luz que entra em contato com nossa retina). O aumento e a diminuição da luz desencadeiam um mecanismo interno para criar o ritmo circadiano. Simplificando: muita luz inibe a produção de melatonina (daí o fato de, em condições naturais, não termos muito sono durante o dia) e pouca luz estimula sua produção (o sono que vem junto com a noite).

Uma questão interessante ainda sobre o ritmo circadiano é que ele determina e sincroniza processos fisiológicos como a alimentação, a reprodução e o sono, por meio do ciclo dia-noite.

Recebe, ainda, o nome de corpo neural, esta pequena glândula em forma de pinha (pineal, do latim *pinea*), no centro do nosso cérebro, ao nível da nossa sobrancelha. Daí estar associada ao "terceiro olho", também pela conexão que tem com a entrada de luz pelos olhos.

Desde os anos 130 a 210 d.C. que a pineal recebe atenção, quando o médico e filósofo grego Galeno descreveu sua localização anatômica, mas foi só a partir de 1950 que descobertas científicas mostraram ser a produtora da melatonina. E não só: em 2016, descobriu-se que existe uma relação entre a melatonina e o coração e a pressão sanguínea, o que a torna importante aliada no tratamento de doenças cardiovasculares. É o verdadeiro significado da frase: "Dormir faz bem!"

- **CÓRTEX ANTERIOR CINGULADO:** sua função é atribuir emoções a estímulos internos e externos, e modular a nossa vocalização associada a um estado emocional. É o modulador de volume no âmbito cerebral.

- **CÓRTEX POSTERIOR CINGULADO:** responsável por recordar memórias emocionais. Seu estímulo ocorre quando sonhamos acordados ou nos lembramos de experiências do passado.

- **GIRO PARA-HIPOCAMPAL:** local de armazenamento de memórias emocionais, visuais e auditivas. Ajuda-nos a interpretar o que sentimos, com bases em algum contexto.

- **ÁREA SEPTAL:** localiza-se próxima ao hipotálamo e está ligada a sentimentos de conexão social. Por meio de sentimentos positivos direcionado a outras pessoas, como empatia ou confiança, ativamos esta área.

- **NEUROTRANSMISSORES/MENSAGEIROS QUÍMICOS:** são nossos mensageiros preferidos, e cabe ressaltar sua importância no transporte da mensagem advinda de um impulso nervoso. Têm um papel primordial nas nossas emoções e, por essa razão, estarão presentes ao longo deste livro.

- **FENDA SINÁPTICA:** é o caminho que os neurotransmissores percorrem para alcançar o próximo neurônio e enviar a mensagem de ação.

- **NÚCLEOS CAUDADOS:** os núcleos caudados estão localizados na região central do cérebro, próximos ao tálamo. Existe um núcleo caudado em cada hemisfério do cérebro. Individualmente, eles assemelham-se a uma estrutura em forma de C com uma "cabeça" mais larga (*caput*, em latim) na frente, afinando-se para um "corpo" (*corpus*) e uma "cauda". Esta estrutura subcortical desempenha um papel crítico em várias funções neurológicas superiores. O núcleo caudado funciona não apenas no planejamento da execução do movimento, mas também se relaciona com uma ampla gama de atividades, inclusas aprendizagem, memória, recompensa, motivação, emoção e interação romântica. Sua proximidade com os núcleos talâmicos, importantes na compreensão das línguas, permite a eles participar deste processo. Para além disso, outros estudos apontam a regulação da atividade do córtex cerebral como uma outra função desempenhada pelos núcleos caudados. Isso indica que grande parte das funções cognitivas que o córtex cerebral executa é anteriormente modulada por atividades que ocorrem no interior desses núcleos. No âmbito do hemisfério cerebral, o núcleo caudado é considerado como parte da MRI — *White Matter-Grey Matter*, uma matéria que se distribui na periferia do córtex (cinzenta) ou mais profundamente (branca). Em alguns cortes axiais, o tálamo e determinados gânglios da base (putâmen, núcleo caudado, substância negra) são tidos como um exemplo de "substância cinzenta profunda". O núcleo caudado é comumente ativo ao mediar, pela aprendizagem, as relações entre estímulos e respostas ou categorias. O aprendizado de associação é outra função importante do núcleo caudado, pelo que desempenha um papel importante na conexão de estímulos visuais com respostas motoras, bem como na aprendizagem com *feedback*. E é esse papel que ele desempenha com maestria: a forma como o cérebro aprende, especificamente no armazenamento e processamento de memórias. O núcleo caudado funciona como um processador de *feedback*, ao usar informações de experiências anteriores para influenciar ações e decisões futuras.

- **PAG:** ou substância cinzenta periaquedutal, uma área do cérebro que se relaciona com a mediação da percepção da dor. Essa substância, que está no mesencéfalo, mais precisamente abaixo do cerebelo, possui neurônios em seu interior, que, quando estimulados, resultam na inibição dos sinais de dor enviados pelo corpo, tudo isso por meio de mensagens enviadas à medula espinhal.

E, para finalizar, temos o centro de emoções, que não é um lugar específico, se assim podemos dizer, e sim uma ação sistêmica que ocorre em nosso cérebro, ao reconhecer estímulos externos e gerar uma resposta física e emocional, mesmo quando não temos consciência desses estímulos.

Agora que você foi devidamente apresentado ao seu cérebro, esteja convidado a compreender mais as relações entre sua neurofisiologia e as emoções.

NEUROFISIOLOGIA E EMOÇÕES

Para compreender verdadeiramente as emoções, é importante rever os três componentes críticos de uma emoção, bem como o papel das emoções na função cerebral. São três as estruturas cerebrais intimamente ligadas às emoções: a amígdala, a ínsula ou córtex insular e uma estrutura no mesencéfalo chamada cinza periaquedutal. Uma minúscula estrutura em forma de amêndoa no fundo do cérebro, a amígdala, é a primeira a responder a um evento emocional. A amígdala integra emoções, comportamento emocional e motivação. Como um grande apoio nesse processo, os neurotransmissores, como a serotonina e a dopamina, são usados como mensageiros químicos para enviar sinais pela rede neural. Quando as regiões do cérebro recebem esses sinais, isso resulta no reconhecimento de objetos e situações, atribuindo-lhes um valor emocional para orientar o comportamento e fazendo avaliações de risco/recompensa em frações de segundo.

Relativamente à ínsula, tornamo-nos aptos a entender o nosso comportamento quando a conhecemos. Ela atua em episódios de sensações e emoções, a fim de gerar respostas a tais eventos, sejam positivas ou negativas. Embora nenhuma estrutura cerebral trabalhe isoladamente, a neurociência atribui à ínsula o centro da nossa consciência e uma participação importante em nosso comportamento social e emocional. E como somos seres humanos, a ínsula pode ser considerada nosso Yin e Yang, devido à sua dualidade neste contexto. Ao mesmo tempo em que é responsável por nossa empatia e emoções positivas, além do amor e da gratidão, carrega em si o potencial para processos de dependência, ódio, desprezo e desconfiança, nosso lado mais obscuro — nossa dualidade natural!

Um estudo publicado em 2007 na revista *Science* mostrou que pessoas com lesão na ínsula conseguem desvencilhar-se rapidamente do vício de fumar. Como responsável por traduzir as informações vindas do cérebro em sensações como fome, dor ou vícios, uma lesão nessa estrutura fez com que os sujeitos deste estudo "esquecessem" que eram fumantes, não de forma literal, mas como se o corpo não tivesse mais tal necessidade. Estudos de imagiologia mostram que a ínsula é ativada por estímulos associados à droga, como ver pessoas se drogarem. Para além disso, o mesmo estudo mostrou que a alexitimia (dificuldade acentuada em ter empatia com as emoções alheias) relaciona-se com um problema na ínsula, que também traz incapacidade em reconhecer emoções ou expressar sentimentos de forma verbal. Dor, amor, emoções, vícios, vontades, tomada de decisão, consciência e empatia associam-se à ínsula em nossas atividades cotidianas e mostram a importância dessa pequena estrutura em nossas vidas, pelo simples fato de estar vinculada ao sistema límbico, centro das nossas emoções e comportamentos sociais.

A terceira área a que nos referimos estar ligada às emoções é a PAG ou substância cinzenta periaquedutal, já apresentada anteriormente. Não sabemos se já aconteceu com você, mas existem momentos em que, por mais que tenhamos ferimentos terríveis, se estes combinam-se com fortes emoções, sentimo-nos como que por efeito de anestesia. Estudos indicaram que essa analgesia acontece porque as emoções fortes suprimem a sensação de dor — agora você entende por que a PAG está aqui. Entretanto a PAG sozinha não modula a dor: ela precisa de vários ajudantes para isso acontecer, e o principal é a amígdala.

NEUROFISIOLOGIA E TOMADA DE DECISÃO

Ao concentrar-se no funcionamento do nosso sistema nervoso, estudos com ferramentas neurofisiológicas têm sido realizados como forma de entender o comportamento decisor dos humanos. E é claro que a decisão de compra não ficaria de fora. Como vimos, a neurofisiologia considera ciclos de percepção-ação que influenciam a decisão. Áreas em nosso cérebro modulam e conduzem esse ciclo em direção à ação, por meio de entradas de informações sobre os eventos externos e com histórias cognitivas da experiência de eventos similares. Nossos princípios e valores éticos são trazidos para o contexto. Informações cognitivas abstratas e a influência do meio interno em relação a instinto, emoção e impulso biológico são transmitidas pelas entradas corticais, vindas de estruturas límbicas para o córtex frontal. Pronto! Assim explica-se a decisão pelo modelo neurofisiológico presente no estudo de Fuster (2015).

Esse cientista considera ainda o fato de as decisões emergenciais, provocadas por um estímulo externo, serem impulsionadas com base numa experiência anterior. Em outros casos, a decisão pode ser fruto de uma recompensa discreta e até fluir de uma combinação de influências internas e externas para atingirmos um objetivo mais ou menos distante.

E por que trazer a neurofisiologia para este contexto? Simplesmente porque a neurofisiologia é uma importante aliada no estudo do comportamento humano, em situação cotidianas, como escolher o que vamos comer no café da manhã ou o primeiro automóvel em meio a tantas marcas, modelos e recursos. Técnicas de imagiologia do cérebro têm sido usadas nos últimos anos para compreender as respostas cerebrais em variados contextos.

O estudo do esforço/trabalho mental que empreendemos ao tomar decisões também é fator de estudo, ou seja, a demanda cognitiva e sua relação com o desempenho e ação de decidir, até mesmo em estados mentais vigilantes, de consciência da situação, de estresse, de envolvimento e até de sono. É a investigação, em outras palavras, de como nós percebemos, processamos, avaliamos, reagimos e usamos os estímulos externos no processo decisório. Percebeu agora o motivo desta leitura? Vamos a alguns casos reais para facilitar.

Vários estudos foram realizados para observar os efeitos da publicidade no comportamento de compra do consumidor. Por meio de métodos neurofisiológicos, estudou-se o papel que o meio social tem na formação do cérebro humano no decorrer do processamento de estímulos publicitários. Em resumo: uma propaganda o influenciará a comprar?

A descrição em autorrelato dos níveis de atenção, emoção, preferência ou disposição para compras futuras já não é mais suficiente por si só. E a neurofisiologia veio ajudar a consolidar este entendimento. De maneira geral, as seguintes descobertas foram realizadas:

1. As experiências emocionais dos consumidores em relação à publicidade são complexas (daí a dificuldade de medir apenas em entrevistas, por exemplo).

2. A preferência do consumidor é comumente usada como um correlato direto da disposição para compras futuras.

3. Fixações oculares sistemáticas na marca e características imagéticas do anúncio dão suporte à memória da marca, enquanto fixações de texto não têm efeito na memória.

4. A transferência de informações de um comercial de TV (da memória de curto prazo à memória de longo prazo) ocorrem no hemisfério esquerdo do cérebro, ou seja, na área de interpretação lógica das situações.

5. A presença de outras pessoas pode aumentar a atenção para determinado elemento do anúncio (marca, imagem ou texto).

6. A depender do tipo de imagem a ser usada no anúncio, processos sociais como constrangimento podem explicar variações de atenção.

7. A lembrança de palavras em anúncios impressos que apelam à desejabilidade social ocorre mais rapidamente quando os participantes estão na presença de outra pessoa do que quando estão sozinhos.

8. Visualizar uma mensagem de anúncio que promove benefícios do uso de um produto relacionado à saúde, na presença de um amigo ou membro da família, pode ativar áreas cerebrais relacionadas ao processamento de recompensas sociais, mesmas áreas que impulsionam o comportamento de compra.

E para melhor ilustrar algumas dessas situações, temos o exemplo da empresa Kimberly-Clark. A empresa usou a neurofisiologia para testar um novo anúncio de TV da sua marca de papel higiênico Andrex. No anúncio, crianças descrevem como fazer a higiene íntima após o uso do banheiro. Dada a natureza sensível do anúncio, optou-se por um experimento em que foram medidas a expressão facial de 150 pessoas e a velocidade de sua resposta aos questionamentos da pesquisa, com o objetivo de determinar a confiança nas opiniões. Assim, descobriram ajustes e melhorias que precisavam realizar no anúncio com um nível de detalhamento importante.

CAPÍTULO 3
COMO O CÉREBRO TRABALHA? PROCESSOS COGNITIVOS E DECISÃO

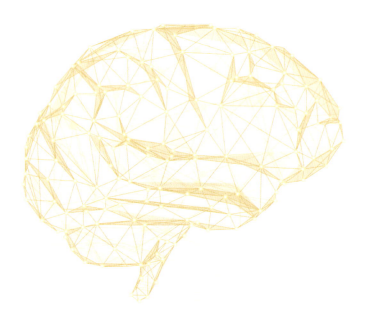

O nosso cérebro é uma máquina perfeita, que rege um universo maravilhoso em cerca de 1,5 kg, com tamanho não superior a 2% da nossa massa corporal, mas que consome 20% da energia de nossa totalidade. Sua cor rósea esconde em si uma infinda rede de conexões, ainda não singularmente compreendidas em seu funcionamento, além de protuberâncias até certo ponto confusas a olho nu. Cada uma dessas fissuras compõe e guarda o ambiente que iremos adentrar.

Algumas estruturas cerebrais são verdadeiros guias do nosso comportamento e permeiam o sistema de decisão. Essa rede de contatos possui uma dinâmica própria e particular que lida com aspectos como atenção, sensação, percepção, interpretação, emoções e sentimentos, sem falar nos estados de consciência e inconsciência. Parece complicado? E realmente o é! Somos seres humanos, e a complexidade é nossa principal característica. Cabe aqui uma ressalva acerca desse discurso, que é tanto biológico, quanto psicossocial, cultural e tantos outros sufixos que possamos aplicar à estrutura de uma palavra. Entre construções, crenças, dilemas morais, personalidade, educação (e a listagem é enorme!), está o nosso cérebro, a estrutura biológica soberana no processo decisório.

Acredite: no seu cérebro espetacular, há bilhões de neurônios e de sinapses. As sinapses existem para que os neurônios se comuniquem uns com os outros e podem ser de dois tipos: químicas e elétricas. A sinapse química é a comunicação entre neurônios "vizinhos" em que as mensagens são levadas pelos neurotransmissores (mensageiros químicos que potenciam a ação). Já a sinapse elétrica dispensa intermediários para a entrega, visto que a comunicação acontece de forma direta para o neurônio. Assim, neste capítulo, vamos nos atentar à sinapse química, pois precisamos apresentar a você personagens importantes na história que estamos a contar sobre o processo de decisão: os neurotransmissores.

Em contrapartida, temos algumas respostas físicas, que são as mudanças em nosso corpo desencadeadas pelas emoções, como o frio na espinha dorsal, borboletas na barriga, sudorese nas mãos e batimentos cardíacos em plena atuação, que nos levam a mais um caminho maravilhoso: o da sensação, percepção e interpretação do mundo em nosso entorno — este mundo que experienciamos em nossa consciência e inconsciência. A impossibilidade de captarmos tudo o que existe, pois nossa condição física, psicológica e experiencial não permite, faz o mundo diferente de pessoa para pessoa. As áreas presentes na anatomia das emoções, que apresentaremos a seguir, são ativadas pela nossa experiência de vida, que se inicia em sensações e percepções.

Para simplificar e clarificar o entendimento, a sensação é a recepção de estímulos do meio externo captado por algum dos nossos cinco sentidos: visual, auditiva, tátil, olfativa e gustativa. Pela sensação, detectamos a energia física do ambiente e codificamos em sinais nervosos. Eventos diferentes que experienciamos ativam diferentes aparelhos sensoriais. E as empresas sabem muito bem disso! Estudos avançados mostram que explorar os sentidos traz respostas interessantes em relação a interesse e consumo. Relativamente à percepção, esta é a forma de conhecermos o mundo, o ponto em que cognição e realidade encontram-se, na seleção, organização e interpretação das sensações. Já a interpretação é o ponto em que aprendemos a perceber ao organizarmos as experiências sensoriais.

A QUÍMICA CEREBRAL DA DECISÃO

"Há muitos, muitos anos, um neurônio foi visitar outro, a carregar consigo impulsos elétricos em seu axônio. Esse impulso transformou-se em um belo sinal químico que permitiu a entrada numa fenda sináptica rumo à felicidade." Poderia ser uma história de contar a crianças, mas, na verdade, é o que acontece a todo tempo em nossa dinâmica cerebral quando realizamos qualquer ação.

Se quisermos ver qualquer tipo de ação, há que seguirmos os neurotransmissores. Um verdadeiro diálogo acontece dentro de nós, pois os neurotransmissores (libertados pelos neurônios em suas sinapses) comunicam-se com as células vizinhas, que "escutam" a mensagem através dos receptores. Um neurônio não está conectado diretamente a outro, pois há um espaço entre eles chamado sinapse. Para que o neurônio consiga transmitir informações a outro, é preciso que o sinal seja capaz de atravessar esse espaço; assim, conta com a ajuda dos neurotransmissores, libertados por meio de vesículas que os contêm em seus interiores. Quando um impulso elétrico chega ao neurônio, ele liberta as vesículas carregadas de neurotransmissores e de mensagens. Essas vesículas "derramam" seu conteúdo na sinapse, captado pelo neurônio vizinho, num balé de ações que nos movimenta.

Ao atingir um terminal neuronal, o potencial de ação libera substâncias químicas pelas células, ou seja, o transmissor da mensagem (sinapse química), também chamado de neurotransmissor. Esse neurotransmissor liga-se a receptores que estão prontos a realizar a ação. Mas não pense que todos os neurotransmissores são iguais! Somos seres individuais em nossa essência, e com nossos neurônios não poderia ser diferente. Cada receptor proporciona-nos efeitos, sejam excitatórios ou inibitórios, a depender das características, independentemente do transmissor químico que iniciou o diálogo. Cabe uma ressalva de que a mesma substância transmissora pode ter efeitos diversos a depender dos receptores.

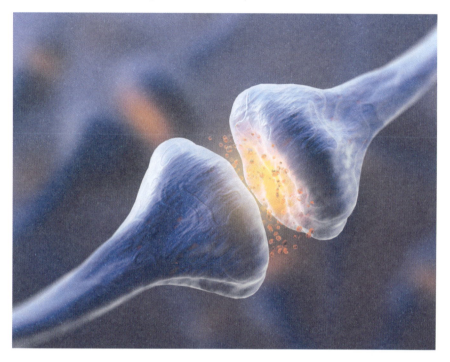

A neurociência já descobriu que vários desses neurotransmissores estão envolvidos nas nossas diferentes respostas às situações, mas outros ainda estão sendo descobertos. Ao carregar informações do neurônio pré-sináptico para o pós-sináptico, os neurotransmissores fazem flutuar as nossas emoções ao ativar diferentes partes do cérebro, responsáveis pelos níveis de humor.

Existem, no geral, dois tipos de neurotransmissores: os convencionais e os não convencionais. A diferença entre eles é que os não convencionais não necessitam de intermediários na comunicação com a célula vizinha e, assim, não seguem as regras usuais descritas anteriormente. Os convencionais partilham características básicas entre si. Já os não convencionais recebem esse nome por não seguirem regras "usuais", como não serem armazenados em vesículas sinápticas e mesmo assim conseguirem transmitir mensagens de um neurônio a outro.

Ainda não há certezas, mas provavelmente as mensagens podem ser transmitidas do neurônio pós-sináptico para o neurônio pré-sináptico de forma direta, sem a intervenção dos mensageiros químicos. Como a ciência está sempre a avançar, em breve saberemos mais sobre essa comunicação não convencional. Por agora, sabemos seus nomes, endocanabinoides e os neurotransmissores gasosos (gases solúveis, como óxido nítrico e monóxido de carbono).

Os neurotransmissores podem ser excitatórios ou inibitórios, sem que haja uma separação entre os dois papéis. De acordo com o contexto, um mesmo neurotransmissor pode assumir os dois efeitos. Um exemplo prático: quando contraímos um músculo, o neurotransmissor acetilcolina é quem nos ajuda, assumindo, assim, um papel excitatório na função neuromuscular. Em oposição, é inibitório quando reduz os batimentos cardíacos em situações de alívio. A regra é: a função excitatória facilita o impulso elétrico no neurônio, a e a inibitória inibe-o, diminuindo a probabilidade de o neurônio disparar um potencial de ação.

Passemos aos nossos queridos mensageiros, os neurotransmissores convencionais, os detentores da nossa felicidade, os que têm o poder de lidar com nosso contentamento interno e externo (ou com a falta dele). Assim, conheçam estes ilustres personagens da nossa história: endorfina, dopamina, serotonina, oxitocina, adrenalina, noradrenalina, GABA, glutamato e acetilcolina. Temos certeza de que conhece quase todos, e essa certeza vem do fato de serem presentes em nosso cotidiano e termos uma estreita relação de amor e ódio, ou tristeza e alegria, ou borboletas no estômago e raiva... bem, você decide!

Vamos começar pelo chamado quarteto da felicidade: dopamina, serotonina, endorfina e oxitocina.

DOPAMINA

É o chamado químico da recompensa; é o que nosso cérebro deseja e às vezes até vicia. É a nossa motivação para perseguir algo que precisamos para sobreviver que nos escraviza num sistema de recompensa que envolve emoções, aprendizagem, humor e atenção.

Neurocientistas descobriram que baixos níveis de dopamina fazem com que estejamos menos propensos a trabalhar para um objetivo, visto que ela envolve motivação e reforço positivo. Também podemos chamá-la de "mediadora do prazer" — daí advém sua fama de viciante. A depender da área cerebral onde atua, em meio à viagem que já sabemos, também secreta euforia e até amor e luxúria. Em outro nível, está ligada à execução de movimentos suaves e à regulação das informações que vêm do cérebro.

SEROTONINA

Ajuda-nos a regular o humor, o ciclo do sono e a digestão e tem seus níveis afetados pela luz do sol e exercícios físicos. Está diretamente ligada à nossa felicidade e bem-estar. Quando nos sentimos importantes, ela flui em nosso organismo e também está ligada aos estímulos dos batimentos cardíacos e ao início do sono. Ao experimentarmos sua ausência, invade-nos o sentimento de solidão e até mesmo a depressão como respostas químicas.

ENDORFINA

É a nossa morfina natural, descoberta há apenas 40 anos, ativada pela sensação de dor, pois seu trabalho é inibir a transmissão dessa dor, capaz, ainda, de provocar uma sensação de breve euforia e êxtase, que alivia a dor e reduz o estresse. Estudos sugerem que o sorriso é um grande estimulador de endorfina.

Robin Dubar, professor de Psicologia Evolutiva em Oxford, realizou uma pesquisa e descobriu que ver filmes tristes ativa a produção de endorfina, pois os indivíduos que tiveram maior resposta emocional também registraram maior aumento na resistência à dor, além de um maior sentimento de unidade em grupo.

OXITOCINA

É chamado "hormônio das mães" e dos vínculos emocionais ou, ainda, hormônio do abraço. De acordo com Navneet Magon, obstetra indiano, no quarteto da felicidade, a oxitocina tem papel primordial, pois atua na construção da confiança que tanto precisamos em relações sociais. Sem confiança, não há vínculos emocionais! A oxitocina é liberada quando estamos próximos a outra pessoa e é essencial em conexões sociais fortes.

Percebem agora o papel desses mensageiros espetaculares em nossa felicidade? É o mundo perfeito: dormir bem, fazer exercícios, tomar sol, bom humor, confiança, abraço e ausência de dor. Tudo o que precisamos a todo o instante. E existem outros!

ADRENALINA

É libertada pelas glândulas adrenais ou suprarrenais, que estão no alto de cada rim (aquele frio que dá nos rins quando nos deparamos com situações conflituosas). Em situações em que temos que decidir ficar lutar ou fugir, é a adrenalina que aumenta os batimentos do nosso coração, assim como o fluxo sanguíneo, além de dilatar nossas pupilas, numa resposta de sobrevivência que nos deixa em alerta.

NORADRENALINA

Ao aumentar os níveis de alerta, também se faz presente a noradrenalina, semelhante à adrenalina, que nos ajuda e prepara-nos para a ação — se for preciso, claro! Além do aumento do fluxo sanguíneo, sua liberação expande as vias aéreas (sim, é ela que nos deixa ofegante em situações de medo ou suspense ou fuga).

GABA

Apesar de ter um nome incomum, este mensageiro regula a comunicação entre as células cerebrais, ao reduzir a taxa de atuação dos neurônios. É ele que consegue acalmar-nos, mas também é responsável por nossa tonicidade muscular.

GLUTAMATO

É o neurotransmissor mais abundante em nosso sistema nervoso, e dos vertebrados em geral, e é usado pelas células nervosas para transmitir sinais a outras células. Sua produção em excesso pode causar deficiências cognitivas.

ACETILCOLINA

Este é o principal neurotransmissor do sistema nervoso parassimpático (responsável pelo retorno ao estado de calma após uma situação de estresse). É responsável por diminuir batimentos cardíacos, contrair músculos relaxados, dilatar vasos sanguíneos e aumentar as secreções corporais. Seu efeito vasodilatador melhora a comunicação entre as sinapses nervosas, e é uma importante substância para uma agradável noite de sono. Na mente, tem importante função cognitiva, visto relacionar-se com a aprendizagem.

Com todos os neurotransmissores devidamente apresentados (ou pelo menos aqueles que conhecemos), faz-se necessária a percepção de que estão intimamente ligados às emoções. Muito se fala em emoções e sentimentos no marketing, palavras que se popularizaram principalmente em estudos do comportamento do consumidor, nomeadamente em processo de decisão. Mas será que distinguimos assertivamente uma coisa da outra? Qual a real diferença entre emoções e sentimentos? Vamos facilitar com a neurociência: emoções são respostas neurais e corporais a eventos internos ou externos, como o suor nas mãos ao vermos "aquela pessoa", e mais ainda se vier acompanhada de um perfume que nos remeta ao primeiro encontro numa praia paradisíaca com o sol a refletir o brilho dos seus cabelos! Sim, isso pode ser apenas uma emoção, e não sentimento (nada impede que venha a ser um dia). Pode ser apenas uma resposta emocional. Por outro lado, se entramos num processo de experiência consciente de estar num estado emocional específico, aí, sim, é sentimento! Dessa forma, percebemos que podemos ter emoção sem sentimento, mas não sentimento sem emoção.

E por falar em emoção, sabemos que esta pode desempenhar um papel importante em como pensamos e nos comportamos. As emoções podem ser avassaladoras, mas também são a força motriz da vida, e por muito tempo dissociou-se emoção e pensamento. As emoções cotidianas podem compelir-nos a agir e influenciar as decisões que tomamos sobre nossas vidas, em quaisquer proporções.

EMOÇÕES E COMPORTAMENTO

Nosso cérebro é capaz de, através dos neurotransmissores, detectar sinais presentes nas relações sociais, como a confiança. Em plena evolução, ele mantém-nos seguros por meio do controle da química cerebral, muito bem orquestrado pelos neurotransmissores. Esse espetáculo perfeito de emoções modera o comportamento que temos em relação às decisões. As emoções nada têm de simples, pois, a cada "sentir", nosso corpo dá início a mudanças químicas e fisiológicas, que culminam com uma resposta comportamental. Em múltiplos processos, nossos órgãos, em conjunto com os neurotransmissores e o sistema límbico (o mesmo que controla nossas emoções, memória e aprendizagem), regulam a homeostase corporal e nos preparam para a decisão. Todo esse trabalho surgiu da necessidade humana de tomar decisões com base na emoção, que faz parte da nossa vida e, é claro, não poderia ser excluída. Corações a postos, batimentos rápidos, adrenalina no sangue... Preparem-se: vem aí uma tempestade química em nosso sistema!

São as emoções, este verdadeiro enigma, tão particular a cada indivíduo e tão generalizado em comportamentos.

Podemos aqui tentar decifrar esse enigma ao falar das emoções sob a ótica da neurociência, e quase conseguiríamos, se não fosse a emoção para complicar tudo outra vez! Mas não apenas ela. Há que se considerar crenças e construções guardadas em nós e que nos caracterizam, e principalmente caracterizam nossas escolhas. Portanto, se quisermos ter melhor compreensão, podemos pensar em três perspectivas: as respostas emocionais; as ações que estão associadas com as emoções; e, finalmente, os sentimentos que as pessoas têm acompanhando aquelas respostas emocionais.

Apesar de acharmos que nossas escolhas são racionais, com base em um planejamento consciente e acurado, após a avaliação cuidadosa de todas as opções, a neurociência provou inúmeras vezes que esse processo é raro, e o que nos conduz à decisão são as emoções. Até aqui, o que sabemos é que dois processos estão presentes nas escolhas (pelo menos enquanto consumidores): uma avaliação rápida, inconsciente, das opções que dispomos; e outro advindo de experiências conscientes da ação de escolher.

🧠 CURIOSIDADE

Nós poderíamos dizer, mas não vamos, que os neurocientistas descobriram atividade cerebral anterior à ação de escolher algo e consideram esse processo como parte da nossa escolha efetiva (já o dissemos!).

Neste contexto, uma das mais intrigantes descobertas da neurociência é o fato de existir atividade cerebral anterior à experiência de escolher e que pode ser responsável pela maior parte da escolha efetiva.

Em um comunicado, Joel Pearson, diretor do Laboratório da Mente do Futuro, explicou que "enquanto a decisão sobre o que irá se pensar está sendo feita, as áreas executivas do cérebro escolhem o vestígio do pensamento, que é bem mais forte. Em outras palavras, se uma atividade cerebral preexistente vai de encontro com alguma de suas escolhas, então o que ocorre é que o cérebro está mais sujeito a escolher aquela opção enquanto ela é reforçada por essa atividade preexistente", num *feedback* em *loop*. A ativação do núcleo acumbbens foi relacionada com nosso sistema de preferências enquanto consumidores. Preferência e preço são duas variáveis impulsionadoras de compra. Em um experimento, descobriu-se que o aumento do preço era associado a uma forte ativação da ínsula e também a uma menor possibilidade de compra. A ínsula é um centro de conexão entre o sistema límbico e o neocórtex e tem envolvimento com os desejos e vícios, seja direta ou indiretamente. Devido à sua conexão com o sistema límbico, a neurociência está a investigar o seu elo com o sistema de recompensa em âmbito cerebral.

Toda essa movimentação, acreditem, ocorre em 4 a 8 segundos (ou entre 7 e 11, se levarmos em conta os desvios naturais de qualquer pesquisa científica) antes de as pessoas efetivamente escolherem! Sim: nosso cérebro decide por nós!

Isso quer dizer que não somos nós que escolhemos o que vivemos até agora? (Você deve estar pensando que isso explica muita coisa). Mas não é bem assim! Temos dois sistemas de decisão, ou, podemos dizer, dois tipos de cérebro, propostos por Daniel Kahneman, Prêmio Nobel de Economia (sim, um economista fez um estudo sobre decisões e preferências, ao unir psicologia e economia. Recomendamos a leitura do livro *Thinking, Fast and Slow*, de sua autoria). Um sistema é mais rápido e intuitivo, que confia na memória, na experiência e nos sentimentos para tomar decisões, e outro mais analítico, também mais lento, que guarda e protege o primeiro. Em sua obra, Kahnemam os chamou de Sistema 1 e Sistema 2. Deparamo-nos com um pensamento lento e outro rápido, com características de dois atores presentes em nossa mente.

Neste contexto, é bom saber que o Sistema 1 é mais intuitivo e influente do que supomos e escreve secretamente a história das nossas escolhas e julgamentos, diz o autor. Em seu núcleo está a memória associativa que constrói uma interpretação contínua e coerente do que acontece ao nosso redor. Já o Sistema 2 faz das nossas heurísticas (atalhos) de julgamento um gigante quebra-cabeça, que nos coloca em posição de parar e pensar e até sobre várias coisas ao mesmo tempo, fato que o Sistema 1 não foi programado a fazer.

Se lhe pedirmos agora para, em meio a uma multidão, olhar para uma criança, temos certeza de que rapidamente o fará. E mais, se a criança sorrir, saberá que ela está feliz em vê-lo e até pode prever o futuro (em segundos à frente) de que estará a fazer festinhas a ela e receberá mais sorrisos de volta. Entretanto, se pedirmos para calcular uma função quadrática, em que $y=x^2+bx+c$, já complica! Terá que pensar no significado de uma equação quadrática e se lembrar de todo o resto. Essa sequência de etapas é o processo de trabalho mental do Sistema 2, deliberado, exigente e ordenado. Enquanto o Sistema 1 é automático e não faz muito esforço (as vezes nenhum esforço), além de não ter senso de controle, o Sistema 2 tem sua atenção em atividades mentais difíceis, associadas à experiência. O mais interessante é que, embora o Sistema 1 tenha aprendido associações entre ideias e habilidades como ler e compreender nuances sociais, o Sistema 2 tem a habilidade de mudar a maneira como o Sistema 1 funciona, ao programar funções usualmente automáticas de atenção e memória. É aquela frase que de vez em quando está à nossa frente: "Preste atenção!" E se pensarmos em decisões de compra, tudo parece explicar-se:

Compre agora!

A oferta só vai até amanhã!

Restam apenas dois quartos, e dez pessoas estão pesquisando este mesmo hotel...

É a tentativa inteligente de fazer o Sistema 1 agir antes que o Sistema 2 entre em cena.

Os processos decisórios com base na neurociência do consumidor nos lembram da representatividade da emoção no processo do comportamento, a fim de estabelecer uma conexão lógica. A condução à ação é a representação mais evidente, seguida da possibilidade de mudar nossa cognição. As emoções ainda tendem a funcionar como heurística (respostas automáticas) ao lidarmos com escolhas, além de serem importantes veículos sociais. Ao fazermos um raio X das emoções, podemos enquadrás-la em três processos que, seguidos, empurram-nos à ação. Não esqueçamos que a compra é uma ação!

1. Ao entrarmos em contato com situações novas em que somos levados a uma escolha, a emoção pode ter um valor preditivo, positivo, consciente e também inconsciente.

2. Ao experimentarmos, este valor pode ser positivo ou negativo.

3. Por fim, aprendemos com esta experiência e com a sua previsão (confirmada ou não).

E por falar em consciência e inconsciência, podemos levantar inúmeros questionamentos. O que é mente consciente? Quanto do nosso comportamento é realmente impulsionado por processos inconscientes? Será que temos algum gargalo mental? Nossa atenção é dirigida por fatores externos ou nossa vontade é consciente?

O certo é que aprendemos!

Fundamentalmente, os processos emocionais primários regulam as ações emocionais incondicionadas que antecipam as necessidades de sobrevivência e, consequentemente, orientam o processo secundário por meio de mecanismos de aprendizagem associativa (condicionamento clássico/pavloviano e instrumental/operante). Posteriormente, o processo de aprendizagem envia informações relevantes para regiões superiores do cérebro, como o córtex pré-frontal, para realizar o processo terciário, o da cognição, que permite o planejamento do futuro com base em experiências passadas, armazenadas no LTM (lóbulo temporal mesial). Em outras palavras, a trajetória de neurodesenvolvimento do cérebro e as ativações "conectadas" mostram que há uma aversão geneticamente codificada a situações que geram **raiva**, **medo** e outros estados negativos para minimizar coisas dolorosas e maximizar estímulos agradáveis.

A LÓGICA DA INTERVENÇÃO CEREBRAL

Em meio a nossos relatos acerca de preferências, julgamentos e decisão, confundem-se escolhas conscientes e inconscientes. Se pensarmos na consciência como um estado, visto que experimentamos seu oposto todas as vezes em que dormimos profundamente, podemos perceber que também é o que experimentamos "acordados". E, assim como com a atenção, o que experimentamos é à custa de outras coisas que poderíamos experimentar. Nesse sentido, a consciência é sobre o conteúdo consciente. Assim, comparando os dois estados, veremos que a consciência existe para lidarmos com situações desafiadoras e flexíveis, e a inconsciência, para processos automáticos, que não exigem muito de nós, como comprar açúcar. No âmbito cerebral, é preciso existir uma ativação generalizada para tornar algo consciente, inclusos a parte frontal e peridial, o tálamo e os córtices visuais, estruturas ligadas à memória de trabalho, preferências, tomada de decisão e comportamento motor, entre outras.

Por si só, essa ativação mostra a diferença entre a percepção inconsciente (quando somos expostos a um estímulo, mas não o vemos) e a percepção consciente (quando conseguimos relatar o que vemos). Para percebermos conscientemente melhor, a chave está na atenção — a que temos e a que não temos!

Atenção e consciência: nosso foco voluntário em algo ou até a atenção automática. A concentração em algo é o que a define, mas você concorda que a atenção em si já é um processo de seleção ou escolha? Para atentar a uma "coisa", rejeitamos "outra". E para aprofundarmos um pouco nessa questão, é preciso considerar suas duas formas: *top down* e *bottom up*.

O processo de atenção *bottom up* envolve coisas que automaticamente prendem a nossa atenção. O que acontece é que os nossos olhos detectam algumas mudanças, diferenças, como movimentos, e projetam isso de volta ao cérebro. O primeiro lugar que recebe o sinal é o tálamo, uma estrutura profunda no cérebro, que então projeta mais para trás até o córtex visual. É nesse ponto em que ocorre a atenção *bottom up*, também chamada de saliência visual (sim, as coisas que vemos parecem ressaltar a um mero olhar). Investigações científicas comprovaram que basta mudar a saliência, a aparência visual de um produto para as pessoas estarem mais propensas a olhá-lo e comprá-lo.

Já o processo de *top down* é o oposto do anterior. É aqui que precisamos concentrar nossa energia mental e pensar muito no que queremos, sem entrar no mérito da boa ou má execução da tarefa a que nos propomos executar. O que importa nesta classificação é o fato de não conseguirmos realizá-la e pensar em outras coisas importantes ao mesmo tempo. O cérebro aqui trabalha com uma lógica diferente, pois as áreas ativadas são a frontal e a parietal, que modulam a ativação do córtex visual primário e outras regiões visuais do cérebro.

O mais importante nesses dois processos é perceber as saídas cerebrais para economizar energia. Quanto mais o cérebro trabalha, mais energia gasta na solução de uma tarefa, e a diferença entre a solução de uma tarefa específica e decisões cotidianas é o que nos leva à exaustão, como estar ativos fisicamente. Assim, faz todo sentido para o nosso cérebro desenvolver atalhos, num comportamento de piloto automático para decidir. Se todas as nossas ações fossem conscientes, nossas emoções, pensamentos e decisões também seriam, e estudar o comportamento das pessoas, nomeadamente o comportamento de compra, seria fácil, visto depender apenas dos relatos das pessoas. Mas nada neste mundo é fácil; prova disso são as respostas inconscientes, sendo estas as nossas respostas mais frequentes.

Atualmente temos o problema da *hiperchoice*, ou inúmeras opções de escolha, que leva o nosso cérebro a repetir decisões tomadas anteriormente, a fim de drenar energia psicológica. Porém essa condição furta-nos a capacidade de realizar escolhas inteligentes (conscientes). Neste contexto, uma área cerebral específica desempenha um papel essencial: o córtex cerebral (e os lóbulos cerebrais), mediador de funções sensoriais, cognitivas e afetivas (emocionais).

Se o quarteto da felicidade são os neurotransmissores químicos, podemos dizer que os lóbulos são o quarteto espetacular da decisão. Recebemos os estímulos, reconhecemo-los (às vezes eles já estão em nossa memória), decidimos e direcionamo-nos à ação. É isso que nos torna humanos, com toda riqueza e maravilha da complexidade que nos é peculiar. Somos tão complexos, mas tão complexos, que a neurociência não para de tentar entender, por meio de investigações e experimentos, a nossa dinâmica cerebral, mais ainda a que se relaciona com escolhas e processo decisório.

Como uma dessas tentativas, a Dra. Rachel Seidler, do Departamento de Psicologia Aplicada da Universidade da Flórida, desenvolveu um estudo e percebeu a neuroplasticidade do cérebro de forma mais explícita. Neuroplasticidade é capacidade de adaptação a mudanças. Todo o sistema modifica-se, no sentido de reorganizar-se em termos e pensamentos, vivências, memórias, emoções, comportamentos, necessidades pessoais e, o melhor de tudo, aprendizagem. Através da monitorização de astronautas na Estação Espacial Internacional, por ressonância magnética, descobriu-se uma variação na quantidade de massa cinzenta, condicionada ao tempo em que os astronautas passavam no espaço — a mesma massa cinzenta presente no córtex cerebral! Mas qual a importância dessa descoberta? Como a neuroplasticidade leva-nos à adaptação, ao produzir mais massa cinzenta, nosso cérebro potencializa a capacidade de aprendizagem, quase que 24 horas por dia e 7 dias por semana. Não podemos esquecer que a compra e a tomada de decisão podem resultar de um processo de aprendizagem, sendo este o sonho de toda marca, que aprendamos a consumir seus produtos ou serviços.

É um grande avanço no desenvolvimento sistêmico do ser humano, que é adaptável em sua natureza. Dizemos sistêmico devido à movimentação dos neurônios para moldarem-se e aprender, ao recriar conexões sinápticas. Biologicamente, a habilidade neuroplástica do cérebro representa o sentido da vida humana no âmbito social, a sobrevivência pela adaptação.

Em outro experimento interessante e em mais uma tentativa de perceber a nossa dinâmica cerebral, uma equipe de neurocientistas, liderada pelo Dr. Michael Deppe, descobriu que uma área cerebral chamada córtex cingulado anterior atribui emoções a estímulos internos e externos, e a associação com nossas escolhas de consumo é inevitável. Assim, os neurocientistas estudaram por que algumas pessoas são mais afetadas que outras por marcas, contextos e por outras pessoas, e que o córtex cingulado anterior leva a suscetibilidade individual a ser afetada pelas marcas. A memória da marca é um componente crucial na forma como ela é percebida por nós, mas também como entrega valor a ponto de direcionarmo-nos à ação de adquiri-la. Dito isso, percebe-se a importância da neurociência do consumo, pois estudos que a têm como base permitem que entendamos as reações que temos diante de produtos/serviços/marcas como respostas fisiológicas de aproximação e distância, além da percepção de valor e do que nos agrada e desagrada.

CAPÍTULO 4
NEUROCIÊNCIA DO CONSUMIDOR: A NEUROCIÊNCIA DA DECISÃO

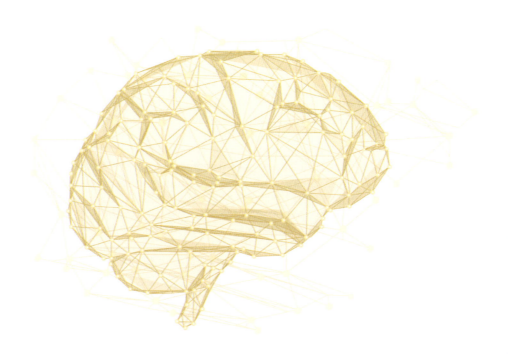

Vários estudos, ao longo dos anos, mostram que existe conexão entre a atividade cerebral e as decisões, nomeadamente as que se relacionam com escolhas de consumo, pois atividades elétricas foram correlacionadas com comportamento de compra. Como fazemos nossas escolhas é um tema muito abordado em neurociência do consumidor, também em neuromarketing. Cabe aqui uma diferenciação importante entre a neurociência do consumo e o neuromarketing. A primeira é o exercício acadêmico para um melhor entendimento da psicologia e do comportamento do consumidor. O neuromarketing é o uso comercial das ferramentas da neurociência para melhorar a percepção acerca do consumo de serviços, produtos e marcas, e seu impacto na estratégia de marketing. Quando objetivamos compreender como o cérebro do consumidor conduz as decisões, estamos falando de neurociência do consumidor. Quando usamos um aparelho de ressonância magnética ou EEG para medir este processo e potencializar uma estratégia de marketing ou estudo de mercado, estamos falando de neuromarketing.

Mas será que pensamos deliberadamente em tudo antes de fazer uma escolha? Será que seguimos todo o caminho desde a busca de informações até a execução da decisão? Sem deixar de considerar, é claro, a opinião dos amigos, celebridade, família e grupos sociais? Será que existem respostas emocionais ou até mesmo inconscientes que predizem o nosso comportamento de escolha, antes mesmo de escolhermos? Que bom que todas essas perguntas já têm resposta!

O espectro de decisões que nos rodeia passa por decisões simples, rotineiras, triviais e outras complexas exige de nós maior esforço cognitivo, pela consequência que pode advir delas. Diariamente tomamos incontáveis e simples decisões, como escolher a roupa que iremos vestir para trabalhar, e, em alguns momentos da vida, passamos pelas mais complexas, como a decisão de continuar ou não neste mesmo trabalho. Mas qual a dinâmica das decisões? O que nos move, no âmbito neural? Quais os componentes dessa decisão e que estruturas participam dela?

Antes de responder a todos esses questionamentos, há que se deixar claro que tomar decisões é essencial em nosso comportamento como humanos, como seres biológicos, mas também como seres sociais. Complexo em sua natureza, o ser humano divide-se entre agir, pensar e sentir (não necessariamente nessa ordem), numa mistura de componentes biológicos e relações sociais que o constroem e o tornam "humano". Assim, nessa variedade de possibilidades interpretativas, sedimentam-se nossas preferências e julgamentos, base para as decisões.

Detendo-nos à neurociência, as decisões são parte da vida e seu processo é estudado desde tempos longínquos, principalmente aquele que envolve as regiões do cérebro. Hoje, o que se sabe é que não há uma única parte do cérebro envolvida na decisão, e sim um conjunto delas, pois é um processo complexo em si, que nos permite apenas entendimento parcial, porém suficiente parar respondermos a tantos questionamentos. Até onde se sabe, nenhum comportamento complexo humano é iniciado por um único neurônio, visto ser cada comportamento gerado pela ação de muitas células. Outra coisa que sabemos é que a habilidade de modificar uma decisão é controlada pelo córtex pré-frontal e pelo campo visual frontal, estruturas que precisam comunicar-se com muita rapidez para que esse fenômeno aconteça.

NEUROCIÊNCIA DO CONSUMO

Ao se tentar perceber em que momento a tomada de decisão humana desvia-se da "escolha racional", surgiu a neurociência do consumo. Sua essência está na observação da resposta emocional das pessoas, desviando-se de vieses sociais e de relatos em sua forma tradicional. De acordo com a neurociência do consumo, nossas preferências, juízos e escolhas sofrem influência da percepção sensorial. Entender como o cérebro dos consumidores conduz as escolhas é a motivação desta ciência, que nada mais é do que o uso acadêmico da neurociência tradicional para melhor entender os efeitos do marketing no comportamento de consumo.

Por que estudar neurociência para entender decisões de compra? Não será mais fácil (e com menor custo) perguntar às pessoas o que elas querem, desejam ou gostam? Concordamos, enquanto estivermos a considerar os relatos conscientes. E as decisões inconscientes? Estudar os fatores que as determinam não é algo complementar a esse entendimento? Pensamentos, experiências vividas também acontecem em contexto neural e os métodos tradicionais da ciência não são suficientes para os captar.

Ao contrário do que possamos pensar, não tomamos nossas decisões cotidianas calma e cuidadosamente, após ponderar todos os riscos, pontos positivos e negativos, além das consequências da nossa escolha. Pelo contrário! Para economizar o máximo de energia que conseguir, nosso cérebro coloca-nos em caminhos mais curtos, de decisões mais rápidas. De modo geral, os consumidores fundamentam, sim, as decisões em dois processos: a avaliação inconsciente e a experiência consciente, mas esta última consome muita energia ao ponto de assemelhar-se a uma manhã inteira na academia (pena que não nos deixa mais magros!). Por isso, pensar muito nos leva à exaustão.

Enquanto consumidores, todas as decisões que tomamos é uma resposta a um "problema", sendo a compra a mais clássica delas. É claro que os tipos de problema, assim como seu escopo, variam de pessoa para pessoa. Como algumas decisões de compra são mais importantes que outras, a quantidade de esforço que colocamos em cada uma difere. Às vezes, o processo de tomada de decisão é quase automático; parece que fazemos julgamentos rápidos com base em pouca informação. Outras vezes, assemelha-se a um trabalho em tempo integral. Em outros casos, deixamos as emoções guiarem-nos para uma escolha.

Entre a mente consciente e inconsciente, existem alguns princípios básicos a que devemos nos atentar, como o da atenção consciente que é automática; é nosso foco voluntário em alguma coisa que chama a atenção, mas também é tudo o que experimentamos e não experimentamos, mesmo em estados de grande atividade. É um processo de seleção em que as nossas mentes encontram-se em concentração plena, rejeitando outras alternativas, para que tenhamos um melhor processamento.

Devido à complexidade apresentada aqui, que acompanha o processo de decisão, é que se justifica o uso da neurociência para entender esse comportamento. Os métodos tradicionais de pesquisa lidam com o relato consciente de experiências e pensamentos, mas não são capazes de mensurar os relatos inconscientes, potencial este que pertence à neurociência. Ao adentrar na mente inconsciente e nos processos que permeiam o processo de decisão, compreendemos, em âmbito neural, todo o ciclo de compra, desde a identificação de escolhas, seguido do valor preditivo sobre a apreciação ou não de determinadas escolhas, a compra em si e a memória desta compra codificada, consolidada e recuperada, ou seja, aprendida.

Uma frase de Daniel Kahneman, economista comportamental e ganhador do Prêmio Nobel de Economia, justifica, em poucas palavras, o uso da neurociência para entender o comportamento decisório do consumidor: "É muito difícil distinguir entre o que uma pessoa acredita e o que ela diz acreditar".

Com base nessa afirmação, resolvemos deixar aqui uma experiência pioneira, realizada em 2004, proposta pelo investigador Martin Lindstrom, sob coordenação da Drª Gemma Calvert, da Universidade de Warwick, na Inglaterra, e fundadora da empresa Neurosense, em Oxford, e do Profº Richard Silberstein, CEO da Neuro-Insight, na Austrália.

A pesquisa durou três anos e contou com 2.081 voluntários dos Estados Unidos, Inglaterra, Alemanha, Japão e China. Destes, 32 fumantes foram escolhidos para participar do experimento relativo ao estudo. O objetivo foi "perceber as verdades escondidas acerca da forma como as mensagens das marcas e do marketing funcionam no cérebro humano, a maneira como reagimos a estímulos em níveis muito mais profundos do que o pensamento consciente e como o nosso subconsciente controla os nossos comportamentos" (Lindstrom, 2008). Para tal, os pesquisadores submeteram os 32 fumantes a uma ressonância magnética, a fim de perceber se os avisos médicos colocados nos maços de cigarros têm algum efeito cerebral. Antes de entrarem na máquina, os fumantes respondiam a uma entrevista e em sua maioria assinalaram que as imagens e mensagens os fazem fumar menos. O resultado foi surpreendente, pois os avisos e as imagens não surtiam qualquer efeito cerebral e, mais ainda, ativavam a área cerebral tida como área do desejo: o núcleo accumbens, aquela que está povoada de neurônios que se ativam quando nosso corpo deseja algo e que, quando ativada, precisa cada vez mais do objeto do desejo para a satisfação.

E que lição podemos tirar desse experimento? Que, independentemente de nossa vontade consciente, temos comportamentos ilógicos e sem qualquer explicação evidente. E mais: que existem mitos e crenças acerca da decisão do consumidor que devem ser cuidadosamente perscrutados antes de tornarem-se verdades absolutas. Agora sabemos, a um custo de 5,5 milhões de euros investidos na pesquisa.

MECANISMOS NEURAIS DE DECISÃO

Em âmbito neural, sem emoção não há razão. Através de estudos em neurobiologia, o neurocientista António Damásio, no seu livro *O Erro de Descartes*, descobriu que a ausência de emoção e de sentimento pode destruir a racionalidade. Assim, Damásio fala em racionalidade emocional, regulada pelo nosso bom amigo córtex frontal, sem deixar de considerar as constituições culturais que nos fazem seres sociais. Já vimos a diferença entre sentimento e emoção, mas não custa relembrar (talvez você não estivesse com o hipocampo ativado e a informação não tenha sido registrada). Assim, emoções são as respostas motoras a um evento, perceptíveis fisicamente, como a arritmia cardíaca, e o sentimento é a interpretação de todo esse acontecimento anterior, experienciada no âmbito mental.

É na mente que interpretamos o mundo à nossa volta e a maneira como nosso corpo relaciona-se com ele. Estímulos sensoriais e informações são representados em nossa mente, como num filme criado pelo cérebro. Esse filme pode ser de ação, suspense, medo ou vida cotidiana, quando saímos para tomar ar numa manhã de sol e deparamo-nos com a vitrine da nossa loja preferida em promoção. O que fazer? Comprar? Não comprar? Entrar apenas para olhar? Que perigo!

Toda a ação de comprar envolve, ainda, dois sistemas motivacionais: o querer e o gostar. Gostar é uma experiência hedônica, que tem bases nas regiões pré-frontais do cérebro (córtex orbitofrontal e talvez a ínsula). Este gostar pode ser mensurado por meio das declarações conscientes das pessoas, em seus discursos verbais. Já o querer não se encontra nesse tipo de relatos. É o que não se diz explicitamente; é inconscientemente operacionalizado num sistema cerebral profundo, como os gânglios basais. Nosso querer reflete, no âmbito cerebral, excitação, esforço, preocupação. Sabe aquele dito popular: "Nem tudo o que quero, eu posso"? Agora entendemos um pouco mais a sua complexidade.

Entretanto não podemos deixar de mencionar a relação entre a utilidade e o prazer. A ação de comprar tem duas razões: a utilitária ou funcional, também tangível; e a hedônica, intangível, ligada ao prazer, à satisfação interna. São motivos sociais que guiam nossa orientação para a compra e variam de acordo com os atributos dos produtos ou tipos de lojas que consideramos. É o que nos diferencia enquanto consumidores, é a força interior que nos impulsiona à ação de decidir.

AÇÃO DE DECIDIR: NOSSO CÉREBRO SOBERANO

Entre decisões simples e complexas, o cérebro, maioritariamente, toma-as sem qualquer informação anterior à nossa consciência. A ação de decidir é cotidianamente simplificada com uso de pouca energia cerebral, e a decisão de compra é a que mais realizamos em nosso dia a dia. Já há outras que demandam mais energia, pois acede à cognição e aos pensamentos conscientes para acontecer.

Pesquisas da marca alemã Gruppe Nynphenberg mostraram que mais de 50% de todas as decisões são tomadas no ponto de venda. A pesquisa corrobora o fato de que as decisões são tomadas primeiro no inconsciente e depois, através de uma justificação racional, chegam ao consciente. Isso faz-nos pensar que a decisão foi essencialmente racional, mas não foi. Se está se sentindo enganado pelo seu cérebro neste momento, é assim mesmo!

A fim de reduzir o nível de processamento dos neurônios e, assim, economizar energia, o cérebro entra em modo automático, descarta informações que não são relevantes, ao simplificar a realidade experienciada. Por não conseguir reter e analisar todas as informações que chegam até nós, a cada instante, o nosso cérebro "mente", ao ponto de criar ilusões que nos levam a ação de decidir.

Mas quem é que decide? Nós ou nosso cérebro?

NOSSOS TRÊS CÉREBROS — SERÁ?

Com certeza você já ouviu falar que temos três cérebros, ou ao menos temos algo em comum com os répteis (o que não é bem assim). Lembra-se do Círculo de Papez? Pois este foi um dos pontos de partida para a descoberta do cérebro trino. A partir do sistema límbico, Paul McLean trouxe uma nova (ainda mais nova) dimensão da formação de conceitos no cérebro e nas ciências do comportamento, que resultou no cérebro trino, em 1970. O cientista considerou que nosso cérebro é composto de três tipos de sistemas. Para tanto, McLean apontou evidências neurais e comportamentais e classificou-os em:

- Cérebro protorreptiliano.

- Cérebro paleomamífero.

- Cérebro neomamífero.

Alguns os chamam de cérebro reptiliano, cérebro médio e novo cérebro, na mesma ordem anterior. Ao fim deste tópico, iremos desvendar se temos mesmo três cérebros. Por agora, vamos a eles!

Em seu livro *The Triune Brain*, Paul McLean apresenta que essas três áreas têm funções diferentes, sendo cada uma responsável por uma resposta e também tomada de decisão. Considerou, ainda, que cada sistema corresponde a uma etapa evolutiva, ao separar a evolução do sistema nervoso dos vertebrados. E mesmo não operando separadamente, cada parte do cérebro trino tem especificidades, com características próprias.

1. **Cérebro protorreptiliano**: de acordo com McLean, é composto de um grupo de estruturas ganglionares que se localizam na base do prosencéfalo em répteis, pássaros e mamíferos. Por essa razão, não é tão reptiliano assim! O complexo-R, como também é chamado, é conhecido como complexo estriado e envolve-se na regulação das rotinas e sub-rotinas de um animal, principalmente em manifestações de comportamentos e até exibições usadas na comunicação da espécie. É o cérebro instintivo, regulador de reflexos e sensações simples, fundamentais para nossa sobrevivência, como frequência cardíaca, temperatura e equilíbrio. É também a tendência compulsiva e, embora seja nossa parte mais primitiva, é extremamente confiável. Costuma-se ouvir que o cérebro reptiliano é o grande responsável por nossas decisões inconscientes, mas não é de todo verdade. As respostas emocionais ativas as estruturas do sistema límbico em conjunto e daí resulta-se em uma decisão instintiva. Mas a "culpa" pelas "compras que nos arrependemos", por exemplo, não é apenas dele.

2. **Cérebro paleomamífero**: corresponde hoje ao sistema límbico. Também chamado de cérebro límbico é o segundo em nível de evolução e organização cerebral. É o cérebro emocional, comum a todos os mamíferos. Tem relação com o controle das emoções, motricidade, regulação de processos metabólicos e comportamentos sociais. Em mamíferos, como nós, alguns comportamentos foram marcos evolutivos, como o cuidado na amamentação, a comunicação audiovocal para manter contato mãe e filho e a brincadeira (festinhas), tão fundamental para desenvolver nosso comportamento social. Esses três marcos foram possíveis graças ao cérebro límbico. Podemos completar sua importância com o fato de gravar memórias de tais comportamentos (boas ou ruins) e a sua influência sobre os valores. A memória do que é bom ou ruim protege e avisa do perigo que causa medo, ao provocar impulsos nervosos, aumento do consumo de oxigênio, aumento dos batimentos cardíacos, agilidade dos reflexos entre outras reações. Em termos de decisão de compra, o medo pode ser um fator que irá resguardar uma conta bancária e saúde financeira.

3. **Cérebro neomamífero**: cresceu progressivamente na escala evolutiva proposta por McLean. Hoje refere-se ao neocórtex e estruturas do tálamo, por isso também é chamado de novo cérebro ou cérebro racional. Sua base encontra-se em conexões com os sistemas visual, auditivo e somático e parece orientar-se para o mundo externo. É o nosso suporte para a comunicação. É a presença dele que nos diferencia de outros animais, com capacidade de planejamento, percepção,

noção do tempo, compreensão, raciocínio avançado e antecipação. É aqui que está nosso maravilhoso córtex pré-frontal. Aqui existe o equilíbrio entre razão e emoção, assim como a análise diante de decisões e atitudes. É o regulador dos impulsos negativos.

Embora essa teoria tenha seu pioneirismo e extrema importância, ela simplifica toda a maravilhosa complexidade do nosso cérebro. O fato é que nosso cérebro funciona por sistemas que se integram e, embora as estruturas que temos hoje sejam versões selecionadas de estruturas antigas, não há uma sobreposição do que é novo sobre o que é antigo. É por essa razão que não temos o cérebro de um réptil. Nos dias de hoje, dizer que temos um cérebro trino é buscar respostas sobre a relação da neve com a cor do chocolate. Ou seja, é um neuromito que os neurocientistas já colocaram no devido lugar.

COMO ENTENDER AS MOTIVAÇÕES DE COMPRA?

O que nos motiva a comprar algo? Na verdade, o que é motivação? Ela vem do meio externo ou é intrínseca ao ser humano? Acertou quem escolheu a última opção. Motivação nada mais é do que o motivo que nos leva à ação e é intrínseca a nós, constitui-nos enquanto seres individuais. Ninguém consegue motivar-nos a nada. No máximo, podem oferecer-nos estímulos que facilitem o processo de motivação! A motivação, juntamente com a cognição e a aprendizagem, são categorias do comportamento humano. Resumidamente, a motivação são anseios, desejos que culminam em um comportamento ou em uma ação. Cognição é a área em que as motivações são agrupadas, e a aprendizagem são todos os fenômenos mentais (percepção, memória, julgamento, pensamento) e mudanças de comportamento que ocorrem ao longo do tempo em relação às condições de estímulo externo. O estudo de cada área é pertinente para entender o comportamento do consumidor. Então, vamos por partes.

A iniciar pela motivação, deparamo-nos com um problema: nossa relação de necessidades é imensa e deixa-nos perdidos entre tantas possibilidades de escolha. A motivação surge da tensão que acarreta um estado de desequilíbrio para o indivíduo e desencadeia uma sequência de eventos psicológicos dirigidos para a escolha de um objetivo que o libertará dessa tensão.

Para ficar mais fácil podemos pensar numa importante dimensão da motivação: o ego-envolvimento, que diferencia as necessidades das pessoas em graus de importância. Algumas são superficiais em significado e outras representam um desafio existencial. Há evidências científicas de correlações positivas do grau de ego-envolvimento e a quantidade de atividade cognitiva envolvida na motivação e, em consequência, na ação, como o julgamento, o pensamento, entre outras, fator este considerado em estratégias de marketing. A motivação pode, ainda, influenciar o tipo de julgamento do ambiente de compras, que passa por ser atraente ou irritante, por exemplo.

Relativamente à cognição, pensemos num processo entre excitação e motivação, uma condição que leva o indivíduo a envolver-se em atividades previstas como gratificantes. E é aqui que uma verdadeira luta interior acontece entre nossos dois melhores conselheiros: o ego e o superego. Num sentido amplo, ego e superego são entidades mentais que estão envolvidos no processo de julgamento, memória, percepção e pensamento. O ego é o nosso "CEO", o que determina como devemos buscar satisfazer as necessidades existentes, ao integrá-las com o mundo exterior, sempre de maneira segura, sem perigos ou danos. O superego envolve o ego ideal (padrões positivos da conduta ética e moral) e a consciência (o "magistrado", que avalia a ética e a moral do comportamento, por meio de sentimentos de culpa e administração de punição).

Toda essa movimentação tem o objetivo de levar-nos à aprendizagem, que lida com metaobjeto. A começar com uma necessidade, sob a influência dos processos cognitivos, o indivíduo chega ao consumo ou à utilização de um metaobjeto, concluída com a satisfação das necessidades. E é aqui que se inicia o comportamento de reforço, a vontade individual que tende a repetir o processo de seleção até chegar ao mesmo metaobjeto, ou seja, a aprendizagem. Esse reforço irá continuamente influenciar os processos cognitivos, e a memória deste metaobjeto será cada vez mais valorizada, através de sinais que lidam com expectativas já estabelecidas.

E não podemos falar sobre aprendizagem sem mencionar os neurônios espelho. Não é de todo desconhecido que, para o bom funcionamento do nosso cérebro, precisamos de nutrientes, ar, água e convívio com outras pessoas, e tudo isso permite que estabeleçamos as tais ligações neuronais para completar esta lista. Nessas ligações ocorre um fenômeno descoberto (por acaso) por um grupo de pesquisadores enquanto pesquisavam o cérebro motor e o comportamento dos macacos.

A teoria que envolve os neurônios espelho foi desenvolvida pela equipe chefiada pelo neurobiólogo Giacomo Rizzolatti quando da observação do cérebro de um macaco. Ao perceber que a área cerebral ativada em um movimento era a mesma ativada na observação desse movimento em uma pessoa, ele concluiu que, quando vemos alguém praticar uma ação, nosso cérebro automaticamente simula tal ação. O mesmo ocorre quando experimentamos uma emoção ao vermos outras pessoas a experimentarem também, como felicidade, medo, tristeza ou até raiva. É a nossa empatia em âmbito neural, considerada peça fundamental para a aprendizagem do consumo.

Ao observar como os neurônios presentes no cérebro de um macaco ativavam-se ao ver outro pegar uma noz, concluiu que o cérebro responde a estímulos visuais. Entretanto a descoberta dos neurônios espelho deu-se por acaso. Quando um dos investigadores adentrou o laboratório enquanto tomava um sorvete, o monitor com a observação do cérebro do macaco apitou, mesmo ele estando imóvel. E todas as vezes que a cena se repetia com outros alimentos, os neurônios ativavam-se novamente, nomeadamente os do córtex pré-motor nos lóbulos frontais. Até aí achava-se que o cérebro era um "simulador de ações", ao imitar mentalmente o que nós observamos (o bocejar de alguém, o chorar de emoção ao ver alguém chorar num filme). Porém estudos recentes mostram que em nós, humanos, esses neurônios são mais sofisticados. O neurocientista Giovanni Buccino, também da Universidade de Parma, descobriu que o cérebro associa o movimento que vê no outro ao planejamento do seu próprio movimento. Isso mudou a maneira de ver nosso cérebro, pois não exatamente espelhamos uma ação, mas antecipamos respostas a ela, o que nos leva a tomar decisões. Ou seja, Buccino destacou que a mera apresentação da ação não ativa nossos neurônios. É preciso que haja o entendimento das ações, intenções e emoções do outro. Novamente o que nos distingue em nossa humanidade: a capacidade de estabelecer relações sociais. Quando choramos ao ver alguém a chorar ou quando sorrimos ao ver alguém a sorrir, alguma lembrança em nós simulou a ação que observamos. Por sermos seres sociais, nossa identificação ocorre com o que temos interesse e, assim, sentimos o que o outro sente (numa espécie de espelho da mente).

O neurônio espelho está em regiões essenciais do nosso cérebro, como o córtex pré-motor e os centros de linguagem, empatia e dor. Mas calma! Nossa identidade não está comprometida. Um estudo da University College London, publicado na revista *Nature Communications*, provou que nosso cérebro estabelece barreiras entre nós e o outro. Entretanto este limite é flexível, motivo pelo qual o estudo explica por que duas pessoas sentem-se uma quando estão há muito tempo juntas.

NEUROCOMPRAS

Depois de compreender a motivação de compra pela ótica de processos psicológicos e comportamentais, chegou a hora da visão neurobiológica. Todos temos em comum aquele amigo que não consegue assistir a um jogo de futebol sem beber uma cerveja, ou aquela amiga que, quando triste, vai até uma loja de roupas e retorna com produtos em mãos e o sorriso no rosto, ou aquele primo que vive trocando de *smartphone* sempre que é lançado algum modelo novo. Podem parecer clichês, mas essas ações são frutos de anos de comunicação subjetiva entre as estruturas cerebrais.

Por décadas, muito dinheiro é investido em todo o mundo em estudos e pesquisas de mercado para tentar desvendar o mistério das compras. Acabamos de entender o processo subjetivo de compra, mas será que existe "aquele" botão que, ao ser pressionado, desencadeia o desejo de comprar?

Nos últimos anos, pesquisadores descobriram que regiões do cérebro, como amígdala, hipocampo e hipotálamo, são quadros dinâmicos que misturam memória, emoções e gatilhos bioquímicos. Os neurônios interconectados moldam as maneiras pelas quais medo, pânico, alegria e pressão social influenciam nossas escolhas. Os cientistas sabem que regiões específicas do cérebro acendem nas plataformas de imagens, para mostrar aumento do fluxo sanguíneo quando uma pessoa reconhece um rosto, ouve uma música, toma uma decisão ou sente uma decepção.

Sentimos desapontá-lo, mas o aumento do fluxo sanguíneo não significa que há um "botão de comprar" em nosso cérebro, pelo simples fato de que não podemos forçar ninguém a desejar, nem forçar alguém a fazer algo para o qual ela não teve uma atitude positiva primeiro. Tudo bem que houve experimentos que chegaram muito próximos da conclusão pela existência do botão, mas ainda não! Pode ser que um dia voltemos a essa conversa e tal botão esteja presente. Relativamente ao comportamento humano e às conexões neuronais, tudo é possível.

Um caso clássico desses experimentos foi o realizado enquanto as pessoas dirigiam um veículo da marca Porsche, que dispensa apresentações. Os neurocientistas descobriram que carros como o Porsche ativavam os centros de recompensa em homens. Tudo bem que foi um Porsche, mas, mesmo assim, existem outras variáveis que devem ser levadas em consideração antes de chegarmos à conclusão de que existe um botão de comprar. Podemos tranquilizar-nos, pois o marketing não usará a neurociência para nos transformar em zumbis em direção aos centros comerciais. Ainda poderemos usar todo nosso poder de escolha diante das muitas opções que se apresentam à nossa frente.

O PARADOXO DA ESCOLHA

Em meio a tantas opções e estímulos externos, a sinapses e conexões no âmbito neural, como decidir na hora da compra? Este é o grande desafio das pesquisas de comportamento de consumo: a busca por entender as diferenciações de uma decisão, de uma pessoa a outra. Nossa condição de meros mortais, suscetíveis a tantos estímulos acompanhados de belas imagens, cores vibrantes, sons agradáveis, preços em rebaixa e o aroma... ahhh, o aroma!

Nesse contexto, entra em ação o núcleo caudado, melhor preditor de associações bem-sucedidas com uma marca. Não é à toa que tem a forma de letra C. Será que C de *compras*? Seria fantástico, não é mesm? Mas não! A sua função principal é o aprendizado, especificamente o armazenamento e processamento de memórias, ao usar informações de experiências vividas (passadas) para influenciar decisões futuras. Como a compra é um aprendizado, ao longo do tempo e da experiência, se calhar, o C do núcleo é de compras mesmo!

Nessas associações, a nossa mente estabelece algumas regras de decisão, nomeadamente as regras compensatórias e as não compensatórias. A diferença entre elas prende-se ao fato de que as compensatórias dão ao produto a chance de compensar suas falhas, pelos consumidores estarem mais envolvidos com a compra. Enquanto que as não compensatórias, por serem decisões mais rápidas, por atalhos, não conseguem dar o benefício da compensação aos produtos, pois quando um atributo de um produto é melhor que outro em determinado contexto, não há volta a dar.

As regras de decisão guardam em si os critérios avaliativos, as dimensões que usamos em nossos julgamentos. Tais julgamentos têm base nos critérios avaliativos e nos atributos determinantes que usamos como recursos para diferenciar nossas escolhas. Cabe ressaltar que os critérios avaliativos são as dimensões que estabelecemos para julgar as opções disponíveis.

Relativamente às regras compensatórias, acontecem em situações de alto envolvimento cognitivo, em que pensamos cuidadosamente nos opostos das opções que temos. São de dois tipos: aditiva simples e aditiva ponderada. Na aditiva simples, leva vantagem na decisão a opção que tem maior número de atributos e quanto mais relevantes para o indivíduo melhor (como aquela TV com tela de 59", 4k, Full HD, que falta apenas responder às nossas perguntas). Já na aditiva ponderada, o consumidor pondera cada atributo e leva em conta a relevância dele no contexto da compra e do uso (será que a tela de 59" vai estar em harmonia com o design da sala de estar?). Como já sabemos que este tipo de decisão ocorre em tempos distantes uns dos outros, pois nossas decisões são mais quotidianas, rápidas e inconscientes, passemos às regras não compensatórias.

Se uma opção não se adequa a pelo menos uma dimensão das que estabelecemos como aceitáveis, evitamos e passamos a outra, pois economizar energia neural é imprescindível. Assim se dão as regras não compensatórias, que envolvem as lexicográficas, eliminação por aspectos e conjuntiva. A lexicográfica diz-nos para comparar atributos semelhantes entre as opções de escolha e compará-los até chegar a um desempate, vencendo a marca que é melhor no atributo mais importante. Voltando à TV, se seu atributo mais importante é o peso, irá escolher a marca que tem o design mais fino. Já na eliminação por aspectos, o processo é semelhante ao anterior, mas há limites específicos que põem termo à comparação, e aqui pensará, além do peso, na marca da TV. E a regra conjuntiva, diferentemente das anteriores, não tem foco nos atributos, e sim exclusivamente na marca. Entre aceitação e rejeição, o consumidor limita a decisão com os atributos da marca e pode chegar ao ponto de alterar a regra de decisão, caso não encontre o que procura.

Em nossa condição de ser social que participa ativamente do mercado de consumo, cada vez mais o marketing apoia-se na neurociência para entender nosso comportamento, com o objetivo maior de tornar a experiência de compra um aprendizado que será guardado na memória cerebral, a fim de acedermos a ela em uma próxima decisão. Bem-vindos ao mundo da fidelização!

NEUROCIÊNCIA DO CONSUMO E NEUROMARKETING

Nos últimos anos, a ciência econômica aliou-se às técnicas de neurociência para abordar questões ligadas a transações econômicas, como a compra. Deste campo de estudo, surgiu a neuroeconomia, que faz uso de ferramentas de neurociência para compreender o que leva o consumidor a escolher um produto em detrimento de outro e como as respostas de cérebro refletem essa decisão.

Neste contexto está o que chamamos de neuromarketing, ou seja, a aplicação de métodos neurocientíficos para analisar e compreender o comportamento humano do mercado e suas trocas. O neuromarketing estuda os impulsos e desejo conscientes e inconscientes das pessoas na hora de optarem por um produto/serviço. Estudos de neuromarketing buscam investigar diferentes áreas do cérebro enquanto as pessoas experimentam estímulos de marketing, a fim de encontrar e relatar a relação entre o comportamento e o sistema neurofisiológico. Ao usar tudo que a anatomia do cérebro humano oferece, com o conhecimento das funções fisiológicas das áreas do cérebro consegue-se modelar as atividades neuronais subjacentes a comportamentos humanos específicos. Para compreender incompatibilidades entre o que o consumidor pensa e o que faz, métodos de neuroimagem, por exemplo, comparam diferentes ativações das áreas cerebrais, uma tentativa de descrever a dinâmica das decisões humanas. O neuromarketing surgiu no final da década de 1990 tendo como um de seus precursores Gerald Zaltman, médico e pesquisador da Universidade de Harvard. Entretanto a palavra "neuromarketing" só ficou conhecida anos depois, quando o cientista Ale Smidts, da Erasmus University, nos Países Baixos, a criou através da junção de "neurologia" e "marketing". O neuromarketing permite compreender nossas escolhas atuais, mas também possibilita o entendimento de ações futuras, seu maior objetivo: compreender os motivos que nos levam a decisões de compras posteriores.

Realizar estudos com neuromarketing não é apenas usar uma gama de ferramentas da neurociência para mapear o cérebro humano. Compreender a base do nosso comportamento requer conhecimentos associados com neurociência e psicologia (neuropsicologia), assim como Neurociência e Economia (neuroeconomia), sem falar na neurofisiologia com a tecnologia a mediar toda essa relação.

Uma das principais razões para o surgimento do neuromarketing e da neurociência do consumidor é a percepção de que a tomada de decisão humana se desvia da "escolha racional". Apesar de nossa experiência contrária, nossas decisões não são particularmente racionais ou ideais; não tomamos decisões depois de explorar cuidadosamente todas as opções; e nossas decisões raramente são conduzidas por planejamento consciente. Neste contexto, podemos trazer a Racionalidade Emocional proposta pelo neurocientista português António Damásio. O seu livro *O Erro de Descartes* (1994) é um ponto de virada para a neurociência, mas também para a neurologia, psiquiatria e psicologia cognitiva, filosofia da mente e da linguagem, linguística, ciência da computação e antropologia. Numa crítica ao dualismo cartesiano entre razão e emoção, Damásio estabeleceu a correlação entre razão prática e emoção, a que chamou de racionalidade emocional, em que a decisão está sujeita a dois elementos: o conhecimento amplo das generalidades e as estratégias de raciocínio que atuam sobre este conhecimento. Tais fatos não são passíveis de reduzir os processos de decisão a uma racionalidade pura, sem considerar emoções, sentimentos e contextos socioculturais.

Por mais clichês que possam parecer as ações cotidianas das pessoas, são a consequência de anos de comunicação subjetiva em nível cerebral e, por décadas, de muito dinheiro é investido em pesquisas de mercado para perceber, analisar, e compreender tais comportamentos. E aí está a resposta para a grande pergunta: por que usar neuromarketing? A resposta pode vir em forma de outras perguntas. Como as pessoas realmente interagem com os seus ambientes para identificar problemas? Qual a importância do humor na experiência de compra? Como a variedade de estados emocionais resultantes de prazer e excitação influencia o nosso comportamento de consumo? E o estresse? Você ficaria mais satisfeito na fila da Loja do Cidadão ou na fila da loja da Apple para comprar o novo iPhone? Qual o seu motivo para comprar? As pessoas odeiam fazer compras ou adoram? A motivação influencia o tipo de ambiente de comprar em termos de ser atraente ou irritante?

Como em tudo na vida, o Neuromarketing tem 4 desafios a superar:

1. A limitação de investigar pequenas amostras.

2. A necessidade de profissionais de várias áreas para realizar inferências.

3. Altos custos das técnicas mais eficazes, como é o caso da ressonância magnética funcional (fMRI).

4. Preocupações éticas.

Relativamente aos pontos favoráveis do uso do neuromarketing nas estratégias de marketing, temos a possibilidade de medir a emoção em determinada experiência com elevado poder preditivo. Neste contexto mercadológico, foram realizados experimentos para saber que tipo de música é mais popular, que *trailler* desperta mais atenção para venda de bilhetes de uma película no cinema, em campanhas antifumo, em campanhas políticas e, claro, nas compras. Quando pensamos nos pontos negativos, vem à mente o mais importante: o neuromarketing mostra-nos o porquê, o como, o quando, mas não fornece o direcionamento da ação de decidir das pessoas.

Interessante mencionarmos as aplicações do neuromarketing. A principal delas está no apelo visual. Quem nunca se deixou levar pelo olhar de um bebê fofo numa propaganda de fraldas? As cores também estão ligadas às nossas emoções, e por esse motivo são aplicadas estratégias com base em Neuromarketing. Temos certeza de que você já ouviu falar na junção do vermelho e amarelo, que desperta fome e vontade de experimentar algo por impulso. Não é por acaso que empresas que trabalham com valores monetários usam cores mais sóbrias (o neuromarketing descobriu que assim os consumidores sentem-se mais seguros). Outra aplicação está no *storytelling*, quando da construção de histórias que geram identificação pela geração de valor. *Call to action* também tem influência sobre as nossas escolhas, visto ser um dos primeiros contatos com o produto, marca ou material de comunicação percebidos. O *call to action* é uma chamada para ação. Deve ser persuasivo, além de apoiar o produto e conquistar na primeira oportunidade, com criatividade e envolvimento. Um exemplo é o usual "compre agora", "última chance para obter o melhor preço", "não perca esta chance", "clique aqui", "telefone agora", entre outros apelos persuasivos que nos fazer correr até "aquela loja" ou aceder à web para não perdemos chances maravilhosas.

Alguns experimentos mostraram o efeito que o 0,99 tem na precificação em detrimento de um valor fechado. Dito isso, sentimo-nos mais confortáveis em pagar $ 19,99 por uma blusa do que $ 20.

Outra aplicação do neuromarketing é no design das páginas da internet (*e-commerce* ou não). Em combinação com princípios da *user experience* (UX), podem ser utilizadas ferramentas como o *eye-tracking* para rastrear o percurso dos olhos do utilizador ao aceder a uma página web e, assim, estabelecer pontos mais quentes onde deverão ser colocadas as principais informações.

Em mais uma aplicabilidade temos a recolha de neurofeedback em protótipos de embalagens. A percepção do consumidor antes de o produto ser lançado, reduz custos advindos de erros em embalagens dos produtos. Relativamente à localização dos produtos nos corredores e prateleiras dos supermercados, hipermercados e lojas, o neuromarketing também se faz presente. Não é à toa que as prateleiras próximas à caixa de pagamento parecem uma verdadeira Disney World de produtos infantis e coloridos.

O NEUROMARKETING É SEMPRE VÁLIDO?

As medidas autorrelatadas diferem das medidas de resposta neural? Quais os efeitos dos estímulos de marketing? O neuromarketing pode ajudar a revelar os mecanismos da percepção, aprendizagem, atenção e envolvimento dos consumidores? O que sabemos é que suas técnicas são recomendadas para uso conjunto com outras técnicas de investigação. Quanto ao neuromarketing ser sempre válido, vale salientar que o cérebro evoluiu e lapida seu universo enquanto consumidor, ao fornecer informações e "decidir" as mais relevantes e as que devem ser desconsideradas.

Várias empresas, em todo o mundo, já usam neurociência em suas estratégias, assim como um suporte às decisões. Um exemplo interessante é a Emotibot. Em colaboração com o MIT mídia Lab, a Emotibot tem aplicado o reconhecimento de imagem a uma abordagem de aprendizagem profunda para desenvolver *chatbots* emocionalmente inteligentes. Ao adicionar inteligência emocional por meio de inteligência artificial, criou-se um software de reconhecimento baseado em imagem e texto para oferecer uma API (*Application Programming Interface* — Interface de Programação de Aplicações) de código aberto para *chatbots* mais sensíveis às emoções. A API é capaz de captar 22 padrões emocionais usados em conversas de texto, 7 emoções de reconhecimento de voz e 7 estados emocionais únicos de expressões faciais, de modo que, se os usuários tiverem câmeras e microfones ativados em seus dispositivos pessoais, a Emotibot irá adaptar suas respostas e interações com base no que o usuário sente em tempo real. Pelo recurso Emoti-Eye, também permitirá que o *chatbot* reconheça tipos distintos de roupas ou objetos presentes por meio das câmeras do dispositivo e ainda retenha uma "memória" para interações subsequentes com o *chatbot* por algoritmos de autoaprendizagem. A API Emotibot será um SaaS (*Software-as-a-Service*) de código aberto, o que permitirá aos desenvolvedores personalizar a experiência em qualquer contexto, tais como recrutamento, *concierge* de hotéis e (por que não?) funcionários da Amazon Go!

Outra grande empresa a utilizar a neurociência em suas decisões é o grupo Volvo, o que na visão de Karen Bailey, *employee and labor relations manager* da empresa, facilita o relacionamento entre as culturas sueca (inclusiva e colaborativa) e francesa, e como elas interagem entre si no ambiente organizacional. Assim, a Volvo optou pelo entendimento dos padrões de comportamento dos colaboradores a partir do nível cerebral.

Ainda no contexto dos recursos humanos, a SABMiller usa a neurociência para construir sua abordagem de desenvolvimento em programas de liderança, inclusos elementos como formação de hábito e reforço de aprendizagem, a fim de tornar as equipes mais eficazes, em questões como moderação do estresse, compreensão dos motivadores e introdução de elementos de atenção plena.

Outro exemplo é o novo método de autenticação do *marketplace* Alibaba Group, o reconhecimento facial. Há poucos meses, o CEO do Alibaba, Jack Ma, tirou uma *selfie* e afirmou que apenas sua foto havia processado um pagamento em tempo real. Ele chamou a tecnologia de *Smile to Pay*, que ainda está em versão beta e poderá ser usada não apenas no *e-commerce* Alibaba, mas em qualquer transação que usar o Alipay Wallet. Talvez seja esta a solução que irá acabar com a dor de pagar: pagar ao sorrir.

Diante de tantos exemplos, deu para perceber que já está na hora de as marcas usarem a ciência em suas estratégias? Esperamos que sim! Faz todo o sentido, pois não podemos esquecer da grande parte das nossas decisões processadas em nível subconsciente.

CAPÍTULO 5
NEUROIMAGEM, PLATAFORMAS E PRÁTICA

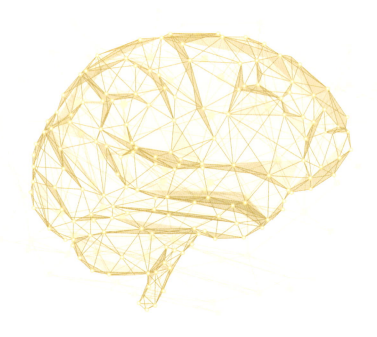

A neuroimagem ganha cada vez mais espaço entre estudiosos do comportamento de consumo, embora muitos deles ainda não possam desfrutar de sua mais-valia por não possuírem conhecimento suficiente sobre programação e decodificação. Não há vantagem em examinar a dinâmica cerebral se não entendermos o resultado dos dados recolhidos. E não só isso: é necessário aliar o conhecimento de neurociência ao marketing para que haja completude na análise. Neuromarketing sem neurociência é como um pássaro com apenas uma asa: não há voo!

Neste contexto, a neuroimagem é uma técnica usada para criar imagens do cérebro humano, nomeadamente das suas estruturas e funções do sistema nervoso. Em tempos idos, havia restrições mais alargadas no uso das técnicas e ferramentas para fins de estudos com humanos, por serem autorizados apenas em pós-mortes ou com modelos animais. Entretanto explorar a estrutura e função neurofisiológica associada a processos psicológicos é mais comum do que podemos supor nos dias de hoje.

Ferramentas com base na web potenciaram o uso da neuroimagem como objeto de análise, ao fornecer informações mais nítidas e precisas, em que as cores e dimensões são um diferencial. Atualmente existem inúmeras ferramentas de visualização do cérebro, com variados propósitos, inclusas as pesquisas do nosso comportamento enquanto consumidores. Traremos, em seguida, as que têm sido mais usadas neste contexto, que se dividem em duas categorias: as que medem o metabolismo neural e as que medem a atividade elétrica do cérebro. Entre as primeiras, estão: fRMI (do inglês *Functional Magnetic Ressonance Imaging*, ou a ressonância magnética funcional que conhecemos); o PET SCAN (Tomografia por Emissão de Positrões, do inglês *Positron Emission Tomography*); e a Espectografia Funcional de Infravermelho Próximo (fNIR). Já entre os pertencentes à segunda categoria, trazemos o EEG (Eletroencefalograma); a MEG (Magnetoencefalografia); e a TMS (Estimulação Magnética Transcraniana, do inglês *Transcranial Magnetic Stimulation*).

Assim, trazemos algumas ferramentas usadas para estudar a estrutura e função do sistema nervoso e as relações de comportamento cerebral no corpo humano. Traduzindo para miúdos: neuroimagem.

FRMI — FUNCTIONAL MAGNETIC RESSONANCE IMAGING

Inclusa na categoria de neuroimagem que mede o metabolismo neural está a ressonância magnética. Provavelmente já a conhece, pois é um exame médico relativamente comum. Sim, é aquele túnel que, mesmo quem não tem claustrofobia, sente vontade de ter. E aquelas marteladas intermitentes em nosso ouvido? Sem falar na impossibilidade de mexer um dedo sequer, o que é um desafio enorme, pois basta alguém dizer que não podemos nos movimentar que a comichão se inicia em várias partes do corpo.

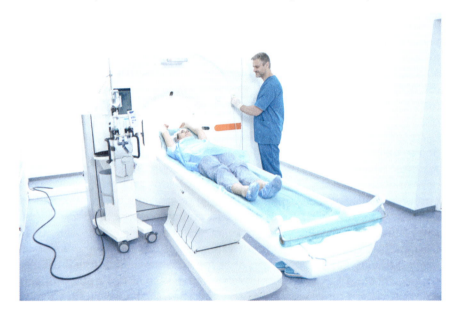

Entretanto, apesar de toda essa popularidade entre médicos e pacientes, a fRMI não é tão usada para pesquisas de neuromarketing, pelo fato de ter um fator impeditivo considerável: o custo financeiro. Um scanner de 1,5 Tesla custa entre 1 e 2 milhões de euros, e sua manutenção anual está em torno de 100 a 200 mil euros, o que torna o valor de uso por pessoa entre 300 e 400 euros/hora.

Sua eficácia em representar a morfologia do cérebro é indiscutível, devido ao bom contraste e alta resolução, mas também por demonstrar as mudanças que ocorrem nas regiões cerebrais e as variações no metabolismo que podem ser resultados das mudanças em nosso estado cognitivo (como respostas a tarefas ou estímulos). E é aí que está a atratividade para a pesquisa de marketing. Preço, publicidade, marca são variáveis presentes neste tipo de pesquisa com fRMI que tem o objetivo de determinar as partes ativas em nosso cérebro e sua correlação neurobiológica com o comportamento humano, durante o experimento.

Várias pesquisas com fMRI já foram realizadas para entender o processo de escolha do consumidor, e a mais notória delas é a que descobriu o efeito placebo do marketing que a variável preço pode ocasionar. O resultado da pesquisa é usado até hoje pelos profissionais de marketing na construção de estratégias, que às vezes nem sabem que essas informações provêm de uma pesquisa de âmbito neural. Vários grupos de pesquisadores desenvolveram estudos empíricos que mostram a relação entre o preço e a qualidade na mente do consumidor.

Tudo começou com experimentos que atribuíram o efeito placebo ao condicionamento clássico e às expectativas. São resultados neurológicos originários de processos psicológicos que foram descobertos graças à ressonância magnética, como a ativação do cérebro na toma do café descafeinado, pelo simples fato de não sabermos deste pormenor.

Assim foi a descoberta com o preço. Relatos conscientes mostraram que o preço não tem um papel importante na percepção da qualidade. Entretanto uma bebida energética com desconto prejudicou o desempenho de pessoas a treinar, relativamente à de preço normal. E mais: a bebida mais cara tornou o desempenho 28% melhor. Mesmo sendo um processo inconsciente, cabe aqui uma nota: embora exista a crença de que produtos mais caros têm melhor desempenho, em muitos casos isso não acontece.

Embora o custo seja proibitivo, algumas pesquisas importantes já foram realizadas por meio de fMRI na área do marketing e avanços foram notados na descoberta sobre processos de decisão, como um estudo publicado na *Neuroimage* que relacionou a ativação de uma região no córtex pré-frontal a marcas culturalmente familiares, neste caso um carro de luxo. A conclusão do experimento foi o papel do córtex pré-frontal nas decisões por marcas que tenham uma base cultural.

Mapear as regiões do cérebro pelo fluxo sanguíneo é um dos métodos mais importantes na prática do marketing, pois proporciona a descoberta dos relatos inconscientes, aqueles não ditos por nós, mas pensados. O mais interessante é que este tipo de pesquisa pode ser realizado com um pequeno número de pessoas. Um número em torno de 30 já nos permite uma previsão do mundo real em relação ao comportamento do consumidor.

Cabe aqui uma nota de que o acesso a esse tipo de equipamento dá-se em ambientes acadêmicos ou médicos e carece de uma formação especializada que profissionais de marketing não possuem. Assim, precisamos fazer-nos acompanhar de um neurocientista e um neurologista em nossa equipe se quisermos avançar com esse tipo de investigação, o que, para alguns estudiosos, pode limitar a riqueza advinda dos estímulos de marketing no mundo cotidiano.

Um estudo interessante realizado pelo Proaction Lab da Universidade de Coimbra, sob o comando do Dr. Jorge Almeida em conjunto com o Brain Image Networking, tencionou perceber como se dá a organização em âmbito cerebral da identificação de rostos, ferramentas e localidades geográficas (nosso app Waze interior).

O experimento contou com voluntários que viam imagens de pessoas famosas, ferramentas e monumentos, e a ativação da área cerebral correspondente ao reconhecimento era percebida pelo aumento do fluxo sanguíneo nas células. A descoberta da investigação leva-nos a entender que a identificação se organiza, em âmbito cerebral, pelo princípio da semelhança. Existem modelos de referência para cada objeto que reconhecemos e que independem da visão para que esse reconhecimento aconteça. Por exemplo: se lhe pedirmos para pensar agora em um *smartphone*, você visualizará um, mesmo que ele não esteja em seu campo visual. O mesmo acontece com rostos e lugares que conhecemos. De acordo com os pesquisadores responsáveis, essa investigação abre portas para a criação de algoritmos de inteligência artificial que permitam reconhecimento de objetos por equipamentos autônomos (nossos amigos robôs), mas também por pessoas que têm algum tipo de lesão que não lhs permite realizar esse reconhecimento.

🧠 CURIOSIDADE

Como funciona a Ressonância Magnética

Vamos nos aprofundar um pouco mais no funcionamento da ressonância magnética, a título de curiosidade. Na relação entre o fluxo sanguíneo e os registros de imagem, a hemoglobina transporta o oxigênio do sangue corrente e, como esta possui ferro na composição, é atraída pelo tubo que compõe a máquina da fMRI. Quando alguma parte do córtex aumenta a atividade sanguínea como resposta a um estímulo, há uma queda na hemoglobina oxigenada e um aumento no dióxido de carbono e na desoxi-hemoglobina (hemoglobina desoxigenada). A imagem é captada quando acontece um atraso de resposta que ocasiona um aumento do fluxo sanguíneo no cérebro, seguido de um excedente de hemoglobina. E é nesse ressalto de oxigenação que a imagem é fotografada. Este é o chamado método BOLD (*blood oxygenation level dependent effect*). A ressonância magnética de alta resolução proporcionou a vários pesquisadores a capacidade de mapear alterações de sinal BOLD. O método BOLD já está tão incorporado no contexto atual que sempre que se fala em RMf (ressonância magnética funcional) considera-se implícito o nível de oxigenação do sangue, a não ser que outro método seja especificado.

No contexto das pesquisas de comportamento (no nosso caso, preferências de consumo), os registros de fMRI têm por referência o aumento na demanda de oxigênio do tecido cerebral após executarmos uma ação ou escolha que nos foi estimulada motor, sensorial ou emocionalmente. Curioso perceber que o fluxo de sangue em nosso cérebro é controlado *in loco* por respostas à tensão de oxigênio e dióxido de carbono no tecido cerebral. No cérebro saudável, a atividade neural geralmente leva a um aumento simultâneo no consumo de oxigênio, no fluxo sanguíneo e no volume. Aquele tubo que nos remete à claustrofobia é cercado por ímãs, que atraem o ferro presente na hemoglobina do sangue. Agora percebemos por que em exames fRMI médicos precisamos retirar todos os objetos metálicos que levamos conosco.

Todo esse esforço visa mapear completamente as ligações entre os neurônios no cérebro, e agora conseguimos entende o porquê de saber isso tudo.

PET

A tomografia por emissão de positrões (PET) é um método que mede as respostas metabólicas (hemodinâmicas) do cérebro. Comumente utilizado pela medicina no rastreio do câncer, o PET SCAN também permite que investigadores do comportamento humano enquanto consumidor realizem pesquisas por neurofeedback.

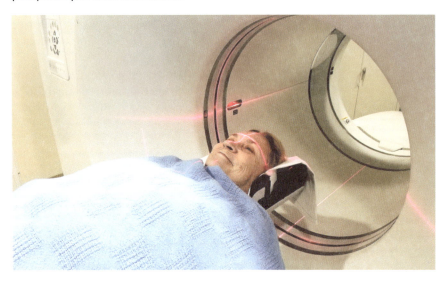

Por ser um diagnóstico por imagem tridimensional, permite uma visualização mais completa de todo o corpo humano. Sua dinâmica está na marcação dos radioisótopos emissores de pósitrons, para medir o metabolismo celular. Os pósitrons são antipartículas dos elétrons e emitidos por radionuclídeos. Estes têm propriedades químicas iguais às de seus isótopos não radioativos e podem substituí-los em moléculas biologicamente relevantes. Daí a necessidade de injeção de pequenas quantidades dessas moléculas modificadas ao realizar o exame de PET SCAN, a fim de que o scanner detecte a distribuição espacial dos radionuclídeos. É aquela imagem que nunca desejamos ver, de moléculas marcadas por radiação que se iluminam ao detectar células com problemas oncológicos.

Embora a máquina tenha uma enorme capacidade de detecção do funcionamento de órgãos e tecidos e fenômenos como fluxo sanguíneo cerebral, volume sanguíneo, glicose e consumo de oxigênio, o uso de radiação torna-a proibitiva em pesquisas de marketing e decisões de consumo.

FNIR (FUNCTIONAL NEARINFRARED SPECTROSCOPY)

O terceiro método de rastreio metabólico, incluso no espectro da neuroimagem, é a espectroscopia funcional em infravermelho próximo (fNIR), em inglês *Functional NearInfrared Spectroscopy*.

Como uma ferramenta inovadora para investigar a tomada de decisão, a FNIR realiza uma imagem óptica do nosso cérebro, ao monitorar alterações na oxigenação do sangue, alterações estas que se relacionam com as funções cerebrais.

Um sensor na testa detecta os níveis de oxigênio do córtex pré-frontal e registra a resposta hemodinâmica. Uma grande vantagem do uso da fNIR é o fato de permitir a captura dos dados sem recorrer a ambientes hospitalares, como na ressonância magnética. É um processo de medição simples, livre de artefatos como uma piscadela de olhos, no qual fontes de luz e sensores transmitem atividades do córtex através do couro cabeludo.

Ao absorver e espalhar a luz no infravermelho próximo, a hemodinâmica cerebral é analisada, ou seja, os estímulos processados no córtex, que provocam uma variação na taxa de oxigenação.

O caminho óptico percorrido pela luz através do crânio tem uma trajetória curva e foi observado em alguns experimentos, entre eles o que envolveu a rotulagem de alimentos. A finalidade foi medir a diferença na ativação cerebral ao confrontar rótulos de alimentos orgânicos, com rótulos de alimentos regionais. Ambos provocaram alterações significativas frente a produtos sem rotulagem. Entretanto, o rótulo orgânico teve uma ativação 94% maior do que o rótulo regional.

A espectroscopia no infravermelho próximo (NIRS) fornece uma medição não invasiva do fluxo sanguíneo do lóbulo frontal e da saturação ao longo do tempo. O dispositivo NIRS possui 96 lasers infravermelhos de duas cores e fotodiodos emparelhados que registram a saturação de oxigênio a uma profundidade de 2 cm do córtex frontal dos humanos. O NIRS fornece uma medição da saturação sanguínea de mais de 200 regiões pré-frontais e fornece alta resolução espacial a uma taxa de varredura de 32 Hz, fornecendo alta resolução temporal. O NIRS realiza estudos cognitivos em tempo real que podem discriminar carga de trabalho cognitiva, concentração e stress emocional e ansiedade. Ele fornece 200 medições de oxi-hemoglobina e desoxi-hemoglobina total e frequência cardíaca 32 vezes por segundo.

Um avanço na espectroscopia funcional em infravermelho próximo (fNIR) foi desenvolvido para mudar o panorama da pesquisa neurocientífica e do setor médico: o NIRSIT.

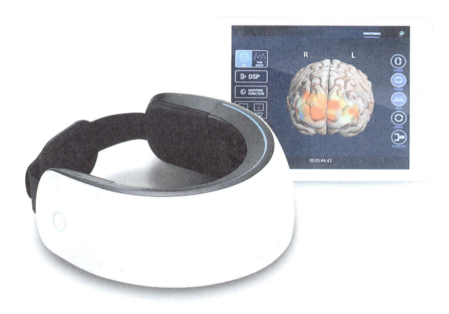

Fonte: https://soterixmedical.com/research/nirsit

Este dispositivo funcional de neuroimagem de espectroscopia de infravermelho oferece alta resolução espacial, bem como alta resolução temporal de maneira portátil e sem fio. O NIRSIT é um dispositivo baseado no princípio da espectroscopia no infravermelho próximo, que (a) utiliza luz para detectar mudanças hemodinâmicas no fluxo sanguíneo cerebral; e (b) visualiza regiões de ativação cerebral na área pré-frontal do cérebro em tempo real. Ao contrário de outros dispositivos NIRS existentes desenvolvidos por outras instituições que mostram uma resolução espacial de 3 cm x 3 cm, o NIRSIT melhorou sua resolução espacial para um máximo de 0,4 cm x 0,4 cm, que é comparável ao da ressonância magnética funcional (que é 0,3 cm x 0,3 cm). Além disso, o NIRSIT é provavelmente o único dispositivo NIRS portátil e sem fio projetado para ser usado na pesquisa do cérebro e para fins de pesquisa clínica.

Uma aplicação de *software* desenvolvida pela equipe KAIST (Korea Advanced Institute of Science and Technology) permite que os dados brutos extraídos das alterações hemodinâmicas no cérebro sejam mostrados em tempo real em um *tablet* conectado sem fio ao NIRSIT, notavelmente ergonômico. O sistema NIRSIT é o primeiro sistema fNIRS que fornece resolução espacial de nível milimétrico ao mesmo tempo em que fornece alta resolução temporal (125 ms / 8 Hz). O sistema desafiava o pensamento convencional de que a imagem fNIRS não pode fornecer resolução espacial comparável aos mais caros e estacionários — fMRI e sistemas de tomografia por emissão de pósitrons PET.

NIRSIT é o culminar de três tecnologias centrais/pioneiras: 1) compactação densa de laser e diodos fotográficos; 2) acesso múltiplo por divisão de código (CDMA) e modulação de acesso múltiplo por divisão de tempo (TDMA) para alta resolução temporal; e 3) IC monolítico — circuito integrado — implementação para alta relação sinal-ruído SNR.

Este é o primeiro sistema fNIRS comercial a implementar tomografia ótica difusa (DOT) em tempo real, o que resultou em 204 canais que fornecem resolução espacial de 4 mm x 4 mm. Primeiro sistema verdadeiramente sem fio, significa que os usuários podem mover-se livremente enquanto são monitorados. Primeiro sistema verdadeiramente leve, portátil e flexível, o que significa que é possível carregar e usar o sistema facilmente e em qualquer lugar. Ajustável aos tamanhos do cérebro de crianças a adultos, é leve (pesa 500 gramas), compacto e portátil. O NIRSIT tem um desempenho incomparável: fotogrametria para localização, giroscópio de seis eixos e algoritmo proprietário para remoção de artefato de movimento, salvar, recuperar e reproduzir dados usando o *tablet* ou qualquer dispositivo móvel.

Uma das áreas promissoras de aplicação do NIRSIT é a pesquisa cognitiva. Embora a ressonância magnética funcional tenha sido o dispositivo de eleição para pesquisa cognitiva com neuroimagem, a equipe do KAIST está confiante de que isso mudará em um curto período de tempo desde a introdução do NIRSIT. O NIRSIT permite que os pesquisadores monitorizem as mudanças de ativação do cérebro do sujeito e analisem os resultados de uma forma intuitiva, ao usar tanto as imagens de mapeamento 3D do cérebro quanto os gráficos de oxi-desoxi cobrindo a área pré-frontal do cérebro. A KAIST tem esperança de que o NIRSIT contribua com a humanidade, ao avançar na pesquisa do cérebro e acumular dados cerebrais como nunca antes. Graças aos seus recursos fáceis de usar e design amigável, tanto em *hardware* quanto em *software*, o NIRSIT certamente estabelecerá um novo paradigma nos campos da pesquisa do cérebro e da saúde.

Cabe aqui uma nota sobre a principal limitação desta ferramenta: o cabelo, que pode interferir na transmissão da luz entre a fonte, o couro cabeludo e o detector.

MAGNETOENCEFALOGRAFIA (MEG)

Pertencente à categoria de ferramentas que medem a atividade elétrica do cérebro, a MEG registra o campo magnético gerado pela atividade advinda dos neurônios. É uma técnica recente que posiciona um aparelho ao redor da cabeça para associar o movimento dos íons ao processamento cerebral. Os mesmos íons que nos são apresentados desde a escola, aquelas partículas eletricamente carregadas que origina campos magnéticos em nosso cérebro.

Aqui os processos sinápticos (que você já conhece como a transmissão do impulso nervoso de um neurônio a um receptor) são medidos e observados sem que a pessoa necessite estar completamente imóvel, além de ser uma técnica não invasiva.

Na prática a nível celular, os nossos neurônios têm propriedades eletroquímicas que resultam no fluxo de iões carregados eletricamente, gerando campos eletromagnéticos, nascidos do fluxo desta corrente iônica.

Faz-se necessário um *software* informático para a detecção e registro das atividades neuronais, e o que torna a MEG atrativa é o fato de permitir que as pessoas submetidas a ela executem tarefas, além de ser pouco sensível à condutividade do crânio. Por essas razões, esperam-se avanços futuros em seu uso, nomeadamente na área da neurociência do consumidor, a fim de compreender de forma mais concreta suas necessidades, desejos e preferências.

TMS (ESTIMULAÇÃO MAGNÉTICA TRANSCRANIANA)

Os conceitos terapêuticos que orientam o uso da terapia de estimulação magnética transcraniana (TMS) moderna foram descobertos no final de 1800 por Michael Faraday. A estimulação magnética transcraniana, também conhecida como estimulação magnética transcraniana repetitiva (rTMS), é uma forma não invasiva de estimulação cerebral na qual um campo magnético variável é usado para causar corrente elétrica em uma área específica do cérebro por meio de indução eletromagnética. Um gerador de pulsos elétricos, ou estimulador, é conectado a uma bobina magnética, que por sua vez é conectada ao couro cabeludo. O estimulador gera uma corrente elétrica variável dentro da bobina que induz um campo magnético; esse campo então causa uma segunda indutância de carga elétrica invertida dentro do próprio cérebro. Bobinas menores têm uma vantagem de focalidade sobre bobinas maiores; no entanto, essa vantagem diminui com o aumento da profundidade do alvo. Mas a desvantagem de produzir um campo mais forte no córtex superficial e exigir mais energia. Quando as dimensões da bobina são grandes em relação ao tamanho da cabeça, a queda do campo elétrico em profundidade torna-se linear, indicando que, na melhor das hipóteses, a atenuação do campo elétrico é diretamente proporcional à profundidade do alvo. Perceba que a eletricidade da máquina de estimulação viaja pelo seu crânio para afetar os sinais elétricos responsáveis pela atividade cerebral.

Sabia que, enquanto lê isto, seu cérebro está a enviar sinais químicos e elétricos para ajudá-lo a entender as palavras e seu significado? Ele é composto de redes de pequenas células, chamadas neurônios, que se comunicam eletroquimicamente para permitir que pense, sinta e interaja com o mundo ao seu redor. Como as cargas elétricas são responsáveis pela atividade cerebral, a estimulação elétrica pode, por sua vez, ser usada para alterar o funcionamento do cérebro. Importante lembrar que os neurônios são células localizadas no cérebro, de natureza eletroquímica (usa energia elétrica e química), que processam e transmitem informações, por meio de cargas elétricas e produtos químicos chamados íons (átomos ou moléculas com carga positiva ou negativa, partículas eletricamente carregadas para se comunicarem uns com os outros). Essa carga pode mudar a depender da condição de repouso de um neurônio, onde não há envio de sinais. Dentro e entre os neurônios, existe um fluido que contém íons. Quando um neurônio está em repouso, há mais íons negativos dentro e mais íons positivos fora dele, dando à membrana neuronal uma carga negativa. Quando ocorre a atividade cerebral, o íon positivo invade os canais da membrana neuronal e, quando a carga fica alta o suficiente, o neurônio envia um sinal para se comunicar com os neurônios próximos. Por serem células excitáveis, os neurônios propagam o impulso nervoso pelas sinapses e estabelecem a comunicação entre o sistema nervoso e o nosso corpo, a produzir respostas aos estímulos que nos atingem a cada instante.

Um pormenor grandioso é o fato de os neurônios estarem ligados também à cognição e aprendizagem. Sim, cognição e neurociência relacionam-se à medida que processos cognitivos como a inteligência têm correlatos em sistemas neurais, nomeadamente os sistemas inteligentes de processamento distribuído. Esse sistema compõe-se de agentes especializados em solucionar tarefas específicas, e o neurônio é um desses agentes. Ao associarem-se com outros agentes, os neurônios permitem que resolvamos problemas complexos. Se seus neurônios transmitem a sinapse de forma eficaz, seu processamento cerebral condiz com boa memória e facilidade de aprendizagem.

Nunca é demais lembrar que cognição é o ato de compreender o mundo que nos rodeia por meio do pensamento, o que requer uma combinação de atenção, aprendizagem e resolução de problemas e memória. Diferentes processos cognitivos dependem de diferentes partes do cérebro, e a estimulação cerebral pode ser aplicada a diferentes áreas para encorajar e aprimorar vários aspectos da cognição.

Entretanto voltemos à estimulação. A estimulação cerebral tem sido usada para tratar transtornos de humor e estresse, e pode até ajudar as pessoas a resolver problemas, memorizar informações e ter mais atenção. Felizmente, muitas das regiões do cérebro que controlam essas funções estão localizadas no córtex, que é a borda externa do cérebro, mais próxima do crânio.

A depender do resultado esperado, existem algumas variações nos métodos de estimulação magnética transcraniana. Um desses métodos é a estimulação transcraniana por corrente contínua (tDCS — *transcranial direct current stimulation*). O córtex, por exemplo, pode ser alcançado usando um método chamado estimulação transcraniana por corrente contínua (tDCS — *transcranial direct current stimulation*). Esse método pode ser útil para melhorar uma variedade de funções cerebrais, inclusos a regulação das emoções e o aprimoramento das funções cognitivas, como atenção, aprendizado, resolução de problemas e memória. A ideia é que torna os neurônios mais propensos a disparar, e pesquisas preliminares sugerem que a simulação elétrica pode melhorar a atenção. Vale salientar que a estimulação elétrica é usada em um ambiente controlado por no máximo 20 minutos por vez e apenas em participantes que passaram por exames médicos rigorosos.

Uma pesquisa mostrou que, ao fornecer eletricidade à parte direita do cérebro, pode-se mudar o limiar dos neurônios que transmitem informações em nosso cérebro e, ao fazer isso, melhorar as habilidades cognitivas em diferentes tipos de funções psicológicas. A estimulação elétrica do cérebro pode ser considerada uma ferramenta útil para o mapeamento funcional do cérebro humano, ao contrário da maioria dos estudos de neuroimagem, que não investigam diretamente a necessidade de uma determinada região do cérebro em uma função cognitiva específica.

Como as terapias de estimulação cerebral envolvem a ativação ou inibição do cérebro com eletricidade, esta eletricidade pode ser fornecida diretamente por eletrodos implantados no cérebro ou de forma não invasiva por meio de eletrodos colocados no couro cabeludo. Em seres humanos despertos, é usada para mapear seu envolvimento funcional na sensação e movimento, ou funções cognitivas, como linguagem e memória, tendo sido descritos vários fenômenos experienciais durante a estimulação elétrica do cérebro.

Embora não seja tão conhecida quanto a fMRI no contexto das pesquisas em Marketing, quando falamos em estimulação magnética transcraniana, nos referimos a um método não invasivo para estimulação do córtex cerebral, que demonstra relações de causa entre o cérebro e o comportamento, por meio de indução de atividade elétrica no couro cabeludo, através de um campo magnético.

A mais-valia da TMS para as pesquisas de marketing está no fato de desencadear o mecanismo de transmissão de sinais endógenos de um neurônio para o outro, por amplificação desse sinal. Quantas vezes já leu a palavra "neurônio" neste livro? Sim, esses seres pequeninos que recebem informações dos órgãos sensoriais e transmitem os impulsos nervosos ao resto do corpo pela produção de neurotransmissores, os mensageiros químicos que transportam, estimulam e equilibram os sinais entre os neurônios. E há aquelas bilhões de sinapses que acontecem em nossa dinâmica cerebral todos os dias.

Ao induzir uma corrente elétrica em nosso cérebro, a TMS estimula camadas corticais mais profundas, a ponto de desencadear potenciais ações dos neurônios mais próximos. Ou seja, se por TMS estimulamos o córtex motor, podemos contrair os dedos em resposta. A mudança de resposta varia de acordo com o tempo dos pulsos. Percebe que a TMS permite uma seletividade de estímulos e respostas? Aí está a mais-valia a que nos referimos. Pesquisas de marketing em torno desse espectro podem ser realizadas por estimulação transcraniana, no sentido de perceber respostas a estímulos, assim como na fMRI, salvaguardando as devidas proporções em termos de aprofundamento. Além disso, quando combinada com outras técnicas de neuroimagem, a TMS pode ser usada para mapear circuitos relacionados ao comportamento com precisão espacial e temporal.

Aprendizagem e resolução de problemas são processos cognitivos importantes que podem ser aprimorados por meio da estimulação cerebral. A área do cérebro que deve ser estimulada para aprimorar esses processos depende do que e como a pessoa está aprendendo. A estimulação do cérebro também pode aprimorar as habilidades de resolução de problemas.

Ainda existem métodos invasivos de estimulação cerebral, como a DBS (*deep brain stimulation*), ou estimulação cerebral profunda, um procedimento neurocirúrgico que envolve a colocação de um dispositivo médico chamado neuroestimulador (às vezes referido como "marca-passo cerebral"), que envia impulsos elétricos, por meio de eletrodos implantados, para alvos específicos no cérebro (núcleos do cérebro). O objetivo aqui é o tratamento de distúrbios do movimento, inclusa doença de Parkinson, tremor essencial e distonia. Embora seus princípios e mecanismos subjacentes não sejam totalmente compreendidos, o método DBS altera diretamente a atividade cerebral de maneira controlada.

O importante nisto tudo é lembrarmos o quanto mais há para aprender. A estimulação cerebral tem o potencial de impactar positivamente a maneira como pensamos e sentimos, mas atualmente o tDCS só pode aceder às camadas externas do cérebro. Por conta disso, ainda existem várias funções cerebrais que não foram exploradas com esta tecnologia. A tecnologia pode avançar no futuro, ao penetrar nas estruturas cerebrais mais profundas que se encontram abaixo do córtex. O uso de tDCS provavelmente continuará a crescer, portanto estejamos atentos às novas descobertas empolgantes na estimulação cerebral!

Curioso lembrar que, inicialmente, esta ferramenta de análise foi muito difundida em investigações acerca da depressão, devido ao seu potencial de melhoria em distúrbios neurológicos, mas também pode reduzir a dor crônica e estimular as células nervosas do cérebro.

EEG — ELETROENCEFALOGRAMA

Para finalizar o grupo de ferramentas mais utilizados em pesquisa de marketing, temos um método eficiente e de valor financeiro relativamente baixo, o eletroencefalograma (EEG), criado pelo cientista Hans Berger, com o propósito de monitorizar a variação elétrica presente na superfície do crânio.

O EEG mede as mudanças nos sinais cerebrais (ou ondas), presentes na relação entre o nosso cérebro e o nosso comportamento. Em nossa máquina mais perfeita, entre estados de consciência (despertos e em sono), localizadas no centro da nossa razão, emoção e memória (o córtex), estão as ondas cerebrais e as especificidades que as caracterizam. A atividade eletroencefalográfica é medida ao colocar-se eletrodos em locais diferentes sobre o couro cabeludo. Os sinais são medidos como a diferença de voltagem entre dois eletrodos (geralmente um é uma referência para todos os outros eletrodos). Medir a ativação de uma região específica do cérebro requer a colocação de eletrodos o mais próximo possível desta área e, portanto, eletrodos colocados em diferentes posições corticais permitem medir diferentes processos neurais. Existem diferentes padrões de ativação cerebral que podem ser medidos com EEG. Atividade cerebral espontânea — ou contínua — é a atividade medida na ausência de qualquer tarefa ou estímulo explícito. Em contraste, a atividade induzida aparece como uma resposta a um evento, como um estímulo sensorial ou uma ação específica (por exemplo, uma resposta motora ou processamento mental). Pelo EEG, conseguimos medir a atividade elétrica generalizada do córtex, a partir do crânio. Hoje é um método não invasivo, com ausência de dor, por meio de eletrodos, fios condutores ligados à superfície craniana com adesivos fitas colas especiais que garantem uma baixa resistência. O EEG utilizado pela medicina mapeia diferentes regiões do encéfalo (anterior, posterior, esquerda, direita), ao selecionar pares de eletrodos que indicarão oscilações de voltagem (por isso aquelas linhas irregulares como *output* deste exame).

Observar os processos cognitivos/afetivos dos consumidores em resposta a estímulos, tornou-se o propósito de várias pesquisas na área do marketing. A amplitude do EEG permite aos pesquisadores a exploração de eventos neurais por meio da gravação dos sinais. Os eletrodos dispostos no couro cabeludo ou, de forma mais simples, sensores na testa e lóbulos da orelha, captam esses sinais por meio da condução de impulsos que se originam das flutuações de voltagem dos íons, na comunicação, entre o cérebro e os neurônios e entre os neurônios em si.

Uma desvantagem desta ferramenta é a sensibilidade dos artefatos. Até uma piscadela interfere na detecção dos sinais pelo EEG, assim como movimentos musculares e sinais de Bluetooth em um ambiente exterior; mesmo com essa fragilidade, o EEG tem se mostrado eficaz em pesquisa de marketing associadas à neurociência do consumidor. Entre as novas versões mais simples deste aparelho, há preços acessíveis, o que o torna ainda mais popular, como é o caso do MindWave desenvolvido pela NeuroSky, uma empresa privada sediada no Vale do Silício.

Vale salientar que o uso do EEG, mesmo o BrainWave requer conhecimentos em neurociência básica e, se formos usá-lo em pesquisas de marketing, os conhecimentos em neurociência do consumo e psicologia do consumo são fundamentais.

CAPÍTULO 6
NEUROCIÊNCIA E IMAGENS DA MENTE – ONDAS CEREBRAIS E MAPEAMENTO

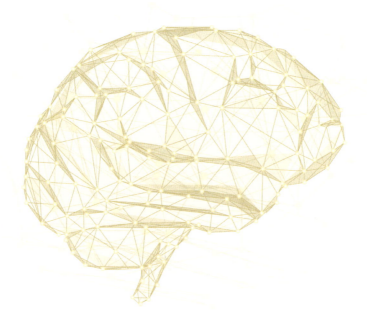

Neste livro tentamos dar as peças que, juntas, irão completar o *puzzle* do entendimento do cérebro, sistemas de decisões e tecnologias associadas à comunidade científica. E, por falar em ciência, recordamos Thomas Kuhn, que escreveu sobre a importância dos paradigmas (e a compreensão destes) para a fundamentação e evolução da ciência. Completar o *puzzle* só é possível se delimitarmos todos os problemas envolvidos para sua finalização. Essa delimitação é exatamente o paradigma, que estabelece a racionalidade científica aceita e caracteriza a ciência.

Mas por que trazer o paradigma para aqui? Pelo fato de que este livro é feito de algumas rupturas ou quebras deste, tão natural quanto a própria ciência e que Kuhn, em 1980, considerou como novas visões de mundo. O físico norte-americano, que dedicou sua obra a estudar a filosofia da ciência, trouxe o contexto social ao entendimento do desenvolvimento científico e, embora o desenvolvimento-padrão ocorra por meio da progressividade, há saltos que devem ser considerados, que fazem parte de revoluções científicas (esta é a nossa percepção/adaptação da Teoria de Kuhn). E quando falamos de ciência, não estamos delimitados aos seus componentes químico-físico-biológicos, mas também sociais, como o é a ciência econômica.

Não podemos escrever sobre decisões, um dos temas principais deste livro, sem antes refletir um bocadinho sobre alguns conceitos/teorias da ciência econômica que são peças importantes em nosso *puzzle*: a escassez, os recursos e o custo de oportunidade. Sim, este cesto com três peças agregadas têm o poder de colocar-nos em meio a um paradoxo: o de banalizar ou tornar essencial a nossa escolha. É este cesto que, associado a outros fatores, leva-nos a ficar horas à espera da abertura de uma loja para comprar "aquele" *smartphone* "daquela" marca, mesmo quando racionalmente sabemos que a marca tem capacidade produtiva para não deixar faltá-lo no mercado. Este cesto também nos leva a comprar ingresso para um concerto que apenas irá acontecer no ano seguinte, quando nem temos a plena certeza de que poderemos lá estar.

Vamos às explicações teóricas. A escassez é a lacuna que existe entre os recursos limitados e os nossos desejos ilimitados. É essa situação que nos leva a decidir, a escolher, entre escolhas simples e complexas que impactam nosso futuro. Neste contexto de escolha, inúmeras vezes estamos ao meio da ponte entre renunciar alguma coisa para conseguir outra, ou seja, o custo de oportunidade que cada ação, escolha ou decisão tem. Em nossa sociedade, isso é muito comum, pois nem sempre os recursos estão disponíveis à nossa soberana vontade, o que torna a escolha uma atividade cotidiana.

Quando temos necessidades e desejos, que recursos devemos usar para satisfazê-los? E se o recurso estiver escasso, qual a próxima alternativa mais adequada? Voltemos ao *smartphone* do início deste capítulo: tamanho da tela, *megapixels* da câmera ou quantidade delas, cor do aparelho, capacidade do processador, armazenamento, preço e até o *status* que confere ao proprietário tornam essa escolha cada vez mais complexa.

Por um olhar econômico (padrão), somos seres racionais enquanto consumidores, daqueles que fazem "as melhores escolhas" quando estas fazem-se necessárias. Entretanto vem a neurociência para mostrar-nos que esta mesma racionalidade está presente em algumas peças do *puzzle*, mas não em todas, e a depender do contexto, em nenhuma.

Imagine agora o mundo de centenas e milhares de opções em que vivemos. A cada vitrine, uma infinidade de possibilidades de escolha; a cada site na web, um infinito de opções disponíveis. Escolher, decidir, é parte de nossas vidas, também nos constrói, é o que nos faz autônomos e dá-nos satisfação (concordamos que nem sempre).

Perceber a relação entre opções, recursos e decisões é algo que inquieta vários estudiosos de várias áreas do conhecimento e a ciência social não deixaria passar ao lado. Mas como perceber em profundidade as escolhas humanas? Olhar para dentro é a melhor resposta. A neurociência veio ser uma peça fundamental do *puzzle* que estamos a construir e organizar.

Atenção, que nos leva à decisão, percepção, comportamento, experiência, aprendizagem, são fatores que juntos tornam a nossa escolha mais assertiva (nem sempre a melhor). Do ponto de vista prático, o mapeamento cerebral possibilitou o olhar para dentro e perceber/constatar todo o mecanismo químico e biofisiológico da decisão. E assim chegamos a mais um cesto composto de peças menores, estruturas e impulsos elétricos que compõem o nosso cérebro.

Neste capítulo, teremos como foco a atividade elétrica que origina as ondas cerebrais. No capítulo seguinte, conversaremos sobre algumas estruturas e áreas cerebrais que participam do processo de decisão a que somos submetidos cotidianamente e que nos faz adaptáveis a custos, como tempo e esforço, sem mencionar certas dissonâncias cognitivas que nasce como uma planta em nosso interior, o famoso arrependimento pela escolha. O que é bom hoje pode não o ser amanhã. O que é perfeito para nós nem sempre o é para os outros. O nosso sapato tamanho 36 não cabe no pé de todas as pessoas e pode doer. Isso parece complexo e realmente o é. Portanto, a neurociência com o auxílio das tecnologias de mapeamento cerebral veio ajudar na completude do *puzzle* e tornar o encaixe das peças mais eficiente.

Tente, agora, imaginar o seu cérebro como um computador *all-in-one* "daquela" marca, lembra? Acho que você sabe, mas o *all-in-one* é aquele sem CPU, que só tem tela, teclado e *mouse*, e todo o resto está dentro dele. Mas voltemos ao nosso cérebro *all-in-one*: o córtex seria o processador, que controla todos os dispositivos associados a ele, sejam do próprio computador ou outros que dão acesso ao mundo exterior (real).

Agora que já despertamos a vontade de saber mais sobre essa máquina, vamos aos impulsos elétricos que emitimos durante todo o nosso dia: as ondas cerebrais. E se disséssemos que, se todas as células nervosas do nosso cérebro se ativassem ao mesmo tempo, seríamos capazes de acender uma lâmpada, você acreditaria? Esperamos que sim, mas chegará a essa conclusão ao final deste capítulo, ao perceber que o cérebro é um órgão eletroquímico.

De início, as ondas cerebrais foram estudadas em 1930, juntamente com o surgimento do eletroencefalograma. Pelo EEG, Hans Berger, observou a distinção entre estados de sono e de vigilância. Este foi o primeiro passo para o entendimento e auxílio no diagnóstico de condições neurológicas adversas e distúrbios do sono, por exemplo. Ao utilizar eletrodos de agulha introduzidos sob o couro cabeludo e um eletrocardiógrafo, Hans Berger observou que existiam oscilações de potencial nas áreas occipitais, que as chamou "ondas alfa".

Antes de Berger, em 1875, o fisiologista inglês Richard Caton descobriu a possibilidade de registro das variações potenciais no córtex cerebral, por meio de experimentos com cães e coelhos. Essa descoberta possibilitou a Berger a descrição do EEG em humanos, anos mais tarde, e o grande desafio passou a ser a análise do significado e dos mecanismos que a envolvem, como a origem dos tais potenciais, a modulação por estímulos sensoriais, alterações do estado de sono, de vigília e de atenção (e das atividades cognitivas presentes nesses estados), além da fisiologia dessas oscilações elétricas.

Importante destacar que o processo não é tão simples quanto parece. A fim de que o sinal de EEG seja gerado ou captado em amplitude suficiente para ser registrado e observado, faz-se necessária uma conjuntura de ativação de muitos neurônios, em grande parte advinda da sincronicidade de suas atividades que, somadas, irão atingir a superfície craniana. É a sinapse neuronal que transforma os impulsos nervosos em químicos, através de alguns mediadores. Essa transformação ocorre, de maneira geral, entre o axônio de um neurônio e o dendrito de outro, mas não só. E, para percebermos melhor, a seguir há uma imagem com a constituição de um neurônio.

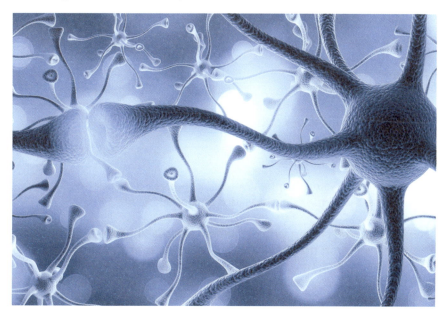

As ramificações de axônio guardam em seu final os botões pré-sinápticos. O que separa esse "botão" da membrana do outro neurônio é a fenda sináptica. E é através dessa fenda que os neurotransmissores são "libertados" ao atingir o botão e, assim, abrem-se canais de cátion (íons com carga positiva) que fluem no interior dos dendritos, numa corrente elétrica que extrapola a profundidade e proporciona a presença de um líquido positivo nestas localidades. É esse processo "padrão" que o EEG registra e que pode ser medido apenas se o sinal tiver intensidade suficiente para chegar à superfície do crânio.

Essa pequena explicação neurofisiológica serve para termos a certeza de que nosso cérebro é mesmo incrível, e para mostrar que é nesta atividade elétrica que surgem as ondas cerebrais, que representam a resultante de fenômenos eletrofisiológicos, como um reflexo de mecanismos neuronais, em diferentes tipos, na seguinte ordem de potência (guardemos a devida margem de erro, claro):

- Delta: <4Hz.

- Theta: entre 4 e 8 Hz.

- Alpha: entre 8 e 13 Hz.

- Beta: entre 13 e 40 Hz.

- Gama: > 40 Hz.

Entre estados de consciência (despertos e durante o sono), cada onda cerebral tem especificidades que a caracterizam. Vamos a elas!

ONDAS DELTA

Originam-se no tálamo, responsável pela condução dos impulsos às regiões nas quais eles devem ser processados apropriadamente.

É nosso profundo inconsciente e também "guarda" intuição e introspecção. É aquele sono profundo, sem sonhos. Em estados meditativos quase não há indícios da Delta, salvo em praticantes muito experientes. São as ondas com maior amplitude, muito comum nos bebês e em crianças mais novas. À medida que crescemos, a tendência é uma menor produção de Delta: o sono e a capacidade para descansar vão se perdendo, pouco a pouco, com os anos.

A Delta também é responsável por atividades corporais que não temos controle, como ritmo cardíaco, respiração e digestão. É nossa frequência mais baixa e disponibiliza o hormônio do crescimento, o HGH, produzido enquanto dormimos (sim, nossa mãe tinha razão ao dizer que crescemos ao dormir). Ela também representa tudo o que há de positivo no estado de sono, como o robustecer do nosso sistema imunitário e da nossa cognição. Outros estudos apontam a relação entre altos picos de onda Delta e déficits de aprendizagem, como o déficit de atenção e hiperatividade (TDAH). São responsáveis também por arranjos internos de aprendizagem, memória biográfica.

Em níveis baixos, pode indicar sono deficiente, além de problemas para ativar e revitalizar o corpo e a mente. Em níveis altos, pode indicar lesão cerebral, problemas de aprendizagem ou TDAH grave. Já em níveis adequados, favorece e cuida do sistema imunitário, do descanso e da nossa capacidade de aprender.

ONDAS THETA

Sua origem é o córtex e, por isso, relaciona-se com a criatividade subconsciente, mas também relaxamento profundo, sonhos, hipnose e meditação profunda. Nossas capacidades imaginativas e de reflexão também são refletidas aqui, e sua alta atividade provém da experimentação de emoções profundas.

Ao finalizarmos uma tarefa que requer muita energia e entrarmos em estado de relaxamento, é a Theta que se faz mais presente em nosso cérebro. Além de tudo, também é responsável por nossas memórias de curto prazo e estão presentes no processo de guardar informações e atualizá-las.

Por serem geradas por nossa mente inconsciente, em Theta estão presentes conexões mais profundas do ponto de vista emocional, até mesmo quando aqueles pensamentos vagos, que nos fazem viajar, assumem o controle. É um estado de baixa consciência e podem refletir estados hipnóticos, emoções durante os sonhos e no sono.

Pesquisas apontam que um adulto normal consegue guardar por volta de sete informações na memória de curto prazo, isso porque a cada ciclo de Gama (40 Hz) cabem aproximadamente sete ciclos de Theta (6 Hz). Assim, durante esse estado, o desenvolvimento da memória é aumentado e há melhoria de longo prazo. Este estado é difícil de estudar, pois não é possível (ainda) ter um controle por longo tempo dele sem que as pessoas adormeçam.

Estão presentes, ainda, quando o indivíduo está guardando informações, mantendo a atualização do cérebro constante (as memórias são atualizadas pelas ondas Theta, mas armazenadas curtamente pelas ondas Gama).

Em níveis adequados de Theta, elas possibilitam intuição, criatividade e inteligência emocional. Em níveis muito baixos, podem indicar ansiedade e pouca consciência de emoções. Já em níveis muito altos, podem estar associadas à depressão e falta de atenção.

ONDAS ALPHA

A mais conhecida pelo senso comum. Em atrações de TV, livros, histórias em quadrinhos, conversas entre amigos, sempre tem aquela *persona* que se diz "em Alpha". É o nosso sonho lúcido, estado de sonho receptivo e passivo. Possui vários correlatos funcionais que refletem funções sensoriais, motoras e de memória, também relacionados a processos imaginativos, relaxamento acordado e criatividade, os quais ficariam livres de associações, geralmente quando estamos de olhos fechados.

É o estado intermédio do relaxamento profundo e do sono, a ativar áreas de cognição, memória, criatividade, inspiração, percepção sensorial e intuição. Podemos atingir o estado Alpha também em orações, atenção plena ou meditação. Neste estado, a atividade cortical ocorre em áreas do cérebro que não estão focadas num estímulo sensorial, ou seja, caso um estímulo visual esteja presente, as regiões referentes aos estímulos táteis e sonoros vão sofrer um aumento da atividade Alpha.

É ainda o estado mais afetado pela publicidade durante as últimas décadas.

Em níveis altos, podemos sentir falta de energia ou falta de atenção, nos impede de focar a atenção e podemos nos sentir sem força para realizar uma tarefa. O contrário, em níveis baixos, estaremos em alerta, como ocorre na ansiedade, insônia e até estresse. Entretanto a supressão da Alpha indica atividade mental e envolvimento, em que o cérebro prepara-se para captar informações de vários sentidos. O seu nível ideal traz relaxamento.

ONDAS BETA

São os nossos pensamentos ocupados. E acredite: nosso cérebro está constantemente ocupado. Alguns pesquisadores descobriram que, em um estado de nada fazer, nosso cérebro pensa em outras pessoas, em nosso inconsciente. O nosso *dolce far niente* é pensar nos outros.

Mas voltemos à Beta. É a concentração ativa, o pensamento consciente, também nosso foco externo. Sua origem é a região frontal do cérebro, e quando estamos a planejar ou executar movimentos, sua correlação torna-se mais forte. Porém suas frequências coexistem com outras ondas, como a Gama. Este impulso elétrico associa-se, ainda, a emoções fortes, como medo, raiva, ansiedade, alerta, atenção seletiva, concentração e antecipação. Refletem os neurônios espelho.

Enquanto algumas ondas são de baixa frequência, a onda Beta é a da vigília, foco, atenção, que nos deixa ligados a 220 v, prontos a executar tarefas que exigem mais atenção ou até quando estamos a aprender algo. É nosso estado cognitivo, o que precisamos para estudar, conduzir um veículo, ler este livro, por exemplo. Quando construímos pensamentos estratégicos, é a onda Beta nossa maior aliada. Estudos mostram que estas ondas estão presentes em grande quantidade quando é necessário desenvolver soluções matemáticas para problemas. Raramente se apresentam na meditação, porém ocorrem em pessoas muito experientes em estados de êxtase.

Em altos níveis pode deixar-nos em alerta constante, extrema atividade neural que pode derivar de um estado de ansiedade ou estresse prejudicial, além de trazer algumas consequências como crises de ansiedade e até pânico. Do contrário, resultam em estados quase depressivos, com energia muito baixa. Entretanto seu nível ideal permite-nos solucionar problemas e nos concentrar e ajuda-nos a estar mais receptivos.

ONDAS GAMA

Não são compreendidas em sua totalidade, mais particularmente em sua origem, o que a levou a ser chamada de "o buraco negro" das pesquisas com EEG, pois não se sabe com precisão onde são geradas e o que reflete suas oscilações. Alguns pesquisadores asseveram que a Gama serve como frequência portadora que liga as impressões sensoriais de um objeto a uma forma coerente, por meio de um processo atencional. Outros pesquisadores a consideram como um subproduto de outros processos neurais, como o movimento ocular e não reflete processamentos cognitivos. Outros estudos comprovaram que a Gama está ligada à percepção, atenção e ansiedade.

Na resolução de problemas, apresenta uma atividade superior, mas é difícil de captá-la no EEG simples. Relacionam-se, ainda, com tarefas de alto processamento cognitivo. Em 2004, o pesquisador Antoine Lutz e outros cientistas descobriram que a sincronicidade perfeita das ondas Gama induz sensações de amor e gentileza.

Por meio de um estudo com praticantes budistas, Lutz e outros pesquisadores descobriram que estes autoinduzem oscilações de ondas Gama de altas amplitudes e sincronia, atividade registrada mais alta durante a meditação e que permanece no pós-meditação, quando comparada ao estado inicial, antes da meditação. Embora os autores concordem que é necessário aprofundar o estudo, afirmam que as consequências funcionais da atividade Gama, sustentadas durante a prática mental, oferecem bases para investigar processos cognitivos e afetivos de alto nível.

Sua frequência é extremamente rápida (coincidência com os raios Gama) e movem-se a partir da parte posterior do cérebro para a frente, com uma velocidade incrível. Tem a ver como nosso estilo de aprendizagem, com a capacidade de registrar novas informações. Pessoas com distúrbios mentais ou de aprendizagem tendem a ter atividades na onda Gama menores que a média.

Estados de felicidade evidenciam picos elevados de Gama que também estão correlacionadas com estímulos visuais, táteis e auditivos. Estão presentes o tempo todo na mente humana, mesmo quando estamos adormecidos, salvo em estados de transe por anestesia. Seu intervalo de frequências tem a ver com a velocidade com que podemos nos lembrar de determinados momentos, geralmente lembranças visuais. Quanto maior a frequência, mais rápido é possível lembrarmos de algo que já foi esquecido e mais informações podem ser guardadas na memória de curto prazo.

A "leitura" das ondas cerebrais ocorre por meio do EEG, que registra os impulsos elétricos do cérebro. Através do EEG, pesquisadores tentam correlacionar essa atividade cerebral com atenção, memória e emoção em variados contextos. Esse registro temporal da atividade elétrica do córtex cerebral pelo EEG possibilitou, de maneira menos complexa, a realização de experimentos científicos em áreas como o marketing, mais especificamente no comportamento decisório de compra por meio do neuromarketing, também foco deste livro. Esse mapeamento cerebral ajuda-nos a perceber e compreender o comportamento do consumidor em sua essência.

Entretanto saber a função de cada uma não nos diz muita coisa enquanto investigadores do comportamento de compra e marketing. É preciso olhar para os registros de bandas ou ondas como uma conjuntura. Lembra que o nosso cérebro é uma máquina perfeita? A combinação dos registros dá-nos uma visão mais ampla e fidedigna acerca do comportamento, nomeadamente quando captadas em experiências no momento em que a decisão ocorre. Vale lembrar, ainda, que a amplitude das atividades corticais é observada em intervalos que são, por sua vez, relacionados com estados de consciência, sendo a amplitude destas diretamente proporcional ao número de neurônios em atividade no córtex.

EXPERIÊNCIA COM NEUROSKY

CAPÍTULO 6 | NEUROCIÊNCIA E IMAGENS DA MENTE — ONDAS CEREBRAIS E MAPEAMENTO

O Neurosky enquanto aparelho de EEG não é usado em diagnósticos médicos, mas atende perfeitamente às medições que os profissionais de neuromarketing realizam em suas pesquisas. Por ter os pontos de contato na testa e no lóbulo da orelha, consegue estabelecer conexões que permitem o registro de ondas cerebrais. A conexão com o córtex pré-frontal permite a percepção de atenção, julgamento, controle de impulsos, resolução de problemas, aprendizagem pela experiência, entre outras funções desta área, que tem, ainda, conexão com o sistema límbico, centro das nossas emoções.

E foi com a finalidade de investigação científica, que a unidade de pesquisa da Next Side Consulting realizou uma pesquisa em uma grande superfície alimentar em Portugal. O objetivo foi perceber a atenção do público em um determinado *corner* presente no ambiente físico dessa superfície alimentar e contou com três pesquisadores que acompanharam o processo desde o início até o fim. Um dos pesquisadores foi responsável pela recolha e deco-dificação dos dados, visto ser desenvolvedor de sistemas. Uma pesquisadora observou o comportamento dos participantes na superfície comercial e capturou as imagens em vídeo, além de tecer anotações em um diário de campo, usando, assim, o conhecimento que tem em comportamento do consumidor. Por fim, a terceira pesquisadora realizou a análise dos dados provenientes de todas as fontes, visto ter conhecimento sobre neurociência do consumo e neuromarketing.

No experimento estiveram presentes questionamentos acerca do *layout* do *corner* e melhor disposição dos produtos nas prateleiras, otimização da comunicação ali presente, visibilidade, despertar da atenção pelas cores e imagens e, por fim, perceber o papel da experimentação dos produtos na decisão de compra. Vale salientar que os produtos dispostos no *corner* eram considerados inovadores, pois ainda não foram produzidos por qualquer indústria na área dos alimentos.

No total, a pesquisa científica contou com 15 respondentes e com outros métodos que complementaram os resultados, nomeadamente o grupo focal e a entrevista. Os informantes foram divididos em três grupos. O grupo 1 foi composto das pessoas que participaram apenas do grupo focal. O grupo 2, de participantes do grupo focal, mas que também estavam presentes no experi-mento com o Neurosky. Já o grupo 3 apenas participou do experimento com o EEG. Todos responderam a entrevistas, seja no grupo focal, seja no experimento (antes e depois da realização). Por tratar-se de uma pesquisa acadêmica, foi mantido o rigor científico que esta requer, mesmo os objetivos estando em âmbito mercadológico. Dito isso, os pesquisadores optaram por recolher os dados em várias fontes, tais como entrevista, leitura de ondas cerebrais com o Neurosky e observação da experiência no momento em que ela aconteceu. Isso garantiu a confiabilidade necessária, assim como a robustez dos resultados.

A dinâmica do experimento foi a seguinte:

1°. os 15 informantes participaram de um grupo focal, em um ambiente controlado. Após uma breve discussão acerca de produtos alimentares inovadores, responderam a uma parte da entrevista. Na primeira parte da entrevista, os respondentes não tiveram acesso a qualquer informação visual sobre o *corner*, sendo as perguntas voltadas à experiência de compra numa superfície do retalho alimentar e à comunicação no ponto de venda, mais especificamente o que consideram importantes nesta comunicação. Após a apresentação de imagens do referido *corner* na superfície do grande retalho alimentar, responderam à segunda parte da entrevista, com perguntas que incluíam aspectos sobre comunicação e percepção da proposta de valor, além de questionamentos específicos sobre o *corner* e seus produtos.

2°. captura do registro de ondas cerebrais durante a visualização do *corner* e interação com os produtos. Desta etapa da pesquisa, participaram dez informantes, cinco que já haviam participado do grupo focal e cinco que não haviam participado e estavam em contato inicial com o *corner* e os produtos que o compõem.

Ao partir para o experimento, o dispositivo utilizado foi o Neurosky e o sistema de análise foi o EEGID da Isomer Programming LLC. Após conexão via Bluetooth (TM) com o *headset* móvel (Neurosky), os dados da eletroencefalografia foram visualizados, nomeadamente:

- TimeStampMs
- PoorSignal
- EEG valor bruto
- EEG valor bruto-volts
- Nível de atenção
- Nível de meditação
- Intensidade do pisco
- Delta (1-3Hz)

- Theta (4-7Hz)
- Alpha baixa (8-9Hz)
- Alpha alta (10-12Hz)
- Beta baixa (13-17Hz)
- Beta alta (18-30Hz)
- Gama baixa (31-40Hz)
- Gama média (41-50Hz)

Todos os dados foram gravados e o arquivo resultante, em formato CSV, foi enviado para o e-mail dos investigadores. Foi configurado o intervalo entre cada registro de 1 segundo, pois os investigadores consideraram como suficiente para o contexto da amostra investigada. Para solução de problemas, durante a observação, a todo o momento foi monitorizado em tempo real o valor PoorSignal, que indica um posicionamento inválido do EEG, cujo 0 é o valor desejado, enquanto que, se for maior que 0, indica ruído ou problemas de aderência do sensor à pele do investigado.

Após a recolha, os dados foram convertidos em Hertz (unidade de medida padrão para leitura de ondas cerebrais) e foram gerados gráficos em Excel correspondentes às ondas cerebrais, de cada participante. Para fins da pesquisa, apenas a onda Gama não foi analisada, visto que qualquer análise acerca desta onda seria mera especulação, já que a neurociência ainda não chegou a um consenso sobre suas origens, como viu no Capítulo 5 deste livro. A onda Gama é responsável por estados de atividade mental superior e resolução de problemas, também ligada à percepção e atenção, o que a torna relevante para a pesquisa. Porém o dispositivo EEG utilizado possui um algoritmo que indica o estado de atenção e foi usado como pista para tal. Todas as conversões e tratamentos relativos à tecnologia, foram realizados por um profissional da área de desenvolvimento de sistemas.

O uso do Neurosky deu-se por dois aspectos: o do produto exibido no *corner* e o das peças de comunicação e sinaléticas. O foco para perceber a atratividade dos produtos foi a onda Beta, e para a comunicação, a Onda Alpha. As ondas Delta e Theta serviram de complementaridade para a conclusão dos resultados.

Relativamente à análise, foram constatadas algumas questões importantes como a concentração de alguns informantes ao visualizar um produto determinado. Essa concentração pode ser percebida pela onda Low Beta em baixa e High Betha em alta. Ainda esteve presente a Delta em baixa, a indicar arranjos internos de aprendizagem em consonância com a Theta em baixa, que indica o processo de guardar informações e atualizá-las. Cabe aqui uma nota de que o produto analisado, neste caso, uma manteiga de amendoim em pó, foi o mais observado pelos participantes, com pausas para a leitura do rótulo. Em entrevista posterior ao experimento com EEG, o relato foi o quão curioso é a proposta do produto e que nunca haviam visto algo parecido. A junção das ondas Beta com a Alpha mostrou esta reação de "isto é interessante", mas também senso de foco.

Alguns produtos despertaram picos e oscilações no algoritmo de atenção e, no caso de uma salsicha feita de ovo, a oscilação em Theta mostrou que a análise do produto estava presente junto com o processamento e armazenamento de informações, mesmo que a curto prazo. Mais uma vez essa informação foi comprovada na entrevista após a leitura das ondas, quando o interesse estava em perceber como uma salsicha pode ser produzida a partir do ovo. De maneira geral, ao entrar em contato com os produtos ali dispostos, ativaram-se as ondas cerebrais relacionadas com aprendizagem, memória de trabalho e processamento de informação.

Vamos perceber agora um pouco sobre o aspeto da comunicação presente no *corner*. Tanto as imagens gravadas em vídeo quanto a leitura de ondas cerebrais por EEG mostraram que o processamento visual não foi suficiente para despertar atenção, pois o desinteresse traduziu-se na combinação em baixa das ondas Theta, Alpha e Beta. A cor azul presente em uma das peças de comunicação despertou picos em Alpha e manutenção em alta. Esse contexto representa o espectro do estímulo visual a atingir seu objetivo. O ponto ideal em comunicação são picos de Alpha para cima, mas não muito altos, pois já indicará estresse e frustração.

A peça de comunicação que resultou em mais *engagement* (Alpha no nível ideal) foi a foto de uma alimentação pronta com o produto que estava a ser vendido no *corner*. Textos e fotos em tamanho ideal, com proximidade da realidade que vivemos, foram suficientes para gerar identificação, percebida não apenas pelo comportamento das ondas cerebrais dos informantes, mas também na entrevista posterior e nas imagens gravadas em vídeo.

O estado Alpha é o mais afetado pela comunicação de marketing e publicidade. Alpha alta representa desejo, mas também informações no cérebro e memorização. Já as ondas Beta apresentou-nos concentração e atenção seletiva. Theta e Delta em baixa mostraram-nos armazenamento na memória de curto prazo e arranjos internos de aprendizagem, respectivamente.

Se ficou entusiasmado com o experimento, nunca é demais lembrar que o seu rigor e confiabilidade não estão unicamente na leitura dos impulsos pelo EEG. Embora tenha sido uma experiência espetacular, a triangulação na recolha dos dados (entrevista + observação + leitura pelo EEG) tornou o resultado mais robusto.

Os dados pertinentes ao resultado da pesquisa bem como a identidade da superfície do retalho alimentar serão preservados por motivos de acordo de confidencialidade. O que podemos é, de forma generalista, destacar o papel da proximidade da comunicação com a experiência que os produtos têm na nossa vida cotidiana enquanto consumidores. Dar a conhecer a proposta de valor por meio do significado das cores e sua harmonização o contexto de mercado toma uma proporção incrível.

Em termos de neurofeedback, o Neurosky mostrou-se uma ferramenta que atendeu ao propósito da pesquisa de neuromarketing: olhar as decisões de consumo com olhos da Neurociência e assim aceder (mesmo que por alguns, poucos, dois minutos) ao relato inconsciente vindo do cérebro.

CAPÍTULO 7
POUT-POURRI DE NEUROCIÊNCIA E ALGUNS INSIGHTS DE MARKETING

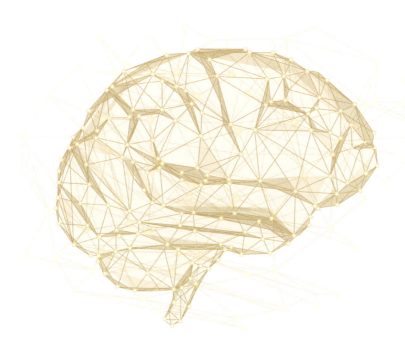

Neste capítulo, vamos dar a conhecer um *pout-pourri* de neurociência e suas aplicações em marketing, com possibilidades já experienciadas. Numa mistura heteróclita excêntrica de diversas coisas, escrevemos sobre *emotional brands*, *brandsense*, publicidade hiperpersonalizada, turismo, neuromarketing no ambiente virtual e sócio virtual e, como não poderia deixar de ser, neuromarketing e ética (neuroética).

Comecemos com exemplos de empresas que usam pesquisas com auxílio da neurociência para entender melhor as preferências dos consumidores. Quinze homens e 15 mulheres tiveram sua atividade cerebral observada pela Hyundai, enquanto dirigiam. O objetivo foi perceber o que o consumidor pensa sobre dos automóveis, antes de lançá-lo. Já a Pepsico teve o objetivo de entender o impacto da publicidade em torno do *snack* Cheetos. Aqui a neurociência foi um complemento do grupo de foco, técnica mais tradicional para investigações científicas. Foi apresentada uma propaganda que continha uma chalaça que, pelo grupo de foco, todos os participantes disseram não apreciar. A atividade cerebral registrada pelo EEG mostrou que as mulheres haviam apreciado sim!

Antes de lançar uma campanha de 60 segundos na TV para divulgar sua ferramenta de busca, o portal Yahoo contou com o apoio da neurociência para perceber o impacto nos espectadores. Resultado: o número de novos usuários aumentou. A gigante tecnológica Microsoft também fez uso do EEG para compreender o nível de envolvimento de jogadores de Xbox com as publicidades veiculadas durante os jogos.

Em se tratando da criação de *wearables* (dispositivos vestíveis) com base na biometria, trazemos uma pulseira que "sabe que você é você". Chamada de Nymi pela sua empresa criadora, a Bionym, ela é um método de autenticação por meio de batimentos cardíacos (padrões registrados em eletrocardiograma). A ideia é simples: ao colocar a pulseira ela nos reconhece e, ao aproximá-la de outros dispositivos vinculados como um computador, *smartphone* ou até a porta da nossa casa, desbloqueia-os automaticamente. Este *wearable* já despertou o interesse de empresas que lidam com métodos de pagamento, como o Royal Bank of Canada e a Mastercard, que já iniciaram testes. Apenas com pedidos no pré-lançamento, a empresa arrecadou 14 milhões de dólares em 10 mil unidades da pulseira. E o melhor de tudo é que se outra pessoa colocá-la, o dispositivo não funciona, visto o padrão do batimento cardíaco ser único em cada um de nós. Isso sim é um *insight*! Superproduto!

E por falar em produto, deve ficar a saber que estes integram-se em duas categorias que se sobrepõem: coisas que exibem nossas características desejáveis e conferem-nos status quando os outros veem, como aquele Lamborghini Aventador, superdesportivo e motor V12; e coisas que nos dão prazer e satisfação mesmo que ninguém mais saiba que temos, como aquele pijama roto que conforta-nos o corpo durante o sono. Com certeza a pulseira Nymi não é o equivalente do nosso pijama roto!

TURISMO E NEUROCIÊNCIA

Em nossa diversidade heteróclita, entraremos agora no âmbito do turismo. A neurociência já começa a avançar com estudos sobre a aplicabilidade do biomarketing (disciplina emergente que cruza os campos das ciências sociais e biológicas) na indústria turística. Aplicada há algum tempo às ciências sociais, o caminho das pesquisas neurocientíficas em determinados segmentos ainda é extenso e existem várias nuances a explorar, nomeadamente quando nos referimos à neurofisiologia humana como uma medida possível para preferências de consumo ou estados internos proporcionados por experiências fenomenológicas, aquelas vivenciadas, onde apreende-se o sentido de tal vivência, sendo um exemplo factível a experiência em destinos turísticos.

A capacidade humana de adaptação ambiental é o que faz com que o cérebro deixe-se moldar pelas experiências, num processo de plasticidade neuro cerebral que possibilita aventurar-nos no desconhecido. Interessante perceber que as respostas (emocionais e cognitivas) subjacentes às preferências e experiências podem ser captadas por tecnologias associadas à biometria (biomarketing), potencializando a observação e descobertas acerca das necessidades e desejos dos consumidores. Quando somos impulsionados a consumir, expostos a uma experiência, internamente lidamos com crenças e expectativas. Se a experiência for positiva, podemos aprender com ela e repeti-la, ou seja, revisitar o destino. Entender como esse processo de aprendizagem ocorre no âmbito neurocerebral é de fundamental importância para melhorias em hospitalidade e turismo.

Novas tendências de consumo, mudanças políticas, novas tecnologias, fragmentação de mercados, globalização, integração econômica e outras importantes transformações estão a aumentar a complexidade da gestão do turismo e a observação do comportamento do consumidor já está a desatualizar-se (Moutinho, 2000). Assim, a neurociência veio quebrar paradigmas acerca de preferências e hábitos no contexto turístico, seja na escolha de alojamentos, restauração e destinos. Trouxe uma forma mais assertiva de entender o papel da publicidade neste contexto. E quando falamos em turismo, a preferência adquire a extensão de todos os lugares do planeta. Outros ambientes, outras culturas, formas de convívio, pode ser fatores determinantes desta preferência. Ademais, a indústria do turismo traz consigo fatores sociais, econômicos, tecnológicos, de comunicação, infraestrutura, políticos e, claro, culturais (costumes, hábitos, modos de vida, gastronomia, entre outros). Algumas pessoas escolhem Lisboa como destino turístico pela bela arquitetura, perfeitamente integrada com a paisagem ribeirinha, onde as curvas antigas e o novo encontram-se com modernidade revestidas a azulejos. E a completar o ciclo, uma gastronomia única. Outros a escolhem pela facilidade de comunicação e até pela segurança de caminhar nas suas vias convidativas. Outros nem gostavam de ir, mas cedem ao apelo da viagem de família que acontece uma vez ao ano.

Qual a sua motivação para ir a um destino turístico? Compreender os fatores motivacionais que influenciam as decisões de viagem das pessoas, como elas aprendem a consumir e viajar, o que afeta tais decisões (ou quem), são questões não respondidas de forma efetiva e fidedigna por relatos conscientes. E a neurociência pode ajudar nessa compreensão. Ferramentas biométricas, neste contexto, assumem importância capital.

Inicialmente, na indústria do turismo, a biometria foi utilizada com fins de identificação dos indivíduos de forma mais precisa ou uma verificação mais conveniente (e ainda o é). Tecnologias que medem e analisam características físicas e comportamentos estão entre reconhecimento facial e da impressão digital, geometria das mãos e dos dedos, além do reconhecimento da íris e da voz. Claro que é preciso atentar para questões de privacidade, consentimento e ética, mas conversaremos ao fim deste capítulo. Entretanto a necessidade da indústria turística em adaptar-se aos desejos dos clientes e o ambiente competitivo num mercado de proporções globais fizeram com que surgissem novas formas de uso para as ferramentas biométricas.

Da junção entre neurociência e turismo surgiu o termo "neuroturismo", que visa explorar o mecanismo neural subjacente ao nosso comportamento enquanto turistas, ao usar a neurofisiologia do corpo como medida de satisfação, felicidade e intenção de revisitar os destinos. Além de captar em tempo real o processo cognitivo e emocional que acontece em nosso cérebro ao vivermos a experiência turística, ferramentas de neurociência podem ajudar a perceber e melhorar as respostas às publicidades na indústria do turismo, sejam relacionadas aos destinos como também hotéis, parques etc.

Um exemplo foi um experimento realizado em 2010, com rastreamento ocular (*eye-tracking* TobiiTM) aliado ao autorrelato para comparar a eficácia de duas versões de um anúncio numa revista de turismo (Mills *et al.*, 2010). Houve diferenças significativas entre as duas medições, ou seja, o que os 25 entrevistados relataram foi diferente do captado no rastreamento ocular.

Outro experimento envolveu fotografias e texto e a atenção visual que desperta na maioria das pessoas (Scott *et al.*, 2016). A conclusão foi a de que, independentemente do idioma, o texto nas fotografias desperta a atenção visual. Claro que no idioma conhecido a atenção é maior, assim como uma única mensagem de texto nas fotografias de paisagens. Entretanto a soberania é da imagem, mesmo que não haja o entendimento do idioma em que o texto foi escrito.

Ainda relativamente a imagens, um estudo descobriu que fotos com produtos turísticos específicos em anúncio podem evocar pensamentos mais favoráveis da experiência futura de viagem, do que as mais abstratas que despertam pouca (ou quase nenhuma) intenção de compra. Não é à toa que a Torre Eiffel é o monumento mais fotografado do mundo: 324m de altura, 1.710 degraus até o seu topo, 10 mil toneladas de peso, iluminações criativas por meio de 336 projetores e 20 mil lâmpadas intermitentes, fixadas à mão uma a uma, pintura que requer 60 toneladas de tinta e 7 milhões de visitantes por ano. Mais específico que isso, impossível! Mas sempre podemos melhorar: sua estrutura em ferro é o contraste perfeito para um céu azul como plano de fundo e o verde das árvores em seu entorno. Para terminar, uma visão ao topo de perder o fôlego que torna o momento ainda mais inesquecível. *Paris sera toujours Paris*. E se você conseguiu sentir vontade de ir a Paris (ou de voltar lá), é a prova de que palavras bem escritas em pormenores também ativam respostas positivas em nosso cérebro.

Em verdade, o neuroturismo oferece a oportunidade de produzir emoções positivas que melhoram a satisfação dos turistas e qualificam a experiência, ao envolver processamentos cognitivos e emocionais não suscetíveis a vieses subjetivos. É uma vertente importante do neuromarketing que busca a base neural do comportamento de compra.

EMOTIONAL BRANDS, BRANDSENSE E PUBLICIDADE HIPERPERSONALIZADA

Dando continuidade ao *pout-pourri*, o assunto agora é sobre *emotional brands*, *brandsense*, e publicidade hiperpersonalizada. Uma marca emocional potencia e direciona elementos que estabeleçam conexão e consequente lealdade no consumo. A ideia é usar a emoção para ativar respostas positivas a nível neural (cognitivas e emocionais) e consolidar a percepção dos consumidores da marca. Ao provocar emoções, uma marca estabelece uma relação que vai ao encontro das necessidades, desejos e ego dos consumidores. São marcas e pessoas conectadas pela emoção.

Uma marca emocional quer fazer-se presente na vida do consumidor, de modo a ativar lembranças na hora da decisão de compras, ou ser "escolhida" como "a marca" que vai suprir suas necessidades e desejos e, assim, converter clientes satisfeitos em defensores da marca e (por que não?) *digital influencers*. Neste contexto, criam-se clientes para toda a vida e lucratividade também.

Bem difícil, reconhecemos! Mas o caminho é mesmo o da emoção, embora esta também não seja uma experiência simples. Em nosso corpo, o despertar de emoções inicia-se com mudanças fisiológicas e liberações químicas, num processo conjunto entre órgãos, neurotransmissores e o sistema límbico. Ao entrarmos em contato com uma experiência proporcionada por uma marca emocional, impulsos elétricos dos neurônios são convertidos em sinais químicos que vão desencadear respostas, como um gatilho a ativar diferentes partes do cérebro. O resultado é a presença da adrenalina, ou da dopamina, ou ocitocina, ou outras hormonas que regularão nosso humor e emoção naquele momento.

Por agora, deve ficar a saber que marcas emocionais, no contexto atual, estão a consolidar-se com o auxílio da neurociência, nomeadamente para perceber as respostas cognitivas e afetivas advindas das publicidades da marca. O uso conjunto de técnicas de neurociência com estratégias de *branding* e marketing traz benefícios em termos de consolidação e integridade da marca, associações com experiências positivas e consumidores fiéis. O resultado disso são anúncios e campanhas e remetem-nos a uma viagem onde a emoção é a condutora. É o caso dos exemplos que iremos apresentar agora.

A data mais emocionante do ano, o Natal, não passou despercebida pela loja de departamentos do Reino Unido John Lewis & Partners, que criou uma campanha é a dominante do início ao fim. "O Garoto e o Piano" veiculou em 2018 e apresenta a história de vida do Sir Elton John, à época com 71 anos, desde o dia que ganhou o seu primeiro piano. E como a emoção traduz esta campanha, a música de fundo é "Your Song", apenas um dos requisitos para tornar esta campanha espetacular. Uma experiência emocional de identificação, empatia e volta ao passado em exatos 2 minutos e 20 segundos, que finalizam com a frase *some things are more than just a gift*" (algumas coisas são mais do que apenas um presente). Mais emocional, impossível. Se tiver curiosidade de conhecer, vá ao YouTube[2] e seja invadido por emoções e lembranças que também serão as suas.

E quando as propagandas publicitárias envolvem mães e filhos? Não importa como são as nossas mães, serão sempre motivo de emoção. E a Electrolux, uma das líderes mundiais em eletrodomésticos, sabe disso. Sua campanha criada pela agência F/Nazca Saatchi&Saatchi para o dia das mães inverteu a tradição de filhos a presentear mães. Ao contar a história de uma moça em viagem de intercâmbio distante de casa, mostra a dor da separação, e a mãe a superá-la, para enviar uma lasanha preparada por ela ao avião em que a filha estava. Esse experimento social, que virou publicidade no Brasil, contou com o apoio da companhia aérea que, à hora do jantar, reproduziu um vídeo da mãe a enviar uma mensagem à filha, e todos os passageiros também puderam assistir: "É o primeiro dia das mães em que não estamos juntas, mas não há problema porque o meu maior presente é ter você como filha. Aproveite seu jantar, eu fiz com muito amor". E o jantar é servido no voo (a lasanha preparada pela mãe em eletrodomésticos da Electrolux). Detalhe: embora a filha tenha participado de toda a filmagem, pensava ser objeto de um documentário. A emoção da filha com a surpresa traz à tona as lágrimas mais escondidas que temos. "Sua mãe pensa em você até no dia dela" é o conceito desta campanha. Vale a pena assistir![3]

E como emoção nunca é demais, a Nivea lançou a *hashtag* #careforhumantouch. A campanha é contada pela história de duas irmãs gêmeas que nasceram prematuras. Uma delas corria risco de morte e, ao ser colocada na mesma incubadora que a irmã, recebeu o toque e o abraço que lhe salvou a vida. Hoje estão com 16 anos, sem sequelas e inseparáveis. No momento

---

2   https://www.youtube.com/JohnLewisandPartners

3   https://www.youtube.com/embed/SgWxISzrduY

em que o toque humano não é possível, a emoção desta campanha ativa lembranças únicas e ao mesmo tempo tão particulares, tão nossas, que ver o vídeo tornou-se uma experiência como poucas.[4]

Relativamente ao *brandsense*, construir uma relação com o consumidor a base de envolvimento e emoção é o que a maioria das marcas almeja, mas nem sempre consegue. Felizmente *brandsense* veio ajudar a compreender esta relação pela lente dos nossos cinco sentidos.

Antes de conceituar *brandsense*, é importante salientar que este termo foi resultado de um projeto do publicitário e escritor Martin Lindstrom, pioneiro nos estudos de neuromarketing. Este projeto resultou de grupos de foco em 13 países, com base no tamanho do mercado, na representação de suas marcas, na inovação dos produtos, e na história sensorial de cada país. Ao misturar mercados diferentes, Lindstrom e sua equipe tencionaram aprofundar-se na percepção sensorial relacionada a marcas, com base no despertar dos cinco sentidos. O objetivo maior foi investigar o papel dos sentidos na relação consumidor-marca. Assim, *brandsense* cria um envolvimento emocional da marca com o público, ao trabalhar as sensações.

Sentir é receber estímulos do meio exterior, estímulos estes captados por nossos sentidos. Quando uma marca estimula a codificação dos sinais nervosos por meio das emoções temos o *brandsense*. Esse vínculo que envolve som, toque, cheiro, visão e paladar confere identidade à marca, tornando-a única na percepção do consumidor. Esse encontro inicial é despertado pela atenção provocada pela sensação e por expressões até não verbais, ou seja, sensoriais.

Numa perspectiva da psicologia evolucionista temos dois indicadores de aptidão, que são sinais de características e qualidades de um indivíduo que podem ser percebidos pelo outro: a sobrevivência e a reprodução. Neste contexto, se formos olhar para o comportamento de consumo, os sentidos assumem um papel que foram programados para assumir, ostentar nossa inteligência social e aptidão biológica. Cada um de nós foi programado para usar os sentidos como forma de sobrevivência e com fins de preservação da espécie desde quando éramos hominídeos primitivos. Cada um dos nossos sentidos assume um papel em nossa construção, e na construção

---

4   www.nivea.pt

de nossas relações com as marcas não há como ser diferente. Hoje não detectamos o predador pelo olfato, mas usamo-los como um poderoso ativador de lembranças.

Para o neurocientista John McGam, professor do Departamento de Psicologia da Universidade Rutgers, o nosso olfato é tão bom quanto o de outros mamíferos, como os cães, a contrariar o senso comum de que é dos sentidos mais primitivos. Fato é que os neurônios receptores do olfato trabalham em conjunto com nosso nariz, ao entrar em contato com as moléculas que compõem o cheiro e mandar a informação de volta ao cérebro. Um sistema tão sofisticado não deveria ser julgado primitivo.

O olfato faz parte da nossa máquina do tempo interior, a medida que guarda em si lembranças (boas ou não) das experiências vividas e vai além da capacidade da visão e da audição de guardar referências. Nas relações marcas-consumidores, o olfato é ativado com este fim: ligar a memória às emoções e vice-versa. Numa linguagem neurocientífica, ativar o sistema límbico pela conexão entre o olfato e o cérebro.

A ligação direta entre o córtex olfativo com o hipocampo é o que lhe confere o poder de ser um gatilho mais forte para lembranças do que os outros sentidos. As marcas sabem disso! Ainda estão na fase inicial do uso eficiente, mas sabem! A má notícia é que lembranças ruins associadas a cheiros ficam guardadas mais tempo na memória.

Já a visão, nosso sentido por excelência, é o mais explorado na relação marca-consumidor. Embora o caminho da percepção visual seja extenso até levar a informação ao cérebro (como vimos no capítulo anterior), é o sentido que sabemos despertar a atenção. Cores, luzes, formas, movimentos, nada passa despercebido em um ambiente de compra, seja consciente ou inconscientemente.

Outro sentido presente na construção do *brandsense* é a audição, tida por Lindstrom (2012) como a segunda dimensão mais usada pelos profissionais de Marketing na construção da marca. Os sons também papel ativo no despertar de memórias e tem o poder de guiar-nos em relação a frequência de movimentos. Lembra-se do fundo musical da cena em que Carlitos (vivido por Charlie Chaplin) sofre uma crise nervosa devido às atividades repetitivas e exigências do chefe no filme *Tempos Modernos*? O ritmo frenético da música acompanha o movimento de Carlitos ao apertar os parafusos (ou seria o contrário?) até ser "engolido" pela máquina.

Nos shoppings em épocas festivas ou horários de muito movimento a música que nos acompanha é mais agitada, para que o estímulo da rapidez chegue ao subconsciente. Comprar rápido para que outros compradores façam o mesmo no espaço liberado por você. O contrário também se aplica, com o objetivo de nos deixar calmos e confortáveis para comprar mais.

Já o tato assume para o *brandsense* o papel de ferramenta de conexão, ao atuar quando todo o resto falha. A neurociência explica que precisamos do toque, do abraço, do contato (a Nívea sabe disso). É o primeiro sentido humano que se desenvolve. E nossa via de aprendizagem sobre o mundo que nos rodeia. Em nossa pele, temos sensores que respondem ao toque como fibras nervosas a enviar informações ao cérebro, nomeadamente ao córtex insular (que compõe nosso cérebro social), ao córtex somatossensorial (área que integra as informações), córtex orbitofrontal e à área cingulada anterior (onde ocorre o processamento de emoções da tomada de decisão). A suavidade de uma blusa de caxemira é semelhante à experiência sensorial proporcionada em uma loja da Apple, e agora já sabe a fonte neural da vontade que temos de permanecer em uma loja da marca.

Por fim, o paladar, onde estão as nossas papilas gustativas, repletas de células receptoras de cinco tipos de moléculas: o doce, o salgado, o ácido, o amargo, e o umami (palavra que vem do japonês que significa "sabor agradável).

Nosso cérebro interpreta esses cinco sabores com base nos sinais que recebe do impulso nervoso enviado pelo receptor. Agora, o sabor é um trabalho conjunto do gosto, do aroma, com uma gama de sensações do corpo, sejam táteis, térmicas ou químicas. Nas animações infantis, é comum ter um personagem que come uma malagueta, a mais picante de sempre, e sai a arder a ponto de voar. É quase assim!

Infelizmente o uso do paladar é mais explorado por marcas que lidam com alimentos, pois poderia ser bem mais efetivo na criação do diferencial sensorial que objetiva o *brandsense* também em outros contextos.

E já que o assunto é você e suas emoções, a publicidade hiperpersonalizada colocou em cima da mesa a reflexão sobre um futuro muito próximo, em que nossas preferências são priorizadas na experiência que envolve a sugestão publicitária de produtos e serviços. E a tecnologia assumirá importância extrema nessa experiência, ao gerir tais preferências com base em dados armazenados sobre nossos hábitos de consumo ou rastos digitais que deixamos ao ingressar em uma rede social e pararmos em um anúncio que nos chamou a atenção. E nem vamos falar aqui dos assistentes virtuais que saberão exatamente o que precisamos e trarão sugestões assertivas nos ambientes de compra, até mesmo para aqueles produtos ou serviços que nem sabíamos necessitar. A publicidade do futuro será hiperpersonalizada e seu melhor aliado é a inteligência artificial (IA). Novamente a tecnologia e todo impacto que causa na vida para consumo, desta vez a mudar a natureza da publicidade.

Diante de uma riqueza da informação cria-se pobreza de atenção, como disse o economista Herbert Simon, e a maneira que as marcas encontraram para colmatar esta "pobreza" foi, entre outras, individualizar as mensagens e envolver-se diretamente com os consumidores de forma escalonável. Ou seja, personalizar a mensagem em tempo real, que cria uma experiência de usuário única para quem vive, quase como se tivéssemos uma "Alexa" ao nosso dispor a apresentar e oferecer objetos de desejo e necessidades, com base em nosso histórico de consumo, mas também cor da pele, dos olhos, do cabelo (o céu é o limite).

Um exemplo icônico foi a criação do Google Lens, em 2017 que faz buscas visuais generalizadas ao identificar produtos e serviços à venda, descodificando uma paisagem inteira e potencializando nossa aprendizagem. Basta apontar a câmera do *smartphone* para um determinado objeto ou planta que temos informações contextualizadas sobre tal coisa. Em um contexto de publicidade, a mesma tecnologia pode ser utilizada.

E, mais recentemente, o Vision Pro, um óculos de realidade aumentada que, segundo a própria marca, acabou com a linha que divide a imaginação e o mundo real(pelo menos enquanto você usa o óculos). Este dispositivo depende de tecnologia de IA, que funde real e digital e está disponível por uma bagatela de vários dígitos.

NEUROMARKETING NO AMBIENTE VIRTUAL E SOCIOVIRTUAL

Já a chegar ao fim deste capítulo, ganha importância o neuromarketing em ambiente virtual e sociovirtual. A transformação digital abriu possibilidades para potenciar nossas habilidades digitais (e a pandemia que vivemos obrigou-nos a isso). Assim, o neuromarketing não podia deixar de dar a sua contribuição.

Nossa experiência como usuário é o que dá o tom do ambiente virtual e socio virtual. Isso é um fato! Viajar entre sítios que nos atraem na web potencia nosso poder de escolha (às vezes até perdemos o controle sobre ela). Neste ambiente em que a identificação é peça-chave, algo, inesperadamente, desperta nosso interesse como nunca antes. E lá se vai todo o entendimento que os *marketeers* estão fartos de buscar (e dominar). As associações positivas que vivenciamos em ambientes *Web* são construídas na questão recorrente: como se dá a interação das pessoas com o ambiente em que estão a vivenciar? (Mais uma pergunta de 1 milhão de euros).

Achamos que a resposta está no entendimento da emoção e dos vários estados emocionais que suportam os nossos "motivos" para interação e subsequente compra. Importante considerar, ainda, o papel do humor. Qual a sua motivação para comprar? Não precisa responder. Como estamos mergulhados em neurociência, qualquer resposta que venha a dizer, mesmo depois de pensar bem, será um relato consciente e talvez não corresponda ao que seu cérebro soberano tenha a responder.

Assim, o que nos cabe aqui é saber que a sua motivação também é influenciada pelo tipo de ambiente em que a compra é realizada, que pode ser atraente ou irritante. Às vezes, por considerarmos a comodidade, rapidamente solucionamos nosso "problema" como um negócio do tipo *e-commerce*, e em poucos cliques, sem sair de casa compramos o que queremos ou desejamos sem ter que ouvir aquela música alta na loja física ou ter uma crise de rinite com o perfume forte do ambiente. Para outros, esses elementos são fatores de atração e funcionam como estímulos para comprar mais e mais. Mas não se engane, a estimulação sensorial também está no ambiente virtual e a experiência de compra pode ser bem diferente *online* e *offline*, até numa mesma loja. E no fim das contas, é essa transação que fornece valor além do que o objeto de sua compra possui. Não é à toa que as vendas em *e-commerce* crescem a cada ano e mais de 30 bilhões de utilizadores realizam *downloads* de aplicações neste espaço de tempo. Não podemos deixar de mencionar as telas cada vez maiores que facilitam a navegação web, tão eficientes quanto os portáteis (ou até mais) para arrastar itens aos carrinhos de compras com os dedos.

De fato, a variedade dos nossos estados emocionais é o que irá determinar nossa reação positiva ou negativa ao ambiente de consumo, e no ambiente *online* ocorre o mesmo. Prazer e excitação (e suas combinações) permitem-nos sentir estimulados ou não a consumir. Já experimentou fazer compras com aquela enxaqueca que surge periodicamente? E o estresse? Aquele que traz consigo o arrependimento pós-compra (dissonância cognitiva) no momento em que retomamos o equilibro. Esperamos ter feito você perceber o quanto um estado fisiológico afeta o seu cérebro e, por consequência, suas decisões.

A neurociência explica que um humor específico é a combinação de prazer e excitação. Um exemplo é a felicidade e a alegria. Ambas têm alto nível de agradabilidade, mas a alegria tem também alto nível em excitação, em contraponto ao nível moderado na felicidade. Estados de humor influenciam nosso julgamento em dois sentidos: o bom humor traz avaliações positivas e o contrário também se aplica. E sim, você acaba de descobrir o porquê de músicas, aromas e brindes no ambiente físico e da gratuidade das taxas de entrega no ambiente virtual, entre tantas outras maneiras de trazer à tona estados positivos. O objetivo é deixar nosso cérebro confortável a ponto de amarmos fazer compras. E concordamos que no ambiente virtual talvez seja mais difícil. Mas o nosso sentido soberano é a visão, e através dela maravilhas abrem-se à nossa frente.

O neuromarketing veio para clarificar quais os recursos visuais do design que nos incentivam a comprar ou não numa loja na web. Quais as pistas visuais que moldam nossa percepção e nosso sentimento enquanto consumidores ao dar aquele clique que tem toda afinidade com nossas preferências? O que fazer para que o consumidor não dê o clique no concorrente que está na página ao lado ou na *push notification* mais próxima?

Precisamos entender que temos duas necessidades básicas em relação aos ambientes que interagimos: compreender e explorar. Em busca da segurança de decidir, organizamos um espaço mental que deve conter coerência e legibilidade. Isso é o compreender. Já o explorar concentra-se em querer descobrir mais do ambiente. Neste contexto estão o mistério, que vem com a promessa de "ver mais" ao entrar, e a complexidade, em uma visão mais específica. Cabe aqui lembrar que nosso cérebro não gosta de gastar energia e, assim, o prazer de comprar deve estar associado ao menor esforço ou à menor quantidade de cliques.

Um artigo da *Harvard Business Review* também concorda com isso e considera que temos circuitos cerebrais que atuam relacionados com nossas respostas: o buscar e o gostar. Uma resposta positiva ativa o circuito de gostar (que pode ser aquele "gostar" das redes sociais). Sabemos que agora tudo faz sentido. De acordo com o artigo, escrito por David Rock, o circuito ativado quando estamos *online* e em ambiente sociovirtual é o de buscar, nomeadamente buscar a dopamina. É fato que não se compara à recompensa calma da ocitocina ou da serotonina, que temos quando estamos presencialmente conectados com outras pessoas. Entretanto estamos fadados a um excesso de dopamina (às vezes sem controle) ao "navegar" numa rede social, e isso reduz nosso senso de foco. Foi o que estudantes de Psicologia descobriram ao realizar um estudo no Covenant College, sobre o uso do Facebook. Resultado: notas mais baixas e fracos hábitos de estudo, além de os alunos mostrarem-se mais ansiosos, hostis e deprimidos.

Devid Rock traz, ainda, a importância das interações sociais humanas como o sucesso nos ambientes sociovirtuais. Relações sociais foram vistas em neuroimagem a iluminar os circuitos de recompensa do nosso cérebro. O contrário, como a solidão e o isolamento, ativa os centros de ameaças sociais e causam dor, comprovada pela iluminação das mesmas regiões da dor física. Nosso cérebro está programado para ser social, orientado socialmente em sua estrutura, na chamada "rede padrão" ligada ao pensamento e a outras pessoas. Pensar nas outras pessoas é o passatempo favorito do nosso cérebro, afirma David Rock. Rede padrão, rede social: será apenas uma mera coincidência?

Várias questões não resolvidas com teorias tradicionais de marketing já o são com o auxílio da neurociência. Uma delas relaciona-se com o viés de desejabilidade social a que estamos dispostos em nossas escolhas, que parecem advir de motivos externos que as tornam socialmente apropriadas. Neste caso, a neurociência auxilia na compreensão da motivação interna, não sujeita a esse viés social. Outra questão, relativamente polêmica, são as inserções sutis e implícitas (subliminares) que nos atingem ao vermos um anúncio. A neurociência auxiliou na descoberta de que essas "pistas", por meio de estímulos subliminares, produziram ativações em regiões cerebrais como a amígdala, o hipocampo, o córtex insular, o cingulado anterior e o córtex visual primário, áreas relacionadas com atenção, cognição, aprendizagem, memória, entre outros.

A conclusão é que existem vários tipos de estímulos subliminares visuais e auditivos. Entretanto o mais usado são rostos de pessoas. Um experimento realizado com 25 voluntários observou a resposta hemodinâmica do cérebro enquanto tomavam decisões sobre a compra de marcas de luxo e produtos de massa, no contexto do marketing verde. Os achados sugerem que a atenção de compra aumentou em 10% quando rostos de modelos estavam presentes, como beneficiários. Mesmo a exposição com breve duração, áreas como o córtex occipital (visão dos objetos/detalhes sutis do anúncio) e o hipocampo (processamento da visão dos objetos/detalhes) foram ativadas.

Em 2018, Zhang e outros pesquisadores realizaram um experimento para perceber a atenção do consumidor ao conteúdo de *posts* do Facebook, com celebridades e sem celebridades. Ao examinar as diferenças nas respostas cerebrais aos *posts*, descobriu-se que houve mais ativações em áreas frontais quando os rostos das celebridades estavam presentes, o que aumentou, ainda, as atitudes positivas e o interesse em aprender. É a nossa necessidade de identificação a falar mais alto.

EFEITOS DAS REDES SOCIAIS NO CÉREBRO

Os neurocientistas estão a estudar os efeitos da rede social no cérebro, e descobertas apontam para que interações positivas (como alguém que gosta do seu *tweet*) desencadeiem o mesmo tipo de reação química causada por jogos de azar e drogas recreativas. Cada vez que, impulsivamente, pegamos o *smartphone* para obter uma dose de dopamina, enfraquecemos a capacidade de concentração do cérebro. E, acredite ou não, começamos a apodrecer nosso cérebro. A mídia social está literalmente a reconectar nossos cérebros para multitarefa, ao deixar os cidadãos incapazes de concentrar-se em um tópico por vez. Uma das primeiras coisas que provavelmente já sabes é que o Instagram aumenta a dopamina — a substância química no cérebro que nos faz felizes. Ótimo! Ah, sim, mas não tão bom, pois a cada *like* ou novos seguidores estamos a aumentar também nosso desejo de sucesso, nem sempre possível de alcançar, visto ter suporte na vida de outra pessoa (às vezes uma vida socialmente inventada, instagramável!).

Quando alguém recebe uma notificação na mídia social, seu cérebro envia um mensageiro químico chamado dopamina por um caminho de recompensa, que traz consigo o sentir-se bem. A dopamina está associada a alimentos, exercícios, amor, sexo, jogos de azar, drogas... e agora, mídia social. A recompensa variável programa a aposta. Quando as recompensas são entregues aleatoriamente (como em uma máquina caça-níqueis ou uma interação positiva nas redes sociais), e verificar a recompensa é fácil, o comportamento desencadeador da dopamina torna-se um hábito. Os centros de recompensa em nosso cérebro são mais ativos quando falamos de nós mesmos.

A ciência é clara: muito tempo em redes sociais pode alterar a química do nosso cérebro. Um estudo da Universidade da Pensilvânia examinou como o uso de mídia social causa medo da exclusão (FOMO — *fear of missing out*). No estudo, um grupo de participantes limitou seu tempo nas redes sociais a 30 minutos por dia, enquanto um grupo de controle continuou a usar Facebook, Snapchat e Instagram normalmente. Os pesquisadores rastrearam o tempo de mídia social dos participantes automaticamente por meio de capturas de tela de uso da bateria do iPhone, e os participantes responderam a pesquisas sobre humor e bem-estar. Após três semanas, os participantes que limitaram as mídias sociais disseram que se sentiam menos deprimidos e solitários do que as pessoas que não tinham limites nas redes sociais. A razão para sentir-se deprimido depois de passar muito tempo nas redes sociais resume-se à comparação. Ao ver a vida *online* de outra pessoa com curadoria, é fácil ver suas fotos perfeitas e pensar que a vida dela é melhor do que a sua.

Cabe aqui um melhor entendimento sobre como a atenção visual afeta o cérebro. Uma nova pesquisa mostra pela primeira vez como a atenção visual afeta a atividade em células cerebrais específicas. Um estudo mostra que a atenção aumenta a eficiência da sinalização no córtex cerebral do cérebro e, por conseguinte, a proporção do sinal sobre o ruído. Assim, percebe-se o motivo do sucesso de publicações que prendem nossa atenção, nomeadamente vídeos. Numa perspectiva humana, respondemos e processamos dados visuais melhor do que qualquer outro tipo de dados. Na verdade, o cérebro humano processa imagens 60 mil vezes mais rápido do que o texto, e 90% das informações transmitidas ao cérebro são visuais. Entendemos imagens instantaneamente, mas precisamos potenciar nossa memória de trabalho para processar um texto. Isso porque estamos mais acostumados a processar imagens — 90% das informações enviadas ao cérebro são visuais e 93% de toda a comunicação humana é visual. Uma equipe de neurocientistas do MIT descobriu que o cérebro humano pode processar imagens inteiras que o olho vê em apenas 13 milissegundos — a primeira evidência dessa rápida velocidade de processamento. Essa velocidade é muito mais rápida do que os 100 milissegundos sugeridos por estudos anteriores.

IDEIAS PARA ESTRATÉGIAS DE COMUNICAÇÃO E MARKETING

E em forma de bônus, deixamos algumas ideias de como usar a neurociência em estratégias de comunicação de marketing, da forma mais simples que conseguimos traduzir. Usamos todo o conhecimento que adquirimos com estudos, experiências e experimentos práticos e compilamos neste final de capítulo 10 pontos +1, seja para uso em ambientes físicos ou digitais. E por que +1? O *crème de la crème* merece um destaque maior!

1. O segredo do sucesso está na emoção, principalmente aquela expressa por rostos, seja de bebês fofos ou cachorros a fazer "olhinhos" e até mesmo a Mona Lisa. Já parou para pensar que ela tem mais de 500 anos e, embora os frustrantes 77 cm x 53 cm, atrai multidões ao Museu do Louvre, ao ponto de fazer-nos sentir verdadeiras formiguinhas numa sala gigante? É o óleo sobre madeira mais famoso da história da arte ocidental.

Esta *gioconda* (mulher alegre) tem em seu sorriso simbólico a harmonia entre gradações de luz, sombra e linhas de contorno, que nos coloca rendidos à sua frente, a observar o tal sorriso. Sorriso tão ambíguo que foi submetido a *softwares* de reconhecimento de emoções para encontrar 86% de felicidade. Outro ícone é seu olhar que nos acompanha em todos os cantos da sala, devido à expressão intensa que tem. A verdade é que a emoção presente no quadro permanece em nossa memória e hoje, não precisa ser nenhum *Da Vinci* para reproduzir esta técnica em *outdoors*, campanhas em ambientes digitais, pôsteres espalhados pelas ruas — claro que com uma boa ajuda de um designer gráfico e todas as suas habilidades. Cuidado apenas com o tipo de emoção que despertará.

2. Provas de confiança são sempre bem-vindas, que faz o antigo "boca a boca" ou "passa palavra" funcionar tão bem. Em meio a tantas empresas, anúncios por todo lado, saber que o "problema" de alguém foi resolvido é um alento. Dito isso, recorra a testemunhos de clientes satisfeitos, avaliações e comprovações de que sua empresa é melhor do que as empresas concorrentes.

3. Aposte em estímulos visuais. Nossa resposta a imagens e vídeos é mais rápida, pois o sentido da visão é o primeiro a ser desenvolvido, e em nossa trajetória o "ver" faz-se acompanhar dos significados emocionais que o atribuímos.

Neste contexto, está toda a maestria das cores e suas diversas possibilidades de combinações. Que cor traduz sua fome? E o amor que sente pelos seus filhos? E aquele lugar em que foi feliz? Temos certeza que tem resposta a, pelo menos, duas dessas perguntas, e se falta-lhe uma é porque não tem filhos.

4. Conquiste seu público pela identificação. A aceitação percorre a via da identificação e a Burguer King traduziu isso melhor do que ninguém. Por meio de um experimento social, gravado em câmeras ocultas nos EUA, crianças simularam uma situação de *bullying* em uma loja da rede. Ao mesmo tempo, os clientes tiveram seus lanches servidos e este havia sofrido *bullying* — estava todo esmagado. Qual situação você acha que gerou mais reclamação? O lanche, claro! Noventa e cinco por cento das pessoas foram ao balcão reclamar, em via contrária aos 12% que intervieram na cena do *bullying* entre as crianças. Já agora, esta identificação social deve existir como reflexo do propósito da sua marca e não apenas como uma "tendência" a ser seguida.

5. Preços inteligentes são fruto das contribuições da neurociência. A ideia aqui é não desencadear a "dor de pagar" nem despertar o avarento que todos temos em nosso cérebro. Assim, opte por preços que não representem valores fechados e inteiros e facilite o processo de visualização do preço para seu consumidor.

6. Converse com o ego do seu cliente. Nossas construções foram sedimentadas no instinto de preservação e manutenção do bem-estar desde os primórdios da nossa existência. Dito isso, trazer o ego em publicidades é a validação de uma resposta emocional positiva. Um exemplo é a campanha da marca Lego, que colocou em cima da mesa o debate sobre determinadas profissões serem "coisa de menino", como engenheiros espaciais, cientistas, entre outras. Os personagens criados contam a história real de três mulheres pretas que tiveram papel decisivo na ida do homem à Lua. Se é mulher, seu ego neste momento está a dar pulos de alegria e orgulho, a gerar conexões neurais de identificação com a marca. E temos certeza de que, se chegar o momento de decisão pela compra de um Lego ou do seu concorrente Playmobil, o seu cérebro dará uma boa opinião, mesmo que não envolva peças.

7. Humanize sua marca e, assim, desperte familiaridade. Por meio de cores, imagens, vídeos e até tipos de letras, pode desencadear a produção de dopamina (neurotransmissor que influencia nosso humor e atenção). Enquanto seres humanos (hoje mais do que nunca), buscamos interações mais próximas, mais "familiares" e família é segurança, suporte, cuidado. Um exemplo são as campanhas de fraldas para bebês, nas quais, além do bebê feliz a brincar, tem uma

mãe mais feliz ainda. Note que a felicidade da mãe é bem próxima da cena do sono tranquilo do bebê (familiar, não?).

8. Psicologia da forma ou Gestalt. A Gestalt estuda como nossa mente interpreta os estímulos visuais que nos chegam. Compreender o impacto da imagem em níveis de profundidade, cor e movimento em nosso cérebro auxilia na construção de experiências mais coerentes para as marcas e no entendimento dos objetivos dos consumidores. Sombras, realce em palavras são recursos usados para tornar a experiência visual mais fluida. Temos certeza de que "cgonuseeues lre eats erafse, mmeso abralhada". Agradeçamos à capacidade que nosso cérebro tem de congregar as oito leis da psicologia da Gestalt.

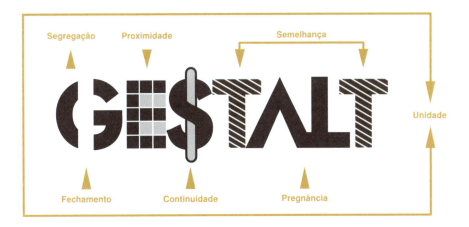

São elas:

- **Pregnância da forma:** a forma deve ter estrutura simples, equilibrada, homogênea e regular.

- **Unidade:** elementos devem ser passíveis de serem compreendidos como um só e segregados do que os cerca (acabamos de lhe contar o segredo do sucesso do efeito foco dinâmico em fotos).

- **Unificação:** que nos permite percepcionar as partes pelo todo, mesmo quando estão em traços que não se completam. Lembra-se do panda da ONG WWF? E do "Striding Man Johnnie Walker"?

- **Semelhança:** que traz familiaridade pela interpretação de caracteres visuais idênticos.

- **Proximidade:** elementos próximos que se agrupam em uma unidade.

- **Continuidade:** que parece ser mais agradável aos olhos por conferir fluidez contínua, como a forma de um ovo. Será que explicamos o sucesso do ovo "mais gostado de sempre" no Instagram e seus mais de 54 milhões de likes? É apenas um ovo!

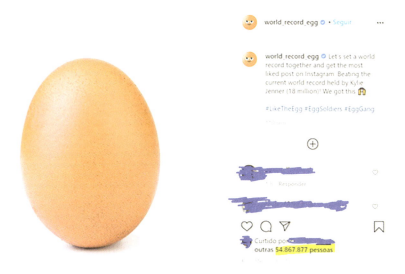

- **Fechamento:** tendemos a buscar o fechamento visual de imagens abertas ou vazadas. Já percebeste que o isotipo (o símbolo) do Carrefour não é um peixe, e sim um C branco cursivo em um losango azul e vermelho? Não? Vale a pena conferir!

- **Segregação:** nossa capacidade de separar unidades de uma imagem, a depender da complexidade desta e de como a observamos. Um círculo, por exemplo, destaca-se em nossa percepção visual, mesmo quando sobreposto em um quadrado, pela variação de forma e estética que tem em relação a este.

9. Use marcadores em seus posts de redes sociais. Pode ser seu isotipo, por exemplo, ou uma imagem/símbolo que reflita sua marca. Enquanto seres humanos, nosso cérebro processa publicidade mesmo quando não estamos a pensar nela a nível consciente.

10. Seja *"digital influencer"* da sua marca: o envolvimento acontece após a atração e esta decorre de um processo que envolve convencimento, persuasão. Mostrar o que sabe, os "problemas" que seu produto/serviço resolve e as "dores" que cura.

(+1) E, por fim, o *crème de la crème*, o *storytelling*! Como uma caixa cheia de potenciais a serem explorados, nosso cérebro presta mais atenção a informações que trazem uma narrativa.

Um estudo coordenado por dois cientistas da Universidade de Stanford deu a 24 pessoas 12 listas com 10 palavras cada uma e pediu-lhes para que memorizassem. As pessoas que usaram as palavras num contexto de uma história inventada por elas conseguiram se lembrar de 93% delas, em contraponto às pessoas que memorizavam palavra por palavra e só conseguiram reter 13% delas em sua memória recente. Os marcadores somáticos que nosso cérebro lança mão ao aceder à memória de algo (aprendizagem e experiência) preferem caminhos mais familiares para focar a nossa atenção por meio de peças que juntamos ao longo do caminho.

MARKETING E NEUROÉTICA

Antes de mais, deixamos aqui uma definição de ética e sua relação com a moral, sob a visão do filósofo brasileiro, mundialmente conhecido Mário Sérgio Cortella. "Ética é a concepção dos princípios que eu escolho, moral é a sua prática". A palavra "ética" deriva do latim *ethica* e do grego *ethike*, feminino de *ethikós*, além do grego *ethos* (costume, hábito), e o dicionário Priberam define-a como um conjunto de regras de conduta de um indivíduo ou grupo. Em neurociência, temos a neuroética, que tomou corpo com base na preocupação de que o uso da neurociência no marketing concederá um acesso sem precedentes à mente dos consumidores, abrindo a tal janela da manipulação.

Em 2012 o Facebook recebeu inúmeras críticas após declarar que havia realizado um experimento em que manipulou, propositadamente, as emoções de determinados usuários, sem o consentimento destes. No teste, a gigante das redes sociais "manipulou" o *feed* de 700 mil utilizadores para controle das emoções a que estavam a ser expostos. Com a colaboração das universidades de Cornell e da Califórnia, em São Francisco, o "teste" teve a duração de duas semanas e manipulou a quantidade de exposição a emoções. O objetivo da empresa foi avaliar se a exposição a emoções diversas levaria o utilizador a mudar seu comportamento de criação e partilha de conteúdo. A pesquisa concluiu que quanto mais histórias negativas os utilizadores recebiam, mais dispostos estavam a criar e partilhar *posts* negativos. O contrário também se aplicou. Embora o Facebook garanta que não houve recolha de dados desnecessários nem associação destes com qualquer conta específica, a falta de consentimento do utilizador foi motivo para autoridades investigarem o caso, a fim de saber se houve violação da proteção dos dados.

Este é um caso clássico que divide opiniões entre nós. Pesquisas como essas são antiéticas? Para obter esta resposta remontamos às preocupações éticas em torno da neurociência, desde que a Emory University iniciou pesquisas em busca do "botão de comprar". Vários protestos levaram países como a França a proibir o uso de ferramentas de neuroimagem para fins comerciais (Uhman *et al.*, 2015). A proibição envolveu questões relacionadas a vários fatores como: a existência de poucos estudos na área, que diminui a validade científica das pesquisas; problemas na interpretação dos resultados, pois a complexidade pode levar a erros — no que concordamos com base em questões muito simples: quantos profissionais de marketing você conhece que têm conhecimento "real" de psicologia do consumo, antropologia do consumo, neurociência do consumo e neurofisiologia? Outra questão é relativamente à dignidade humana e à integridade do corpo e da mente do informante; e a última questão é sobre confidencialidade. A regulamentação prevê, ainda, que os centros de pesquisa e institutos devam sempre informar as pessoas sobre descobertas "ocasionais", e conferir liberdade de continuação da participação enquanto voluntários. Considera também que a sociedade deve estar envolvida nos debates sobre neuromarketing, a fim de não criar opiniões negativas por falta de conhecimento.

Decerto que estudos em neuromarketing recolhem dados em níveis subliminares e inconscientes, e a ação de escrutinar o cérebro deve estar submetida a questões éticas, ao respeitar a preocupação dos consumidores em perder a privacidade das suas escolhas. Como consumidores, estamos sujeitos a não ter controle sobre os resultados das respostas do nosso cérebro (*neurofeedback*), mas os preditores neurais revelados neste tipo de estudo destinam-se a prever nosso comportamento, e não a obrigar-nos a comprar o que quer que seja. Esta é a maior falta de compreensão que ronda as preocupações acerca do uso da neurociência no marketing. Imperativo, sim, é proteger a autonomia do consumidor, recolher dados sob consentimento informado. Por agora pode estar tranquilo, o neuromarketing não nos transforma em "zumbis".

A grande pergunta que deixamos é: o neuromarketing é bom ou ruim? Saiba que não há uma resposta, pois a melhor pergunta não seria essa. Não depende de qualquer ciência ser boa ou ruim, e sim da maneira que ela é executada. O neuromarketing, como em outras aplicabilidades da ciência, pode ser usado de forma ruim, mas também para melhorar a vida das pessoas, e seus *insights* podem detectar erros nas relações de consumo e, assim, ajudar a tratar distúrbios, como a compra compulsiva. Quando a compra se torna o foco principal na vida de alguém, pode ser considerada como um vício, a causar dependência.

Enfrentar esse desafio com a ajuda da neurociência é entender que ativamos dois sistemas diferentes em nossas escolhas: nossas respostas imediatas que nos conectam com os outros; e as respostas futuras, envolvidas em processos cognitivos como memória, atenção e planejamento temporal. Assim, se perguntarmos se você prefere ganhar agora $ 300 ou $ 320 daqui a 30 dias, sua resposta virá de um desses sistemas. Muitos escolheriam os $ 300 agora, principalmente se a pergunta for realizada com base em ênfase e teatralidade. E é aí que reside a preocupação. Todos somos afetados por marcas, contextos e pessoas que estão ao nosso redor, mas um estudo descobriu que alguns são mais suscetíveis individualmente do que outros, nomeadamente por marcas. Neste contexto, a compra por impulso (como a resposta aos $ 300) pode tornar-se um distúrbio, devido à atribuição de emoções aos estímulos, sejam internos ou externos. E sempre voltamos ao mesmo ponto: emoções! De acordo com uma pesquisa veiculada na revista *Exame*, entre 2% e 8% das pessoas, em nível mundial, sofrem com esse transtorno, independentemente de ter riqueza ou não. E precisam de ajuda, num esforço conjunto entre nossos colegas de várias áreas como o direito, a psicologia e a neurociência.

CAPÍTULO 8

PROCESSOS BIOLÓGICOS, POLYMEASURES (POLIMEDIDAS) E BIOMETRIA

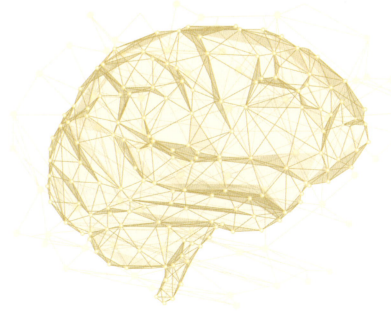

Os avanços nesta área devem ajudar a aumentar a popularidade das técnicas de observação mecânica entre os profissionais de marketing social. Este capítulo resume os principais tipos de técnicas de observação mecânica e oferece ilustrações de estudos anteriores em marketing, marketing comercial e disciplinas afins. As inovações em observações mecânicas nesses contextos são uma fonte útil de técnicas de pesquisa para estudos de marketing e interdisciplinares, que visam melhorar o bem-estar de consumidores individuais e da sociedade como um todo. Entretanto, antes, seguem algumas definições importantes que vão ajudar no entendimento, tais como: processos biológicos, medidas biológicas, biossinais e biometria.

PROCESSOS BIOLÓGICOS

Processos biológicos são aqueles vitais para um organismo e que moldam suas capacidades para interagir com o ambiente. Compõem-se de muitas reações químicas ou outros eventos envolvidos na persistência e transformação das formas de vida. Metabolismo e homeostase são exemplos. Um processo biológico é um processo de um organismo vivo, composto de qualquer número de reações químicas ou outros eventos que resultem em uma transformação. A regulação de processos biológicos ocorre quando dado processo é modulado em sua frequência, taxa ou extensão. Os processos biológicos são regulados por muitos meios; exemplos incluem o controle da expressão genica, modificação de proteínas ou interação com uma molécula de proteína ou substrato. Como a biologia e a fisiologia integram-se, não podemos deixar de conhecer os processos fisiológicos, aqueles especificamente pertinentes ao funcionamento de unidades vivas integradas: células, tecidos, órgãos e organismos, como a reprodução, digestão e resposta ao estímulo (alteração no estado ou atividade de uma célula ou organismo como resultado de um estímulo). Há ainda que se considerar a interação entre organismos, processos pelos quais um organismo tem um efeito observável em outro organismo da mesma espécie ou de espécies diferentes, tais como fermentação, fertilização, germinação, tropismo, hibridação, metamorfose, fotossíntese, transpiração.

Um processo biológico representa um objetivo específico que o organismo é geneticamente programado para atingir, frequentemente descritos pelo seu resultado ou estado final, por exemplo, o processo biológico da divisão celular que resulta na criação de duas células filhas (uma célula dividida) a partir de uma única célula-mãe. Ao realizar um conjunto particular de funções moleculares realizadas por produtos genéticos específicos (ou complexos macromoleculares), frequentemente de maneira altamente regulada e em uma sequência temporal específica, dá-se o processo biológico. Também podemos considerá-lo como uma série de eventos realizados por um ou mais conjuntos ordenados de funções moleculares. Em termos gerais, o processo fisiológico celular ou transdução de sinal é um exemplo de processo biológico. Em termos específicos, o processo metabólico da pirimidina ou o transporte de alfa-glicosídeo. Pode ser difícil distinguir entre um processo biológico e uma função molecular, mas a regra geral é que um processo deve ter mais de uma etapa distinta. Um processo biológico não é equivalente a um caminho.

Deve estar a perguntar-se, neste momento: como analisar sistemas biológicos complexos? Apresentamos, então, a biologia de sistemas, ou biologia sistemática, que existe para analisar e modelar computacional e matematicamente os sistemas biológicos complexos. É um campo de estudo interdisciplinar baseado em biologia, que se concentra em interações complexas dentro de sistemas biológicos, ao usar uma abordagem holística (holismo, em vez do reducionismo mais tradicional) à pesquisa biológica. Quando atravessa o campo da teoria de sistemas e dos métodos matemáticos aplicados, desenvolve-se no sub-ramo da biologia de sistemas complexos.

É uma área de pesquisa dedicada ao desenvolvimento de estruturas computacionais para modelar sistemas biológicos. Dentro dessa abordagem, as vantagens típicas do uso de sistemas de computador e metodologias formais são aplicáveis. De fato, as experiências podem ser realizadas *in silico* (experimentação através da simulação computacional para modelar um fenômeno natural), que tornam-se muito mais rápidas e baratas do que as experiências em laboratórios *wet-lab*, que fazem uso da manipulação de líquidos e gases (mais tradicionais). Os pesquisadores podem conduzir o levantamento de uma abordagem computacional específica da biologia de sistemas, com base no chamado cálculo de processo, um formalismo para descrever sistemas concorrentes.

MEDIDAS BIOLÓGICAS

Por medidas biológicas, entendem-se as avaliações ou outros marcadores de processos ou, ainda, resultados extraídos da atividade corporal ou de outros sistemas ou eventos biológicos naturais. Tais medidas incluem avaliações da atividade cardiopulmonar, endócrina, do sistema nervoso e do sistema imunológico.

Estudos exploraram métodos usados por cientistas sociais e biólogos para entender aspectos fundamentais da experiência humana. Esses estudos são organizados por estágios da vida humana: início, idade adulta e envelhecimento. As análises podem ser exploradas em termos de tipos específicos de experiências — incluindo dor, estresse, níveis de atividade, qualidade do sono, memória e outras —, que tradicionalmente dependem de autorrelatos, mas estão sujeitas a diferenças interindividuais em autoconsciência ou expectativas baseadas na cultura. Esses estudos também examinam outras maneiras pelas quais os fenômenos normalmente "invisíveis" podem se tornar visíveis, como pressão arterial, crescimento, estado nutricional, genótipos e saúde. Os sistemas biológicos produzem saídas em resposta a entradas variáveis. As relações de entrada e saída tendem a seguir alguns padrões regulares.

Ao considerarmos o corpo humano como um sistema bioelétrico, cabe aqui o conceito de sinais biológicos que está a tornar-se mais amplo. Um sinal biológico ou biossinal é qualquer sinal nos seres vivos que possa ser medido e monitorizado continuamente. Esses sinais podem ser analisados de forma humana ou automática. Este último com alguns desafios, tais como: buscar características internas e estruturais; selecionar modelagem apropriada para aprimorar as propriedades percebidas nos sinais; extrair componentes representativos e identificar seus correspondentes matemáticos; e realizar as transformações necessárias para obter formas sutis de análises, comparações, reconhecimento derivado e classificação.

O termo "biossinal" é frequentemente usado para se referir a sinais bioelétricos, mas pode se referir a sinais elétricos e não elétricos. O entendimento usual é se referir apenas a sinais que variam no tempo, embora variações de parâmetros espaciais (por exemplo, a sequência de nucleótidos que determinam o código genético) às vezes também sejam incluídas. São registros de espaço, tempo ou espaço-tempo de um evento biológico, como um coração batendo ou um músculo em contração. A atividade elétrica, química e mecânica que ocorre durante esse evento biológico geralmente produz sinais que podem ser medidos e analisados.

Já a biometria é o termo técnico para medições e cálculos corporais. Refere-se a métricas relacionadas às características humanas. A autenticação biométrica (ou autenticação realista) é usada na ciência da computação como forma de identificação e controle de acesso. Também é usada para identificar indivíduos em grupos que estão sob vigilância. Assim, identificadores biométricos são as características distintas e mensuráveis usadas para rotular e descrever indivíduos, frequentemente classificados como características fisiológicas versus comportamentais. As características fisiológicas estão relacionadas à forma do corpo. Os exemplos incluem, entre outros, impressões digitais, veias da palma da mão, reconhecimento da face, DNA, impressão da palma da mão, geometria das mãos, reconhecimento da íris, retina e odor/perfume. As características comportamentais estão relacionadas ao padrão de comportamento de uma pessoa, incluindo, mas não limitando-se a, ritmo de digitação, marcha e voz. Alguns pesquisadores cunharam o termo *behaviometrics* para descrever a última classe de biometria.

Os meios mais tradicionais de controle de acesso incluem sistemas de identificação baseados em *tokens*, como uma carteira de motorista ou passaporte e sistemas de identificação baseados em conhecimento, como senha ou número de identificação pessoal. Como os identificadores biométricos são exclusivos dos indivíduos, eles são mais confiáveis na verificação de identidade do que os métodos de *token* e baseados em conhecimento; no entanto, a recolha de identificadores biométricos suscita preocupações de privacidade sobre o uso final dessas informações.

A observação humana é autoexplicativa, ao usar observadores humanos para recolher dados no estudo. A observação mecânica envolve o uso de vários tipos de máquinas para coletar os dados, que são, então, interpretados pelos pesquisadores. Algumas técnicas de observação envolvem observadores mecânicos em conjunto com, ou no lugar de, observadores humanos. Exemplos incluem o uso de câmera de vídeo, o audímetro, o psicogalvanômetro, a câmara ocular e o pupilômetro. Nada disso seria usado sem o conhecimento e a permissão do entrevistado.

A observação é um método exclusivo de recolha de informações factuais sobre comportamentos do consumidor e mudanças de comportamento no mundo real. A natureza objetiva e discreta da observação a torna perfeita para uma pesquisa de marketing social, porque supera problemas comuns a outras técnicas, como lapsos de memória e viés de desejabilidade social comum em autorrelatos. As observações podem desempenhar um papel em um estágio formativo ou ser a principal medida de resultado em uma avaliação com recolha de dados pré e pós.

Os dados de observação podem ser recolhidos, codificados e analisados qualitativa e quantitativamente. Ambas as tradições foram usadas com sucesso em estudos de marketing social e outras disciplinas. Este capítulo concentra-se em observações mecânicas, que tendem a produzir dados quantitativos, proporcionando aos pesquisadores a capacidade de desenvolver *benchmarks* numéricos e observar tendências no comportamento do consumidor e mudanças ao longo do tempo. Em observações mecânicas, a recolha dos dados aproveita as inovações tecnológicas na gravação de áudio, vídeo, biometria, itens e assinaturas digitais, ao permitir observações ainda mais objetivas, precisas e potencialmente menos trabalhosas e caras. Entre eles: resposta galvânica da pele, variabilidade da frequência cardíaca, dados biológicos e sua relação com eletrólitos e impulsos nervosos, rastreio ocular, análise de expressão facial, além de outras interações com base na relação humano computador (HCI).

RESPOSTA GALVÂNICA DA PELE

A atividade eletrodérmica (EDA) é uma propriedade do corpo humano que causa variação contínua nas características elétricas da pele. Historicamente, a EDA também é conhecida como condutância da pele, resposta galvânica da pele (GSR), resposta eletrodérmica (EDR), reflexo psicogalvânico (PGR), resposta de condutância da pele (SCR), resposta simpática da pele (SSR) e nível de condutância da pele (SCL). O longo percurso de pesquisa sobre as propriedades elétricas ativas e passivas da pele por várias disciplinas resultou em um excesso de nomes, agora padronizados para a atividade eletrodérmica (EDA).

A teoria tradicional da EDA sustenta que a resistência da pele varia com o estado das glândulas sudoríparas na pele. A transpiração é controlada pelo sistema nervoso simpático e a condutância da pele é uma indicação de excitação psicológica ou fisiológica. Se o ramo simpático do sistema nervoso autônomo for altamente estimulado, a atividade das glândulas sudoríparas também aumenta, o que, por sua vez, aumenta a condutância da pele. A transpiração das mãos e dos pés é desencadeada por estímulos emocionais: sempre que estamos em excitação emocional, os dados do GSR mostram padrões distintos que são visíveis a olho nu e que podem ser quantificados estatisticamente.

A transpiração do corpo humano é regulada pelo sistema nervoso autônomo (ANS). Em particular, se o ramo simpático (SNS) do sistema nervoso autônomo é altamente estimulado, a atividade das glândulas sudoríparas também aumenta, o que por sua vez aumenta a condutância da pele e vice-versa. Esse sistema está diretamente envolvido na regulação do comportamento emocional dos seres humanos. Dessa forma, a condutância da pele pode ser uma medida de respostas emocionais e simpáticas.

Pesquisas mais recentes e fenômenos adicionais (resistência, potencial, impedância e admissão, às vezes responsivos e às vezes aparentemente espontâneos) sugerem que a EDA é mais complexa do que parece, e a pesquisa continua sobre a fonte e o significado da EDA.

A pele diz tudo e fornece muitas informações sobre como nos sentimos quando somos expostos a imagens, vídeos, eventos ou outros tipos de estímulos carregados de emoção, tanto positivos quanto negativos. Não importa se estamos estressados, nervosos, com medo, empolgados, atordoados, confusos, perplexos ou surpresos, sempre que estamos emocionalmente excitados, a condutividade elétrica de nossa pele muda subtilmente.

O sinal GSR é muito fácil de registrar: em geral, são necessários apenas dois eletrodos colocados no segundo e terceiro dedo de uma mão. A variação de uma corrente aplicada de baixa tensão entre os dois eletrodos é usada como medida da EDA. Recentemente, novos dispositivos comerciais de assistência médica, cada vez mais versáteis e sofisticados (pulseiras, relógios), foram desenvolvidos. Portanto, tal medida é utilizável em cada atividade de pesquisa no domínio da neurociência e também em ambientes não laboratoriais. A condutância da pele é normalmente capturada nas regiões da mão e do pé, usando eletrodos de pele fáceis de aplicar. A maioria dos eletrodos GSR modernos possui um ponto de contato Ag/AgCl (cloreto de prata) com a pele. Esses eletrodos são baratos, robustos, seguros para o contato humano e transmitem com precisão o sinal da atividade iônica. Alguns deles vêm pré-embalados com gel iônico para aumentar a fidelidade do sinal. Alternativamente, o gel iônico pode ser aplicado para obter o mesmo efeito. O sinal é enviado através do eletrodo para o fio (geralmente cabo) que passa as informações para o dispositivo GSR.

VARIABILIDADE DA FREQUÊNCIA CARDÍACA (VFC)

Informação é conhecimento, e as grandes empresas de tecnologia sabem o quão importante é recolher e rastrear dados. Quando se trata de saúde, agora é fácil medir e rastrear todos os tipos de informações. No conforto de nossas casas, podemos verificar nosso peso, pressão arterial, número de passos, calorias, frequência cardíaca e açúcar no sangue. Recentemente, alguns pesquisadores começaram a usar um marcador interessante para resiliência e flexibilidade comportamental. É chamado de variabilidade da frequência cardíaca (VFC), o fenômeno fisiológico da variação no intervalo de tempo entre os batimentos cardíacos, em milissegundos. É medido pela variação do intervalo batimento a batimento.

Um coração normal e saudável não pulsa uniformemente como um metrônomo, mas, em vez disso, ao observar os milissegundos entre os batimentos cardíacos, há uma variação constante. Em geral, não temos muita consciência dessa variação; não é o mesmo que o ritmo cardíaco (batimentos por minuto) aumentando e diminuindo à medida que avançamos em nossas atividades diárias. Você pode sentir a sua VFC se sentir sua pulsação enquanto respira profundamente algumas vezes: o intervalo entre os batimentos fica mais longo (a frequência cardíaca diminui) quando você expirar e mais curto (a frequência cardíaca aumenta) quando você inspirar, um fenômeno chamado arritmia sinusal respiratória. Além da respiração, a VFC é influenciada de forma aguda, por exemplo, por exercícios, reações hormonais, processos metabólicos, processos cognitivos, estresse e recuperação.

Outros termos utilizados incluem: variabilidade da duração do ciclo, variabilidade RR (sendo R um ponto correspondente ao pico do complexo QRS da onda ECG; e RR é o intervalo entre Rs sucessivos) e variabilidade do período cardíaco. Essa variação é controlada por uma parte primitiva do sistema nervoso autônomo (SNA), também conhecido como mecanismo de luta ou fuga e resposta de relaxamento.

O rastreamento da VFC pode ser uma ótima ferramenta para motivar mudanças comportamentais para alguns. As medidas da VFC podem ajudar a criar mais consciência de como você vive e pensa, e como seu comportamento afeta o sistema nervoso e as funções corporais. Embora obviamente não possa ajudá-lo a evitar o estresse, pode ajudá-lo a entender como reagir ao estresse de maneira mais saudável. Ainda persistem dúvidas acerca da precisão e confiabilidade da medição. No entanto, esperamos que uma agência independente acabe por identificar quais dispositivos e softwares fornecem dados nos quais podemos confiar. Enquanto isso, se você decidir usar a VFC como complemento de outros dados, não fique muito confiante se tiver uma VFC alta, ou muito assutado se a VFC estiver baixa. Pense na VFC como uma ferramenta preventiva, um panorama visual da parte mais primitiva do seu cérebro.

ELETRÓLITOS, IMPULSOS NERVOSOS E DADOS BIOLÓGICOS

A energia elétrica humana é gerada por processos químicos nas células nervosas. Bilhões de impulsos nervosos viajam pelo cérebro humano e sistema nervoso. Um impulso nervoso é uma onda de atividade elétrica que passa de uma extremidade da célula nervosa para outra. Cada impulso carrega informações sobre a intensidade do sinal nervoso. Nosso corpo é uma superestrada complexa e cuidadosamente equilibrada de células, tecidos e fluidos que direcionam uma gama incompreensível de impulsos elétricos quase a cada segundo. Isso só é possível devido a um ambiente homeostático em que a eletricidade é bem conduzida para transportar os sinais para os destinos pretendidos. A chave para manter essa superestrada condutora está dentro dos **eletrólitos**.

Os eletrólitos regulam nossas funções nervosas e musculares, a hidratação do corpo, o pH sanguíneo, a pressão sanguínea e a reconstrução de tecidos danificados. Existem vários mecanismos em nosso corpo que mantêm as concentrações de diferentes eletrólitos sob estrito controle. Os biossinais fornecem comunicação entre os biossistemas e são nossa principal fonte de informações sobre seu comportamento. Interpretação e transformação de sinais são os principais tópicos desta seção. Os biossinais, como todos os sinais, devem ser transportados por alguma forma de energia e podem ser medidos diretamente a partir de sua fonte biológica, mas muitas vezes a energia externa é usada para medir a interação entre o sistema fisiológico e a energia externa. Medir um biossinal implica convertê-lo em um sinal elétrico por um dispositivo conhecido como biotransdutor. O sinal analógico resultante é frequentemente convertido em um sinal digital (discretização ao longo do tempo) para processamento em um computador.

Ao combinar dados biológicos e sociais, os cientistas estão abrindo novos campos de investigação e são capazes pela primeira vez de abordar muitas novas questões e conexões. A medição fisiológica envolve a observação direta ou indireta de variáveis atribuíveis ao funcionamento normativo de sistemas e subsistemas no corpo humano. As ferramentas e técnicas deste método são variadas, mas todas têm por base a observação empírica. As variáveis observadas são derivadas das propriedades e funções mensuráveis dos sistemas e subsistemas biológicos. Nos seres humanos, isso inclui fenômenos como frequência cardíaca, pressão arterial, atividade cortical e marcadores bioquímicos. Isoladamente, essas variáveis não são particularmente informativas para os estudiosos da comunicação. No entanto, quando combinadas com os fatores sociais, comportamentais e psicológicos associados à comunicação, elas podem oferecer *insights* profundos sobre a percepção e o comportamento humano.

A seguir estão as vantagens dos métodos fisiológicos:

- removem o viés do entrevistador;

- reúnem dados do consumidor sem interrompê-los, deixando o consumidor interagir naturalmente com a publicidade ou o produto.

Juntamente com as preocupações usuais sobre consentimento informado, questões de privacidade e as melhores maneiras de recolher, armazenar e partilhar dados, os pesquisadores agora enfrentam uma variedade de questões muito menos familiares ou que aparecem sob uma nova luz. O armazenamento de materiais biológicos humanos para uso em pesquisas em ciências sociais levanta questões legais, éticas e sociais adicionais, além de questões práticas relacionadas a armazenamento, recuperação e partilha de dados.

Por exemplo, adquirir dados biológicos e vinculá-los a bancos de dados de ciências sociais requer um processo de consentimento informado mais complexo, o desenvolvimento de um biorrepositório, o estabelecimento de políticas de partilha de dados e a criação de um processo para decidir como os dados serão compartilhados e usados para análise secundária. Acrescendo à atração da recolha de espécimes biológicos, mas também à complexidade de partilhar e proteger os dados, está o fato de que esta é uma era de ganhos incrivelmente rápidos em nossa compreensão de fenômenos biológicos e fisiológicos complexos. Assim, os *trade-offs* entre os riscos e as oportunidades de expandir o acesso aos dados de pesquisa mudam constantemente.

RASTREIO OCULAR (EYE-TRACKING)

Os pesquisadores de mercado agora estão focados em percepções "implícitas" — e até mesmo colocando sondas perto da cabeça das pessoas para avaliar que tipo de sinais eletromagnéticos o cérebro emite quando expostas a um anúncio, produto ou conceito. A neurociência é uma maneira de alcançar esses indescritíveis 95%, e outra maneira de o fazer é rastrear como os olhos das pessoas se movem. O rastreio ocular, ou *Eye-tracking*, é essencialmente uma janela para entender o comportamento das pessoas e avaliar o que está a acontecer no subconsciente.

Nosso mundo e nossos processos de tomada de decisão estão a tornarem-se cada vez mais complexos. Os líderes de marca precisam de mais informações sobre os processos cognitivos subjacentes e as emoções que influenciam o comportamento do consumidor. Sempre que testamos novos produtos no mundo real, as alterações no *design* de produtos ou marcas com base nos resultados de pesquisas de mercado tradicionais são exorbitantes e lentas. É aqui que a *Eye-tracking Technology* vem em socorro, pois ajuda-nos a analisar o processamento humano das informações visuais, ao medir a atenção, o interesse e a excitação, tornando-o uma ferramenta incrivelmente útil para pesquisas sobre o comportamento humano. A atração do rastreio ocular para um pesquisador de mercado é clara. A perspectiva de ver o mundo pelos olhos de seus clientes, literalmente, em vez de confiar dos métodos tradicionais de pesquisa de mercado, é estimulante. Os olhos do consumidor possuem uma riqueza de informações valiosas, mas, às vezes, não contam toda a história. O rastreio ocular, portanto, é um passo claro para a compreensão objetiva do que realmente impulsiona a experiência de compra e as decisões de compra, em nível subconsciente.

Esta ferramenta poderosa surgiu para ajudar os profissionais de pesquisa de mercado e consumidores a entender como otimizar o desempenho de sua marca. Convidamos você a conhecer os fundamentos do rastreamento ocular e por que o rastreio ocular pode ser útil para os seus negócios. Há uma razão simples pela qual rastrear os olhos dos entrevistados faz sentido como uma metodologia de pesquisa: os olhos são uma maneira fácil de interpretar o que está a acontecer no cérebro humano.

Como um dos sentidos primários, a visão fornece todo o tipo de pistas sobre o que está a acontecer na mente. Quando um entrevistado passa mais tempo a olhar para algo, normalmente existe um motivo. Por outro lado, entender por que certas coisas não capturam interesse visual também pode fornecer *insights* significativos. Compreender o que o olho está olhando não revela exatamente o que está a acontecer — nem sempre explica o porquê. No entanto, comparar padrões visuais com as normas pode ajudar a informar o comportamento de visualização.

Em pesquisa de marketing e consumidor, o rastreio ocular é um método exclusivo para medir objetivamente a atenção e as respostas espontâneas dos consumidores às mensagens de marketing. Esses *insights* ajudam os profissionais de marketing a criar uma comunicação eficaz para chamar a atenção do consumidor. Permite, ainda, que o pesquisador de mercado identifique quais itens capturam o interesse e a atenção de alguém, entenda como os clientes percebem o ambiente ao redor de um anúncio ou produto e consiga discernir o que leva à sua decisão de comprar ou outra escolha de ação. A maioria dos rastreadores oculares modernos utiliza tecnologia infravermelha juntamente com uma câmara de alta resolução para rastrear a direção do olhar. A luz infravermelha é direcionada para o centro dos olhos (pupilas), causando reflexos visíveis na córnea, que são rastreados por uma câmara.

Existem três tipos principais de rastreio ocular usados para pesquisas de mercado:

1. Os rastreadores oculares remotos, que registram os movimentos oculares à distância (sem ligações com um respondente). O entrevistado fica simplesmente sentado em frente a um rastreador ocular. Este método é ideal para qualquer material de estímulo baseado em tela em um ambiente de laboratório, como fotos, vídeos, painéis frontais de embalagens e sítios na web.

2. Os rastreadores oculares posicionados na cabeça, que registram a atividade ocular a curta distância e são montados em armações leves de óculos ou em auscultadores de realidade virtual. Os óculos de rastreio ocular são ideais porque permitem que o entrevistado caminhe e exiba comportamento natural. Eles são adequados para pesquisas de compras, estudos de usabilidade, testes de produtos e muitas outras aplicações.

3. Os rastreadores oculares baseados na webcam são mais baratos, mas há uma desvantagem na qualidade. Eles permitem a flexibilidade de poder conduzir a pesquisa nas casas dos entrevistados, mas a garantia de qualidade da calibração adequada é reduzida. É importante considerar a compensação entre custo e qualidade com diferentes tipos de equipamentos de rastreamento ocular.

Via de regra, o rastreamento ocular responde a três perguntas principais, relacionadas à visibilidade, *engagement* e padrões de visualização. Primeiro, o rastreio ocular torna possível saber se os clientes percepcionam uma embalagem na prateleira desarranjada de uma loja, uma exibição do produto em uma grande loja ou em um determinado *link* na tela da web. Segundo, os pesquisadores de mercado podem usar o rastreio ocular para discernir se os esforços de marketing realmente prendem a atenção dos clientes ou se são rapidamente ignorados quando o cliente procura em outro lugar. Por fim, pode elucidar quais elementos ou mensagens de marketing realmente atraem o foco do cliente, sendo vistos e lidos, em comparação com quais mensagens geralmente são ignoradas. Ademais, é uma maneira de medir o *engagement* e a visibilidade, tanto em grande escala (se uma embalagem é vista em uma loja) quanto em pequena escala (se uma mensagem em uma embalagem é lida). Como tal, é mais relevante para situações em que o profissional de marketing está a trabalhar em termos de espaço, como em embalagens na prateleira ou anúncios em uma revista.

Neste contexto, o rastreio ocular não deve ser usado isoladamente. É melhor combiná-lo com outras técnicas e, de fato, uma das maneiras mais eficazes de usá-lo é para solucionar o motivo de um determinado esforço não estar a funcionar. Um determinado projeto está a perder-se na desordem? As mensagens estão a ser vistas, mas não conseguem persuadir? Utilizado dessa maneira, torna-se uma ferramenta de diagnóstico — uma maneira de descobrir as limitações que estão a reter seus esforços e ajuda a fornecer orientações sobre onde resolvê-los.

Entretanto, o que procurar nos dados de rastreio ocular? Esta ferramenta torna possível quantificar a atenção visual, ao medir onde, quando e para o que as pessoas olham. Aqui estão seis informações que podem ser reveladas com o *Eye-tracking*:

1. **Pontos de fixação e olhar**

Os pontos de olhar são unidades básicas de medida que são registradas pelo rastreador ocular. Quando uma série de pontos estão próximos no tempo e no intervalo, o *cluster* resultante denota uma fixação. Uma fixação é um período de tempo em que nossos olhos estão fixos em um objeto específico. Normalmente, a duração da fixação é de 100-300 milissegundos.

2. **Mapas de calor**

Os mapas de calor são outra saída do rastreio ocular e mostram as áreas mais visualizadas, seja na embalagem, em um sítio na internet, no ponto de venda ou em outras situações. Mapas de calor são a agregação de pontos de olhar e fixações que revelam a distribuição da atenção visual. Os mapas de calor permitem ver onde é mais provável que os consumidores passem algum tempo a olhar. As áreas em vermelho mostram tráfego intenso e as áreas que recebem apenas uma rápida olhada são mostradas em amarelo ou verde. Ao inverter um mapa de calor, é possível gerar um mapa de opacidade que mostra o que é visto e, mais importante, o que não é visto.

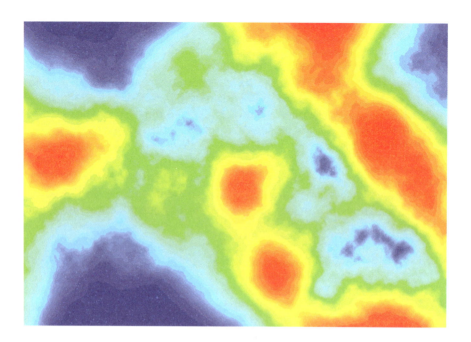

3. **Áreas de interesse**

As áreas de interesse, também conhecidas como AOI, medem o desempenho de duas ou mais áreas específicas na mesma experiência de vídeo, embalagem, sítio da web ou loja.

4. **Padrões de verificação / sequências de fixação**

Os dados de rasrteio ocular também podem revelar um padrão de verificação que mostra a ordem de visualização de diferentes elementos. Com base na posição de fixação e nas informações de tempo, você pode gerar uma sequência de fixação. Dependendo de onde os entrevistados olham e de quanto tempo gastam, uma ordem de atenção pode revelar onde eles olharam primeiro, segundo, terceiro etc. Os padrões de verificação são úteis para demonstrar se sua comunicação está organizada de maneira fácil e eficiente para o consumidor. Se, por exemplo, uma embalagem é visualizada para cima e para baixo várias vezes, isso pode ser indicativo de um *design* que deve ser otimizado. Os padrões gerais de verificação ajudam a otimizar *layouts* e posicionamento de diferentes elementos.

5. **Tempo para a primeira fixação**

O tempo para a primeira fixação é a quantidade de tempo que um respondente leva para observar uma AOI específica desde o início do estímulo. Esta métrica pode ajudar a mostrar o que se destaca e chama a atenção.

6. **Tempo gasto**

O tempo gasto quantifica a quantidade de tempo que os entrevistados passaram em uma AOI. O tempo gasto costuma indexar a motivação e a atenção consciente (a prevalência longa aponta para um alto nível de interesse, enquanto a prevalência menor indica outras áreas na tela ou no ambiente que podem ser mais notáveis).

Não há dúvidas de que o rastreio ocular é uma ferramenta crítica para avaliar a comunicação publicitária. Seja para impressão ou vídeo, ele pode ajudar você a entender o que chama a atenção do entrevistado e — tão crucialmente quanto — o que não chama. Ele mostra a progressão da interação visual com a comunicação, o que pode ser particularmente útil para entender como os consumidores se envolvem com o *copywriting* e com os vídeos. Por exemplo, se os entrevistados se demoram mais em determinadas cenas de um anúncio, isso indica maior interesse, mas exigiria mais questionamentos para entender se a reação é positiva ou negativa. O rastreio ocular fornece os dados brutos e a interpretação que precisa ser seguida e, por meio de uma série de exemplos de comunicação iterativa, pode ser uma maneira altamente eficaz de melhorar o anúncio.

Entretanto não se limita a situações em que os consumidores avaliam objetos bidimensionais, como anúncios. Pode ser usado em qualquer lugar e costuma ser usado em lojas, agências bancárias, concessionárias de automóveis ou centros comerciais para compreender melhor a experiência do cliente. Por exemplo, ao projetar o fluxo desejado do cliente dentro de uma loja ou tentar entender como os consumidores navegam enquanto estão no transporte público, o rastreio ocular é uma maneira não invasiva de medir o que está a ser notado e o que está a ser envolvido ao longo da jornada do comprador. Em tal situação, um entrevistado ao usar um dispositivo discreto de rastreio ocular, pode cuidar dos negócios da maneira como costumavam fazer e produzir uma data de dados concretos sobre o que eles estão a ver a cada passo do caminho. Muitas vezes, os entrevistados não se lembram do que viram após o fato, e o rastreio ocular permite capturar esses dados importantes em vez de confiar apenas na memória.

Vale salientar que é uma tecnologia acessível e confiável. Às vezes, quando uma nova tecnologia de pesquisa de mercado é lançada, ela parece atraente, mas é proibitivamente cara para a maioria dos usuários. Uma das coisas que faz da tecnologia de rastreio ocular uma ferramenta tão útil é o fato de ela representar um excelente valor. O olho humano é pequeno e geralmente se comporta de forma consistente de uma pessoa para a outra. Quando se move, dá sinais físicos claros, fáceis de interpretar, sendo um fenômeno observável. Pode ser capturado milissegundo por milissegundo e compreendido com precisão. A interpretação de por que o olho está se movendo é uma coisa diferente, mas o mero movimento é um fato. Isso significa que o rastreio ocular pode fornecer um histórico detalhado e preciso de onde os olhos se moveram e por quanto tempo durante o período em questão. Não há ambiguidade nisso. Também é fácil comparar diferentes conjuntos de resultados, sejam de diferentes grupos de consumidores ou antes e depois da comparação ao usar o mesmo consumidor.

O rastreio ocular é perfeitamente adequado à era digital. Existe de uma forma ou de outra há alguns anos, mas consolidou-se com o recente aumento do uso digital. Com o crescimento do uso e da mídia digital, tem havido uma procura crescente por metodologias de pesquisa que ajudam as empresas a entender como os consumidores estão a interagir com a mídia digital. Como os consumidores navegam em mídias como páginas da web e redes sociais? O rastreamento ocular tem a vantagem de poder monitorizar para onde seus olhos estão a mover-se e quanto tempo eles passam em certas partes da página. Ele permite entender quais partes de um sítio estão a atrair mais atenção do que outras. Também pode ajudar a mostrar como os consumidores movem-se através de uma página. Há muito que isso é útil no mundo físico, por exemplo, quando o rastreio ocular revela quais partes de uma prateleira atraem a atenção dos compradores.

As empresas gastam milhões de dólares para colocar *banners* e *displays* digitais em todos os locais possíveis para chamar a atenção dos consumidores. No entanto, o resultado de tais campanhas nem sempre é favorável. Os *displays* de sinalização digital em jogos de futebol são o melhor exemplo de tais campanhas publicitárias. Como há muitos fundos em jogo, as empresas não podem dar-se ao luxo de negligenciar a veiculação de tais anúncios. O rastreamento ocular permitirá que os pesquisadores estudem o padrão de olhar dos entrevistados em diferentes locais estratégicos, como a área de interesse dos entrevistados durante um jogo de futebol, podendo fornecer, ao pesquisador, informações valiosas sobre como o utilizador perceberá os anúncios exibidos na lateral do campo, em comparação com outros locais possíveis. Isso ajudará a empresa a publicar anúncios mais eficazes e eficientes.

Quando combinamos dados de comportamento visual ao usar o *Eye-tracking* com informações contextuais relacionadas a qualquer anúncio, como os dados demográficos do entrevistado e os dados autodeclarados do entrevistado, é possível criar uma imagem rica do envolvimento geral do consumidor com o anúncio em termos de comportamento e opiniões subjacentes.

Ademais, o rastreio ocular funciona de mãos dadas com outras técnicas de geração de informações. Até agora está claro que pode gerar uma riqueza de dados detalhados e altamente precisos sobre o que os entrevistados estão visualizando. No entanto, os dados informam apenas a um pesquisador. Por exemplo, considere a situação em que um revendedor de *smartphones* deseja examinar como um cliente navega na categoria em sua loja. Os movimentos oculares do cliente podem ser rastreados por uma hora. Digamos que ele olhe apenas para uma prateleira da loja e olhe por um longo tempo. O que isso significa? Pode ser que ela já tenha identificado a marca escolhida e esteja a escolher entre os modelos. Pode ser que ele não tenha notado as outras prateleiras. Pode ser que ele já tenha visitado a loja várias vezes, então não sentiu necessidade de olhar para as prateleiras que tinha visto anteriormente.

Existem muitas explicações possíveis e procurar uma ou várias delas apenas com base no rastreio ocular seria pura especulação. É por isso que esta técnica de recolha é comumente combinada com outras metodologias de pesquisa do consumidor quando se trata do estágio analítico de entender e dar sentido aos dados.

No exemplo do *smartphone*, uma solução simples poderia ser acompanhar a hora do rastreamento ocular com uma entrevista aprofundada, na qual o respondente é questionado sobre os resultados do rastreio ocular e ter a oportunidade de explicar o que estava a acontecer em momentos importantes por sua própria perspectiva. Essa é uma abordagem simples e tradicional de pesquisa de mercado, aprimorada pelo rastreio ocular, que fornece muitas áreas interessantes para serem investigadas durante o questionamento.

Como o rastreamento ocular está disponível há algum tempo, pode-se esperar que a prova de sua utilidade seja sua adoção pelos líderes de pesquisa de marketing. De fato, foi exatamente isso que aconteceu. Um dos exemplos mais claros está na indústria de tecnologia. A maioria das grandes empresas de tecnologia passa um tempo considerável a fazer pesquisas de marketing que utilizam rastreio ocular. Na verdade, o Google estava tão empolgado com essa perspectiva, que seu protótipo da linha de produtos Google Glass incorporou tal tecnologia. A Samsung também incluiu rastreio ocular em alguns de seus *smartphones*.

No entanto, as empresas tradicionais de bens de consumo, que mais ou menos inventaram o rastreamento ocular, também são grandes utilizadores da ferramenta. Devido à sua natureza acessível, também é usada por pequenas empresas e *startups*.

Por fim, o rastreio ocular gera dados acionáveis tornando-os facilmente acessíveis, à medida que pode aceder ao processamento inconsciente para medir quais elementos de um *design* ou anúncio acionam os circuitos básicos de baixo nível do cérebro. Isso pode revelar informações valiosas sobre as preferências individuais de seus entrevistados, ao observar em que eles se concentram.

Em jeito de resumo, o rastreio ocular é uma medida objetiva que revela:

- quais elementos atraem atenção imediata;

- quais elementos atraem atenção acima da média;

- se alguns elementos estão sendo ignorados ou ignorados;

- em que ordem os elementos são percebidos;

- compare diretamente um estímulo com outro.

Cada uma das diferentes metodologias de pesquisa do consumidor tem um papel a desempenhar no entendimento de por que os clientes fazem as escolhas que fazem. O rastreio ocular é uma tecnologia simples e acessível que provou ser eficaz. Ele pode fornecer dados valiosos que, com a análise correta e a interpretação qualitativa, podem ajudar a otimizar rapidamente o impacto da comunicação, embalagem e outras experiências.

ANÁLISE DE EXPRESSÃO FACIAL

A emoção pode ser definida como qualquer experiência consciente relativamente breve, caracterizada por intensa atividade mental e um alto grau de prazer ou desprazer. O discurso científico mudou para outros significados e não há consenso em uma única definição. A emoção costuma estar associada ao humor, temperamento, personalidade, disposição e motivação. O rosto humano desenvolveu-se ao longo de muitos milhares de anos para ser uma das principais ferramentas de comunicação usadas pelos seres humanos. Ele evoluiu de uma maneira que permite até mesmo movimentos e gestos sutis para comunicar milhares de mensagens diferentes. Ao mesmo tempo, o cérebro humano desenvolveu-se para interpretar essas mensagens vistas nos rostos de outras pessoas. Portanto, embora expressões e sentimentos faciais nem sempre estejam alinhados, existe uma abordagem científica para entender as expressões faciais. A codificação facial é uma técnica que permite aos pesquisadores desbloquear as mensagens que as pessoas estão a enviar com seus rostos, quer tenham a intenção de expor esses sentimentos ou não.

O nervo facial conecta a maioria dos músculos da face ao cérebro. É a mesma parte do tronco cerebral que desencadeia nossas expressões faciais e controla o processamento e a regulação emocional. A interpretação de expressões faciais e outras comunicações não verbais por meio da pesquisa de codificação facial é uma ferramenta da pesquisa de marketing cada vez mais popular para mensurar o sentimento do consumidor. Compreender o que os clientes gostam e não gostam pode ser fundamental para o sucesso dos negócios.

Às vezes, trata-se de obter uma reação sobre o que eles compram agora; em outras ocasiões, pode ser sobre testar ideias e obter inspiração para um possível direcionamento futuro dos negócios. De qualquer forma, encontrar uma maneira de capturar e decodificar emoções e sentimentos pode ser uma ferramenta útil para melhorar o sucesso do seu negócio, seja no desenvolvimento de produtos, comunicação de marketing ou na experiência do usuário. A codificação facial é algo que fazemos todos os dias. Nosso rosto é capaz de fazer 10 mil expressões únicas, mas apenas 6 são universais. Em relação às expressões básicas, destacam-se: felicidade, surpresa, raiva, medo, repulsa (a única que não é literal) e tristeza. A face fornece diferentes tipos de sinais para transmitir diferentes tipos de mensagens.

Técnicas de análise de expressão facial

Existem muitas expressões faciais diferentes que podem ser analisadas de maneiras diferentes. Cada abordagem tem diferentes prós e contras. Existem três abordagens principais.

1. **Rastreio da atividade eletromiográfica facial (fEMG)**

Este é um método muito preciso, onde a atividade dos músculos faciais é rastreada com eletrodos fixados à superfície da pele. O fEMG detecta e amplifica os minúsculos impulsos elétricos gerados pelos músculos faciais à medida que se contraem. A vantagem do fEMG é que é uma maneira precisa e não invasiva de medir continuamente a atividade dos músculos faciais. É muito preciso e pode medir até atividades mais subtis dos músculos faciais, mesmo quando os entrevistados são instruídos a inibir suas expressões emocionais. Os contras são que requer eletrodos, cabos e amplificadores e, portanto, aumenta a conscientização do entrevistado sobre o que está a ser medido. Embora preciso, também é muito sensível e deve ser conduzido em um ambiente muito controlado. Também requer habilidades especializadas em processamento de biossensores.

2. **Sistema de codificação de ação facial (FACS)**

Paul Ekman e Wallace Friesen reuniram experiência humana de leitura de rosto em um só lugar e o chamaram FACS — sistema de codificação de ação facial (publicado pela primeira vez em 1978). Isso é alcançado por meio da observação ao vivo e de um sistema de codificação manual que possui um sistema de classificação padronizado de expressões faciais. O FACS é conduzido por codificadores faciais especializados. Essa abordagem permite a codificação de macroexpressões que são tipicamente óbvias a olho nu, bem como microexpressões que normalmente duram menos de meio segundo e ocorrem ao tentar reprimir o estado emocional atual. Essas expressões sutis são geralmente associadas a emoções de menor intensidade, elementos que, juntos, formam uma expressão. Uma maneira simples de entender isso é pensar em uma série de emoções de alto nível, como raiva, gosto ou incompreensão. Sob cada uma delas, pense em indicações específicas que alimentam a exibição de tal sentimento.

As emoções podem ser detectadas por codificadores treinados pelo FACS por meio de algoritmos de computador para reconhecimento automático de emoções que registram expressões faciais via webcam. Isso pode ser aplicado para uma melhor compreensão das reações das pessoas aos estímulos visuais.

Alguns dos benefícios do FACS é que ele é um método não invasivo, objetivo e confiável para medir expressões faciais. O FACS também mede efetivamente a intensidade da codificação facial. As limitações do FACS é que ele depende de especialistas bem treinados.

O catálogo mais abrangente de unidades exclusivas de ação facial (AUs) é o sistema de codificação de ação facial (FACS). O FACS é um sistema abrangente, baseado em anatomia, para descrever todos os movimentos faciais visualmente discerníveis. Ele divide as expressões faciais em componentes individuais do movimento muscular, chamados unidades de ação (AUs). Ele descreve cada movimento independente do rosto e de seus grupos, mostrando padrões de expressões faciais que correspondem à emoção vivenciada.

A principal força do FACS é o alto nível de detalhe contido no esquema de codificação, enquanto o maior contratempo é o processo demorado que inclui pelo menos dois codificadores treinados no FACS para obter resultados precisos. Um nível crítico de codificação facial examina a microexpressão. Esta pode ser variada e não obviamente conectada à expressão geral, por exemplo, quando um respondente tem um sentimento, mas também há elementos de dúvida nesse sentimento. As microexpressões também podem ser tão sutis que não seriam evidentes para olhos destreinados. No entanto, a pesquisa de codificação facial pode capturar toda a gama de expressões faciais em tempo real e decodificá-las por seu significado. O FACS usa um mapa da face com coordenadas variadas para representar o movimento muscular associado às principais emoções. Determina a probabilidade de uma emoção universal expressa em qualquer momento da reação a estímulos.

O algoritmo computacional para codificação facial extrai as principais características do rosto (boca, sobrancelhas etc.) e analisa a composição de movimento, forma e textura dessas regiões para identificar unidades de ação facial, com base na modelagem precisa do rosto e na detecção de emoção.

A **modelagem precisa do rosto** são os recursos faciais proeminentes (olhos, sobrancelhas, boca, nariz etc.) detectados onde os pontos de referência do algoritmo se posicionam. Este processo cria um modelo de face interno que corresponde à face real do entrevistado. O modelo de rosto é uma versão simplificada do rosto real — possui menos detalhes (recursos de rosto), mas contém todos os recursos de rosto envolvidos na criação de expressões faciais universais. Sempre que o rosto do entrevistado se ou alterar mover a expressão, o modelo o segue e adapta-se ao estado atual.

No contexto da **detecção de emoção,** os pontos de referência do algoritmo diferentemente posicionados e orientados no modelo de face são alimentados como uma entrada na parte de classificação do algoritmo que o compara a outros modelos de face no banco de dados (conjunto de dados) e traduz esses recursos de face em expressões emocionais rotuladas, códigos de unidades de ação e outras métricas "emocionais".

A comparação do modelo de face real com outros modelos de face no conjunto de dados e a conversão de recursos de face em métricas desejáveis é realizada estatisticamente — o conjunto de dados contém estatísticas e distribuição normativa de todos os recursos entre os respondentes de várias regiões do mundo, perfis demográficos e condições de registro (o conjunto de dados deve conter dados registrados "em condições naturais", bem como dados registrados em condições de laboratório — iluminação perfeita, lentes etc.). Após a comparação, o classificador retorna um resultado probabilístico — expectativa de que a posição e a orientação dos marcos faciais correspondam a uma das seis expressões universais.

3. **Análise automática para a codificação facial**

Usa algoritmos de visão computacional. Essas tecnologias usam câmeras embutidas em portáteis e outros dispositivos para capturar vídeos dos entrevistados à medida que são expostos ao conteúdo. Cada *software* possui métricas diferentes que eles rastreiam, mas geralmente medem seis emoções básicas e a valência delas. Uma das grandes vantagens do *software* de codificação facial é que essa codificação automática é realizada de forma mais objetiva em comparação à codificação manual. A codificação automática pode ser feita *online* e *offline*, e os entrevistados são gravados e, em seguida, o vídeo é enviado para codificação. A codificação automática é econômica e rápida. Um dos principais pontos negativos da codificação facial *online* é que os entrevistados são mal codificados devido a bocejar ou comer durante a gravação. Essas observações devem ser removidas de quaisquer conclusões que estejam sendo feitas a partir da análise, o que reforça a importância do uso de outras técnicas de recolha de dados em conjunto com esta.

O fato é que, quando falamos em codificação facial no contexto de pesquisas de marketing, sabemos que é mais apropriada para testar vídeos como comerciais ou conteúdo digital (em vez de estímulos estáticos, por exemplo, anúncios impressos ou embalagens), porque os entrevistados têm maior probabilidade de obter expressões faciais mensuráveis quando há movimento. O progresso na tecnologia de codificação facial e sua acessibilidade permitiram a aplicação no campo da pesquisa de mercado. Ele pode ser usado para testar a comunicação de marketing, como publicidade, compras e campanhas digitais. Os entrevistados são expostos a estímulos visuais (comercial de TV, animação, pré-lançamento, site, DM etc.), enquanto o algoritmo registra e grava suas expressões faciais pela webcam. A análise dos dados obtidos fornece resultados que indicam valência ao longo do tempo, nível de *engagement*, picos emocionais e possibilidades de melhoria.

OUTRAS INTERAÇÕES COM BASE NA RELAÇÃO HUMANO–COMPUTADOR

Pesquisadores no campo da HCI (interação humano-computador) observam as maneiras pelas quais os humanos interagem com os computadores e projetam tecnologias que permitem que os humanos interajam com os computadores de maneiras novas. Dentre elas, seguem algumas que são produto de pesquisas mais recentes, nomeadamente interfaces de usuário de voz (VUI), a análise de conversas, a análise de tom de voz (VOPAN).

Interfaces de usuário de voz (VUI): são usadas para sistemas de reconhecimento e síntese de voz, e as interfaces gráficas multimodais e de usuário (GUI) emergentes permitem que os humanos se envolvam com agentes de caracteres incorporados de maneira que não pode ser alcançada com outros paradigmas de interface.

O ramo da ciência que preocupa-se com a produção de som pelos organismos vivos e seu efeito e influência sobre os outros ao seu redor é chamado de bioacústica. A comunicação humana é um processo complexo; não depende apenas das palavras que usamos para dizer coisas (embora sejam muito importantes), mas também leva em consideração muitos fatores relacionados à maneira como as palavras são expressas. Há uma riqueza incrível de dados codificados na forma como falamos. Sabemos que os bebês são capazes de entender o tom e o volume da voz dos pais muito antes de falarem ou compreenderem a linguagem.

Neste contexto, a tecnologia de reconhecimento de fala é um tipo de tecnologia que fornece uma comunicação entre um homem e uma máquina. Quando o usuário fornece entrada para a máquina ao falar, o sistema executará a correspondência dessa sequência com o dicionário do sistema. Quando a sequência corresponde, a máquina reconhece a sequência de entrada e executa a tarefa de saída. A análise de voz é a interpretação dos desvios em relação ao nível de tom da linha de base para prever o comprometimento emocional. A tecnologia de análise de voz está a ganhar impulso em diferentes setores para monitorizar interações com representantes e clientes e obter *insights* em tempo real. As soluções de análise de voz usam tecnologias de fala para texto e NLP (processamento de linguagem natural) para analisar gravações ou conversas, para identificar emoções e intenções dos falantes. Ele analisa os padrões de áudio para determinados recursos, como tom, ênfase, tempo, afinação e ritmo. Ajuda a aumentar a satisfação do cliente e a inteligência competitiva, reduzir a rotatividade de clientes prevendo clientes em risco e identificar riscos e fraudes. Uma impressão de voz é um conjunto de características mensuráveis de uma voz humana que identifica um indivíduo de maneira única. Essas características, baseadas na configuração física da boca e da garganta de um falante, podem ser expressas como uma fórmula matemática. O termo aplica-se a uma amostra vocal gravada para esse propósito, a fórmula matemática derivada e sua representação gráfica. As impressões de voz são usadas nos sistemas de identificação de voz para autenticação do utilizador.

Análise de conversas: ao procurar enriquecer a base multidisciplinar do HCI, fornecer aos *designers* um conhecimento aprimorado do usuário e facilitar o design da interface, os pesquisadores estão atualmente a explorar a análise de conversas, uma abordagem sociocientífica para a investigação da interação. A análise de conversação fornece uma metodologia, um conjunto de construções analíticas e uma coleção de descobertas estabelecidas, sobre a interação que será importante na investigação e no *design* da interação homem-computador de forma a transcender os problemas tecnológicos. A definição de um enunciado é uma afirmação, especialmente aquela feita verbalmente ou em voz alta.

Um exemplo de pesquisa nesta área da vocalidade é a de Wang, Pestana e Moutinho (2017), que analisaram o efeito das emoções obtidas pela reprodução oral de *slogans* publicitários, no *recall* de marcas por gênero. Esta pesquisa analisou, no campo da computação afetiva, o efeito das respostas de emoções vocais no *recall* de marcas por gênero em Taiwan. Para tal, utilizou-se o *software Voice Emotion*, no intuito de mostrar a relevância para a comunicação de marketing da combinação de interação homem-computador (HCI) com computação afetiva (CA) como parte de sua missão. O *software* de emoção de voz e um equipamento de gravação de áudio foram conduzidos em ambiente de laboratório e de campo e os resultados foram analisados por meio da *Optimal Data Analysis*. Como resultado, foi constatado que a lembrança da marca no discurso do mandarim está associada positivamente às emoções e varia de acordo com o gênero. Neste contexto, os homens têm melhores recordações quando relacionados aos carros, enquanto as mulheres pontuam mais alto quando lidam com refrigerantes e *fast-food*. Vale salientar a mais-valia dessa pesquisa para as empresas, que podem criar oportunidades para melhoria da experiência do cliente, ao capturar as emoções dos consumidores em relação a seus produtos e serviços, nos quais baseiam sua recolha de inteligência de marketing e planejamento estratégico.

Análise de tom de voz (VOPAN): a análise de voz é o estudo dos sons da fala para outros fins que não o conteúdo linguístico, como no reconhecimento de fala. Tais estudos incluem principalmente análises médicas da voz (foniatria), mas também a identificação do falante. Mais controversamente, alguns acreditam que a veracidade ou estado emocional dos falantes pode ser determinado ao usar a análise do estresse da voz ou a análise de voz em camadas. A análise de tom de voz é uma técnica que mede variações na frequência da voz humana. Tais modulações de frequência são tipicamente associadas a várias emoções humanas. Essa análise pode ser útil na determinação da resposta emocional a estímulos, ideias ou conceitos, principalmente no espaço de pré-teste.

Quanto ao tom da voz, a "elevação" ou "baixa" percebida é fundamentalmente uma expressão da fisiologia, não da psicologia. Todos os sons são o resultado de pequenas flutuações na pressão do ar; os sons da fala, em particular, representam flutuações padronizadas que são criadas quando forçamos o ar através do trato vocal. O fluxo de ar é modificado pela vibração das pregas vocais (ou cordas vocais) em nossa laringe (ou caixa vocal), bem como pelo movimento e posições relativas de nossa língua, mandíbula, lábios e assim por diante. O tom específico da voz de uma pessoa reflete a frequência fundamental na qual as pregas vocais estão a vibrar e, desse modo, a impor variações periódicas na pressão do ar, medida em hertz ou em ciclos por segundo.

Avanços na área da HCI mostram que as interações entre computadores e humanos devem ser tão intuitivas quanto conversas entre dois humanos — no entanto, muitos produtos e serviços não conseguem isso. Então, o que você precisa saber para criar uma experiência intuitiva do usuário? Psicologia humana? *Design* emocional? Processos de *design* especializados? A resposta é, obviamente, todas as opções mencionadas.

O que nos reserva o futuro? A normalização da tecnologia para que seja o mais acessível possível no nosso dia a dia, o que cria uma janela para um mundo aparentemente futurista. Para finalizar, trazemos os protótipos mais recentes desenvolvidos por empresas em todo o mundo, com recurso à interação humano-computador. São eles:

- Luvas hápticas Dexta: foram inventadas para imitar sensações, ao toque, de dureza, maciez, elasticidade e muito mais ao usar a realidade virtual. As luvas simulam essas sensações ao bloquear e desbloquear as articulações dos dedos do usuário em diferentes graus, à medida que interagem com objetos com sua experiência em RV.

- Detecção pré-toque ajuda seu *smartphone* a ler sua mente (ou quase): quando lançados, os *smartphones* com pré-toque devem ser capazes de entender como o utilizador o está segurando ou quais dedos estão aproximando-se da tela para prever o que o usuário deseja fazer. Isso daria a sensação de que o *smartphone* pode ler sua mente enquanto executa ações antes mesmo de você dar a ele um comando claro.

- *PaperID*: próxima tentativa de digitalização de papel, tornando-o em uma tela sensível ao toque. Esta nova tecnologia supostamente dará ao papel a capacidade de sentir o ambiente e responder a comandos de gestos, além de conectar-se à internet das coisas. A ideia é conectar o mundo físico e o mundo digital — imagine uma página de partituras que possa detectar o movimento da varinha de um maestro a ser acenada sobre ela.

Por meio da HCI, vemos a realidade virtual, a tecnologia intuitiva e máquinas mais eficientes a serem criadas, usando nossas raízes como seres humanos para permitir que a tecnologia nos sirva melhor, abrindo novas portas de possibilidades para o mundo digital.

CAPÍTULO 9
NEURO(R)EVOLUTION – A EMERGÊNCIA DAS NEUROTECNOLOGIAS

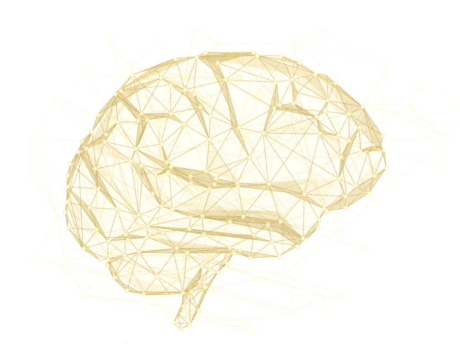

As recentes descobertas da neurociência mudarão por completo a vida de meros mortais, como nós. Escrever sobre neurotecnologias é escrever sobre futuro, um futuro muito mais próximo do que possamos imaginar. Esperamos que, até aqui, tenha gostado da conversa e que esteja preparado para conhecer tecnologias emergentes, antes narradas apenas nos melhores filmes de ficção científica já transmitidos. Bem-vindos a este admirável mundo novo!

A neurociência está a desfrutar de um renascimento de descobertas devido, em grande parte, à implementação de tecnologias moleculares de próxima geração. O advento de ferramentas codificadas geneticamente complementou os métodos existentes e forneceu aos pesquisadores a oportunidade de examinar o sistema nervoso com precisão (sem precedentes), além de revelar facetas da função neural em múltiplas escalas. O peso dessas descobertas, no entanto, foi impulsionado pela técnica de um pequeno número de espécies passíveis das mais avançadas tecnologias de edição de genes. Para aprofundar a interpretação e construir sobre essas descobertas, faz-se urgente uma compreensão da evolução e diversidade do sistema nervoso e adentrar nas neuro(r)evoluções.

Uma delas encontra-se na área da neurofarmacologia. A neurofarmacologia é o estudo de como as drogas afetam a nossa função celular, no âmbito do sistema nervoso, e os mecanismos neurais que influenciam o comportamento. Existem dois ramos principais da neurofarmacologia: comportamental e molecular. A neurofarmacologia comportamental concentra-se no estudo de como as drogas afetam o comportamento humano (neuropsicofarmacologia), incluso o estudo de como a dependência e o vício das drogas afetam o cérebro humano. Já a neurofarmacologia molecular envolve o estudo dos neurônios e suas interações neuroquímicas, com o objetivo geral de desenvolver drogas que tenham efeitos benéficos na função neurológica. Ambos os campos estão intimamente ligados, uma vez que ambos estão relacionados com as interações de neurotransmissores, neuropeptídeos, neuro-hormônios, neuromoduladores, enzimas, segundos mensageiros, cotransportadores, canais iônicos e proteínas receptoras nos sistemas nervosos central e periférico. Ao estudar essas interações, os pesquisadores desenvolvem drogas para tratar muitos distúrbios neurológicos diferentes, inclusos dores, doenças neurodegenerativas como a doença de Parkinson e Alzheimer, distúrbios psicológicos, vício e muitos outros.

Uma aplicação importante dessas tecnologias é a descoberta de neuroterapêuticos de próxima geração para distúrbios neurológicos e psiquiátricos.

Alguns pesquisadores descrevem uma estratégia de triagem de drogas *in vivo* que combina tecnologia de alto rendimento para gerar mapas de atividade cerebral em larga escala (BAMs — *brain activity maps*) com recurso à *machine learning* para análise preditiva. Essa plataforma permite a avaliação dos mecanismos de ação dos compostos e potenciais usos terapêuticos com base em BAMs ricos em informações derivados de tratamentos com drogas.

NEUROTECNOLOGIAS E DROGAS INTELIGENTES

Com a economia do conhecimento, muitas pessoas requerem usar a inteligência em longos períodos de concentração. Novas "soluções" foram criadas para colmatar o desgaste neural oriundo deste novo estilo de vida. E assim surgiram os nootrópicos, ou drogas da inteligência no sentido coloquial, compostos que aumentam a função cerebral como uma forma popular de dar um impulso extra à mente. São drogas, suplementos e outras substâncias tomadas por estimuladores cognitivos, capazes de aumentar o foco, a atenção, a memória e o raciocínio, ou seja, melhorar a função cognitiva, especialmente as funções executivas, memória, criatividade ou motivação, em indivíduos saudáveis. Embora muitas substâncias sejam consideradas para melhorar a cognição, a pesquisa estava em estágio preliminar no ano de 2020, e os efeitos da maioria desses agentes não estão totalmente determinados. O uso de drogas que aumentam a cognição por indivíduos saudáveis na ausência de uma indicação médica abrange inúmeras questões controversas, inclusas a ética e a justiça de seu uso, preocupações com efeitos adversos e o desvio de medicamentos prescritos para usos não médicos. A revolução das "drogas inteligentes", como os produtos farmacêuticos vão deixar-nos acelerando para uma sociedade 24 horas por dia, 7 dias por semana.

Já pensou em tomar um medicamento para melhorar sua capacidade de aprender? Provavelmente, já o fez. Sim, a amiga cafeína, presente naquele cafezinho inocente de todos os dias — ou seria melhor pluralizar com "cafezinhos"? Ao bloquear a ação da adenosina, uma substância química natural do cérebro que promove o sono, a cafeína — a droga psicoativa mais popular do mundo — previne a sonolência.

A ideia de que uma pílula pode superestimar a inteligência humana é decididamente ficção científica. Mas muitos pesquisadores e fabricantes de medicamentos do mundo real estão a trabalhar para desenvolver nootrópicos, entre pílulas, suplementos e outras substâncias destinadas a melhorar vários aspectos da cognição. Nos últimos dez anos, cada vez mais atenção tem sido dada ao uso de intensificadores cognitivos, mas até agora ainda há uma quantidade limitada de informações sobre o uso, efeito e funcionamento do aprimoramento cognitivo na vida diária em indivíduos saudáveis. Atualmente, representa um dos temas mais debatidos na comunidade neurocientífica. O ser humano sempre quis usar substâncias para melhorar suas funções cognitivas, mas até que ponto é possível?

Cognição é a maneira pela qual adquirimos, processamos e armazenamos informações, portanto, os medicamentos prometem melhor memorização e atenção em pessoas normais e saudáveis. O uso não medicinal de substâncias para aumentar a memória ou a concentração é conhecido como aprimoramento cognitivo farmacológico (PCE — *pharmacological cognitive enhancement*). Prevê-se que o mercado global de suplementos para a saúde do cérebro chegará a US$ 10,7 bilhões (£ 8,3 bilhões) em 2025. Em comparação, valeu US$ 1,74 bilhão (£ 1,35 bilhão) em 2016, os números mais recentes disponíveis.

Drogas inteligentes populares no mercado incluem metilfenidato (comumente conhecido como Ritalina) e anfetamina (Adderall), estimulantes normalmente usados para tratar transtorno de déficit de atenção e hiperatividade ou TDAH. Nos últimos anos, outra droga chamada modafinil surgiu como a nova favorita entre os estudantes universitários. Os ácidos graxos ômega-3 estão entre os estimuladores mentais mais conhecidos e estudados. Essas gorduras polinsaturadas são encontradas em peixes gordurosos e suplementos de óleo de peixe e são importantes para a saúde do cérebro. Os ômega-3 ajudam a construir membranas ao redor das células do corpo, inclusos os neurônios. São gorduras importantes para reparar e renovar as células cerebrais. Dito isso, acaba por descobrir que compostos existentes no meio ambiente têm seus princípios ativos aprimorados (qualquer que seja o seu composto natural) e potenciados nas *smart drugs*.

Na era da "neurologia cosmética", a primeira pergunta que devemos nos fazer é: por que um medicamento como o metilfenidato deve ser considerado um potenciador cognitivo na ausência de evidências científicas? Muitos argumentos podem ser fornecidos. Em primeiro lugar, aquele que consideramos mais adequado a esta resposta é "o desejo sociológico de encontrar uma solução farmacológica para os problemas sociais". Mas esse desejo é forte o suficiente para apoiar a ampla difusão do metilfenidato como um intensificador cognitivo? E, então, seu uso entre indivíduos saudáveis é realmente tão difuso? A primeira questão pode ser respondida desta forma, ao sustentar que o "desejo sociológico" gera inúmeras expectativas a respeito do que esse composto pode fazer, poderia fazer ou mesmo deveria fazer.

Essas expectativas também promoveram grandes especulações sobre o aprimoramento de diferentes domínios cognitivos, como memória, atenção e criatividade. A superestimação dessas expectativas torna viável o que é apenas potencialmente hipotético. O campo da neurologia cosmética é controverso, mas emergente, e nele as terapias médicas são usadas para melhorar as funções neurológicas.

Para além das drogas inteligentes existe a Estimulação Magnética Transcraniana (TMS), que também pode ajudar a aumentar as habilidades cognitivas em pessoas saudáveis. É fácil imaginar um futuro em que poderias ir à farmácia e escolher entre uma única pílula ou dez minutos em uma máquina TMS para sair nitidamente mais inteligente. Dados os efeitos aparentemente duradouros da TMS, pode até fazer uso dos dois: drogas inteligentes para um impulso de curto prazo e TMS para sedimentar os ganhos mentais ou, ainda, TMS para anular os piores efeitos colaterais das drogas inteligentes que tomar.

Não há consenso científico sobre onde isso termina: humanos a tomar o controle da evolução podem acabar com microchips e/ou telepatia como norma, um número crescente de poções e pílulas a ser tomadas ou um retorno a uma forma mais "natural" de vida.

Enfim dizemos: por agora, pode continuar com a emoção de tomar o seu inocente cafezinho num fim de tarde!

INTERFACE CÉREBRO-COMPUTADOR

Uma interface cérebro-computador (BCI), às vezes chamada de interface de controle neural (NCI), interface mente-máquina (MMI), interface neural direta (DNI) ou interface cérebro-máquina (BMI), é uma via de comunicação direta entre um cérebro aprimorado ou conectado e um dispositivo externo. Esse dispositivo permite que os sinais do cérebro direcionem uma atividade exterior a ele, como um caminho entre nosso cérebro e o objeto que desejamos "controlar". O caminho normal da execução de um movimento é aquele em que o sinal transmitido pelo cérebro chegue ao sistema neuromuscular do corpo, a fim de que possamos executar a ação. Nesta interface (BCI), o mecanismo de controle faz as vezes do sistema neuromuscular. Podemos, por exemplo, teclar algo num computador sem precisar dos dedos.

BCIs são frequentemente direcionados a pesquisar, mapear, auxiliar, aumentar ou reparar funções cognitivas ou sensoriais motoras humanas, com base em um computador que adquire sinais cerebrais, analisa-os e os traduz em comandos que são retransmitidos para um dispositivo de saída para realizar uma ação desejada. Em princípio, qualquer tipo de sinal cerebral pode ser usado para controlar um sistema BCI.

Através dos cerca de 86 bilhões de neurônios, o cérebro gera uma grande quantidade de atividades neurais, cada vez que pensamos, movemo-nos ou sentimos. Basicamente, pequenos sinais elétricos que se movem de neurônio em neurônio estão a fazer este trabalho. Existem muitos sinais que podem ser usados para BCI e podem ser divididos em duas categorias: picos e potenciais de campo. Podemos detectar esses sinais, interpretá-los e usá-los para interagir com um dispositivo.

A principal função da BCI é converter e transmitir as intenções humanas em comandos de movimento apropriados para cadeiras de rodas, robôs, dispositivos e assim por diante, o que permite melhorar a qualidade de vida das pessoas com deficiência e deixá-los interagir com o seu ambiente. Entretanto, para que todo esse trabalho seja eficaz, as interfaces cérebro-computador precisam de um *hardware* de aquisição de sinal que seja conveniente, portátil, seguro e capaz para funcionar em todos os ambientes.

Assim perguntamos: a mente pode conectar-se diretamente com a inteligência artificial, robôs e outras mentes por meio de tecnologias de interface cérebro-computador (BCI) para transcender nossas limitações humanas? Para alguns, é uma necessidade para nossa sobrevivência. Na verdade, precisaríamos tornar-nos *cyborgs* para sermos relevantes na era da inteligência artificial. De acordo com Davide Valeriani, pesquisador de pós-doutorado em interfaces cérebro-computador da Universidade de Essex: "A combinação de humanos e tecnologia pode ser mais poderosa do que a inteligência artificial. Por exemplo, quando tomamos decisões com base em uma combinação de percepção e raciocínio, as neurotecnologias podem ser usadas para melhorar nossa percepção. Isso pode nos ajudar em situações como ao ver uma imagem muito borrada de uma câmara de segurança e ter que decidir se devemos intervir ou não."

Em 2019, a Neuralink de Elon Musk revelou "fios" implantáveis para conectar humanos a computadores. Agora, Musk diz que eles estão avançando para a próxima fase, que verá uma versão avançada da tecnologia a ser implantada no cérebro de um ser humano "em menos de um ano". Sua tecnologia mais recente de "renda neural" envolve o implante de eletrodos no cérebro para medir sinais. Isso permitiria obter sinais neurais de qualidade muito melhor do que o EEG, mas requer procedimento cirúrgico. Recentemente, ele afirmou que as interfaces cérebro-computador são necessárias para confirmar a supremacia dos humanos sobre a inteligência artificial.

Os sistemas que permitem aos humanos controlar ou comunicarem-se com a tecnologia usando apenas os sinais elétricos no cérebro ou nos músculos estão rapidamente a tornar-se comuns. As BCIs são exatamente o que parecem: sistemas que conectam o cérebro humano à tecnologia externa. Os avanços em BCIs feitos desde a virada do século 21 foram impressionantes.

O progresso da BCI reflete o surgimento de programas de tradução para neurociências, ao integrar com sucesso muitas áreas de especialização. As realizações do campo BCI são construídas em um corpo de neurociência fundamental, habilitado por avanços tecnológicos e focado por médicos que entendem a necessidade e o benefício potencial para os usuários finais. Ao longo dos anos, a pesquisa acerca da BCI estimulou o desenvolvimento de novos e aprimorados métodos de processamento de sinais e decodificação neural, a fim de maximizar seu desempenho em aplicações desafiadoras.

Muitos desafios e oportunidades de pesquisa ainda permanecem para o futuro na área de BCI. Os implantes corticais fornecem resolução temporal mais alta do que fMRI e alta resolução, mas ainda não correspondem à densidade neuronal do cérebro. O desenvolvimento contínuo de métodos de microfabricação ainda se faz necessário, para melhorar ainda mais a densidade espacial. Sondas neurais eficazes estão no centro de um iBCI útil (implantes BCI) e é necessária inovação. Os projetos de eletrodos e tecnologias implantáveis refletiram amplamente as capacidades da tecnologia de fabricação e as demandas de pesquisa.

A interface cérebro-computador fornece um novo canal de saída para que os sinais cerebrais se comuniquem ou controlem tais dispositivos sem o uso de vias neuromusculares naturais ao reconhecer a intenção do usuário por meio de sinais cerebrais, decodificar a atividade neural e traduzi-la em comandos de saída que cumprem o objetivo do usuário. Por meio da medição da atividade do sistema nervoso central (SNC), essa interface converte-a em saída artificial que substitui, restaura, aumenta, suplementa ou melhora a saída natural do SNC e, assim, altera as interações em andamento entre o SNC e seu ambiente externo ou interno. Vários sinais cerebrais foram usados como base para decodificar a intenção do usuário na pesquisa BCI, e variam de gravações neuronais diretas com eletrodos implantados a gravações não invasivas, como eletroencefalograma no couro cabeludo (EEG).

Diferentes técnicas são usadas para medir a atividade cerebral para BCIs. A maioria das BCIs tem usado sinais elétricos que são detectados ao usar eletrodos, colocados de forma invasiva, dentro ou na superfície do córtex, ou de forma não invasiva na superfície do couro cabeludo (EEG). Algumas BCIs têm sido baseados na atividade metabólica que é medida de forma não invasiva, como por meio de ressonância magnética funcional (fMRI).

Uma equipe de pesquisadores da Carnegie Mellon University, em colaboração com a University of Minnesota, fez uma descoberta no campo do controle de dispositivos robóticos não invasivos. Os pesquisadores desenvolveram o primeiro braço robótico controlado pela mente, bem-sucedido ao exibir a capacidade de rastrear e seguir continuamente um cursor de computador. BCIs demonstraram alcançar bom desempenho para controlar dispositivos robóticos ao usar apenas os sinais detectados de implantes cerebrais. Quando os dispositivos robóticos podem ser controlados com alta precisão, podem ser usados para completar uma variedade de tarefas diárias. Até agora, entretanto, os BCIs com sucesso no controle de braços robóticos usaram implantes cerebrais invasivos. Esses implantes exigem uma quantidade substancial de experiência médica e cirúrgica para instalar e operar corretamente, sem mencionar o custo e os riscos potenciais para os indivíduos e, como tal, seu uso foi limitado a apenas alguns casos clínicos.

PROCESSOS NEURAIS PARA INTERFACES CÉREBRO-COMPUTADOR (BCI) COM RECURSO A EEG

O grande desafio aqui é fazer com que este método seja o menos invasivo possível, já que hoje é preciso implantar um dispositivo mecânico no nosso cérebro para que haja a leitura dos sinais neuronais e a conversão destes em ação.

Muitos avanços já têm acontecido nesse sentido, desde 2006, quando Peter Brunner, um cientista americano, escreveu uma mensagem numa tela tendo como dispositivo externo uma touca eletroencefalograma, que permitiu a conexão dos eletrodos com os sinais advindos do cérebro, que identificavam letras e caracteres específicos da mensagem escrita.

Os sistemas BCI baseados em EEG dependem da detecção de mudanças nos padrões cerebrais produzidos em resposta a algum comando mental, voluntário ou involuntário. Um destes tipos de processos neurais são os potenciais relacionados a eventos (ERPs), que aparecem como uma resposta a estímulos sensoriais externos. Alguns dos processos neurais mais comuns usados para interação cérebro-computador são os seguintes:

- P300: a resposta do P300 é refletida como uma flutuação positiva no EEG que ocorre aproximadamente 300 ms após a percepção de um estímulo. No contexto dos BCIs, geralmente é eliciado por meio de um paradigma *oddball*, que consiste em receber uma série de estímulos de duas classes, uma das quais é apresentada com pouca frequência (por exemplo, 20% das vezes) e gera o potencial P300 medido.

- Potenciais evocados em estado estacionário: são respostas cerebrais naturais a estímulos repetitivos, que variam com a frequência específica de apresentação. Eles são geralmente eliciados com estímulos visuais (potenciais visualmente evocados em estado estacionário, SSVEP), embora haja exemplos de paradigmas BCI que usam estímulos soma-tossensoriais (SSSEP) ou auditivos (SSAEP).

- Potenciais relacionados ao erro: estes potenciais aparecem como uma negatividade pronunciada no EEG (denominada negatividade relacio-nada ao erro, ERN) como uma resposta à detecção de uma ação errônea, cometida pelo próprio participante, por outro participante ou mesmo por uma máquina.

- O outro tipo de processo neural comumente usado em BCIs não requer estímulos explícitos, mas está associado a eventos cerebrais internos e pode até ser medido de forma assíncrona (ou seja, sem informações evidentes de quando eles começam).

O fato é que a neurociência está em constante evolução e aprimoramento e, neste contexto, serão necessárias muitas pesquisas para aperfeiçoar o uso de um sistema BCI. Entretanto não faltam pesquisadores dispostos a isso. Um dos principais é o Frank Guenther, um neurocientista computacional que se dedica a estudar sistemas computacionais neurais subjacentes à fala, com o objetivo de restaurar a comunicação, mas não só. Em suas pesquisas, Guenther e outros cientistas desenvolvem interfaces cérebro-computador (BCI), no sentido de reproduzir o controle laríngeo da fala, por meio de um modelo neuro computacional (Weerathunge *et al.*, 2022).

Em jeito de conclusão, vale lembrar a lacuna que existe entre o nosso cérebro e uma máquina e o quão complexo nosso cérebro o é. Entretanto estamos mais próximos de vivenciar o que antes só víamos nas películas de ficção científica.

IMPLANTE NEURAL E INTERFACE CÉREBRO-COMPUTADOR

Você sabe o que é um implante neural? Um implante neural é um dispositivo colocado dentro do corpo que interage com os neurônios, por meio de cirurgia ou injeção. Este trabalho faz parte do campo de pesquisa da BCI. Os implantes cerebrais, muitas vezes chamados de implantes neurais, são dispositivos tecnológicos que se conectam diretamente ao cérebro de um sujeito biológico — geralmente colocados na superfície do cérebro, ou ligados ao córtex cerebral. Com esses dispositivos, é possível registrar a atividade neural nativa, permitindo aos pesquisadores observar os padrões pelos quais os circuitos neurais saudáveis comunicam-se. Os implantes neurais também podem enviar pulsos de eletricidade aos neurônios, substituindo os padrões de disparo nativos e forçando os neurônios a comunicarem-se de uma maneira diferente. Em outras palavras, permitem aos cientistas invadir o sistema nervoso. Chame isso de neuromodulação, eletrocêuticos ou bioeletrônica — intervenções que envolvem implantes neurais e têm o potencial de tornarem-se ferramentas médicas extremamente poderosas. Parece ficção científica, mas um implante neural poderia, daqui a muitos anos, ler e editar os pensamentos de uma pessoa. Por agora, já estão a ser usados para tratar doenças, reabilitar o corpo após uma lesão, melhorar a memória, comunicar-se com membros protéticos e muito mais.

Mas como funcionam os tais implantes neurais? Os implantes neurais são usados para estimulação cerebral profunda, estimulação do nervo vago e próteses controladas pela mente. Um dos usos clínicos mais estabelecidos dos implantes neurais é em um tratamento denominado estimulação cerebral profunda ou DBS (*deep brain stimulation*). Nesta terapia, eletrodos são colocados cirurgicamente a num nível cerebral profundo, onde estimulam-se eletricamente estruturas específicas, em um esforço para reduzir os sintomas de vários distúrbios cerebrais.

Os engenheiros criaram implantes cerebrais do tamanho de um grão de poeira, eletrodos que escalam os nervos como uma videira, feitos de materiais flexíveis como um fio nanoeletrônico, semelhantes a *stents* ou *stentrodes*, que podem chegar ao cérebro através de vasos sanguíneos e registrar atividade elétrica. Por meio de uma malha eletrônica injetável feita de nanofios de silício, eletrodos podem ser injetados no corpo em forma líquida e, em seguida, endurece em uma substância semelhante ao rebuçado *taffy*.

Achou impossível? Pois prepare-se! O Elon Musk, (aquele da SpaceX e da Tesla Motors) declarou, em 2020, que implantou um chip no cérebro de um porco, por dois meses, na esperança de que o pequeno dispositivo fosse capaz de "ler" neurônios e "escrever" sinais para o cérebro. Musk é dono de uma empresa de neurociência, a Neuralink, que se prepara para, em breve, realizar a primeira implementação em humanos. O chip tem o tamanho de uma moeda e pode ser implantado sem danos ao cérebro que irá abrigá-lo. E sim, terá mais uma bateria a ser carregada para o dia todo, esta sem fio, por meio de uma bobina de indução. Segundo Musk, o objetivo maior é resolver problemas no cérebro e na coluna, problemas que ele considera que todos teremos em um futuro próximo. Entretanto o grande senhor da tecnologia não revelou detalhes sobre como tais chips curariam doenças neurológicas. Ocorre que ele foi mais além: em 2022, o mais recente teste da Neuralink foi implantar um chip no cérebro de um primata que, após seis semanas, estava a jogar videogame com a mente, a partir dos sinais neurais transmitidos pelo chip.

Pode estar a perguntar-se neste momento: será que os humanos serão robôs controláveis por chips? Há quem defenda que sim e que o objetivo do desenvolvimento desta tecnologia não é tão honroso quanto parece.

Por outro lado, alguns especialistas em TI consideram o risco de que os dispositivos possam ser *hackeados* com intenções maliciosas e os *hackers* possam involuntariamente transformar os usuários em "máquinas mortais". Já outros preocupam-se com a possibilidade de envolver utilizadores a serem controlados e agirem inconscientemente, sem decidir se suas ações são éticas ou mesmo verdadeiras, a ponto de roubar bens ou outros atos degradantes. O cerne de tais preocupações está no fato de que todos os tipos de sistemas baseados em tecnologia computacional podem ser *hackeados* por atacantes cibernéticos. Assim, o objetivo de tratar problemas em nível cerebral por BCI pode ser usado para outros fins.

Será a era das pessoas inteligentes que substituirão os robôs inteligentes? Isso só saberemos em um próximo capítulo desta série, que já se iniciou e que tem seu desfecho ainda distante.

Quanto custam os implantes cerebrais?

De acordo com a National Parkinson Foundation, cada cirurgia de estimulação cerebral profunda pode custar entre US$ 35.000 e US$ 50.000, e mais de US$ 70.000 a US$ 100.000 para procedimentos bilaterais (ambos os lados do cérebro). As estimativas incluem o custo da cirurgia, dispositivos, anestesia, taxas hospitalares e taxas médicas. Se o valor assustou, imagina o que vem a seguir!

Estamos a referir o *Brain-Chip Interface* (BCHI), um sistema híbrido no qual as células cerebrais e os sistemas microeletromecânicos (MEMS) baseados em chip estabelecem interação física próxima, permitindo a transferência de informações em uma ou ambas as direções. Inclui, por exemplo, outros meios físicos de troca de informações, como os baseados em sinais químicos ou ópticos.

Exemplos típicos são representados por chips de registro multilocalizados, implantados no cérebro em interface com neurônios, para registrar ou estimular excitações neuronais. Embora a maioria dos BCHIs lide com sinais elétricos, a sinalização química também deve ser considerada e alguns avanços nessa direção estão a ser conquistados.

E se o que acabou de ler o lembrou das aventuras do Tom Cruise em *Minority Report* ou na série *Missão Impossível*, não é mera coincidência.

LEITURA DO CÉREBRO OU DA MENTE?

A leitura do cérebro ou a identificação do pensamento usa as respostas de vários voxels no cérebro evocados por estímulos então detectados por fMRI para decodificar o estímulo original. Cabe aqui uma nota de que o *voxel* representa um valor em uma grade regular no espaço tridimensional. Avanços na pesquisa tornaram isso possível, ao usar neuroimagem humana para decodificar a experiência consciente de uma pessoa com base em medições não invasivas da atividade cerebral de um indivíduo. Os estudos de leitura do cérebro diferem no tipo de decodificação empregada (classificação, identificação e reconstrução), o alvo (decodificar padrões visuais, padrões auditivos, estados cognitivos) e os algoritmos de decodificação usados (classificação linear, classificação não linear, reconstrução direta, reconstrução bayesiana etc.).

O Facebook e a Neuralink anunciaram, em 2019, que estavam a desenvolver uma tecnologia para ler sua mente, literalmente. Nesta verdadeira corrida, a empresa de Mark Zuckerberg está a financiar pesquisas sobre BCIs que possam captar pensamentos diretamente de seus neurônios e traduzi-los em palavras. Os pesquisadores afirmam que já construíram um algoritmo que pode decodificar palavras da atividade cerebral em tempo real. Já a empresa de Musk criou "fibras" flexíveis que podem ser implantados em um cérebro e, um dia, permitir que controle seu *smartphone* ou computador apenas com o pensamento. Musk começou a fazer testes em humanos ao final de 2020. Outras empresas, como Kernel, Emotiv e Neurosky, também estão a trabalhar na tecnologia do cérebro. Eles dizem que estão a construir com propósitos éticos, como ajudar pessoas com paralisia a controlar seus dispositivos.

Alguns neuroeticistas argumentam que o potencial de mau uso dessas tecnologias é tão grande que precisamos reformular as leis de direitos humanos — uma nova "jurisprudência da mente" — para proteger-nos. As tecnologias têm o potencial de interferir em direitos tão básicos que podemos nem pensar neles como direitos, como nossa capacidade de determinar onde nosso eu termina e onde as máquinas começam. Nossas leis atuais não estão equipadas para resolver essa questão. Alguns neuroeticistas estão preocupados, por exemplo, com *neurogaming*, em que controla seus movimentos em um videogame, ao usar atividade cerebral em vez de um controle tradicional, e autorrastreamento, usando *wearables* para, digamos, monitorizar seu sono. Alguns chamam isso de neurocapitalismo!

A tecnologia BCI inclui sistemas que "leem" a atividade neural para decodificar o que já está a dizer, muitas vezes com a ajuda de um *software* de processamento de IA, e sistemas que "gravam" atividades no cérebro, dando-lhe novas entradas para realmente mudar o funcionamento. Alguns sistemas fazem as duas coisas. A neurotecnologia tem enormes implicações para a aplicação da lei e vigilância governamental. Se os dispositivos de leitura cerebral têm a capacidade de ler o conteúdo dos pensamentos, nos próximos anos os governos estarão interessados em usar esta tecnologia para interrogatórios e investigações. Você deve ter o direito de não ser prejudicado física ou psicologicamente pela neurotecnologia.

As BCIs equipadas com uma função de "gravação", as quais referimo-nos anteriormente, podem permitir novas formas de lavagem cerebral, ao permitir, teoricamente, que todos os tipos de pessoas exerçam controle sobre nossas mentes: autoridades religiosas que querem doutrinar as pessoas, regimes políticos que querem reprimir dissidentes, grupos terroristas em busca de novos recrutas. Além disto, dispositivos como os que estão a ser desenvolvidos pelo Facebook e Neuralink podem ser vulneráveis a *hackers*. O que acontece se estiver a usar um deles e uma pessoa maliciosa interceptar o sinal do Bluetooth, a aumentar ou diminuir a voltagem da corrente que vai para o seu cérebro, tornando-o mais deprimido, digamos, ou mais complacente? Os neuroeticistas referem-se a isso como sequestro de cérebro, ainda hipotético, mas possível, já demonstrado em prova de conceito.

Mas não se preocupe, sempre teremos o direito à liberdade cognitiva, o direito de decidir livremente se desejamos usar uma determinada neurotecnologia ou recusá-la.

CAPÍTULO 10
NEURO E ROBOÉTICA

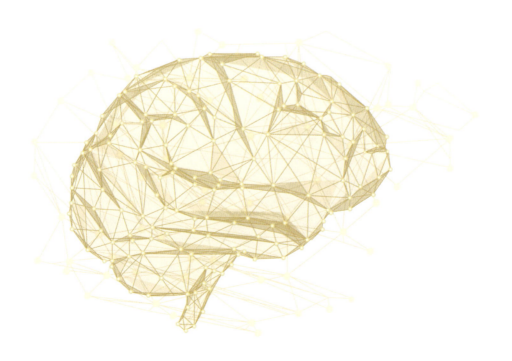

esde a Grécia Antiga que a ética é um assunto em constante evolução. Platão, aluno de Sócrates, considerava que a ética tem a finalidade de levar o homem a voltar-se para o bem e só podemos tomar decisões corretas quando a parte racional da nossa alma fala mais alto. Seu aluno Aristóteles escreveu uma obra chamada *Ética a Nicômaco*, que passou a ser considerada como uma das mais importantes para o entendimento da temática. Dividiu-a em dez livros, com base nos questionamentos do seu filho, Nicômaco (curiosamente também o nome do seu pai), em que levanta e discute as ideias centrais para a filosofia ocidental. O tema dessa obra filosófica é a felicidade, que passa por questões como o fato de todas as atividades humanas visarem um bem, que podem ser subordinados a outros, o viver a ciência pela exaustiva experiência, excelência moral como uma disposição da alma, responsabilidade em nossas ações (boas ou más), legalidade e justiça, reciprocidade, equidade, conhecimento, inteligência e sabedoria, discernimento, correlações, contrastes, princípios, conflitos de obrigações e, por fim, discussões de pontos de vista. A visão ética de Aristóteles ajusta-se perfeitamente ao mundo que iremos adentrar neste capítulo, o da ética em tecnologia, diante de todos os avanços que vivenciamos a cada instante. Portanto, deixe-se levar pelos questionamentos que surgirão enquanto lê e permita que a reflexão seja sua companheira nesta leitura.

ROBÓTICA E INTELIGÊNCIA ARTIFICIAL (IA)

Com os avanços da robótica e da inteligência artificial a surpreender-nos continuamente, provavelmente não existe uma única indústria que tenha sido intocada por essas tecnologias. O mercado de robótica, por exemplo, está a crescer mais rápido do que muitos de nós esperávamos. Claramente, tanto a robótica quanto a IA são mercados poderosos, e a combinação dessas duas tecnologias pode mudar nossas vidas para melhor.

Para um melhor entendimento, a primeira coisa a esclarecer é que robótica e inteligência artificial não são a mesma coisa. Na verdade, os dois campos são quase que totalmente separados. A IA é um ramo da ciência da computação. Envolve o desenvolvimento de programas de computador para concluir tarefas que, de outra forma, exigiriam inteligência humana. Algoritmos de IA podem lidar com aprendizagem, percepção, resolução de problemas, compreensão de linguagem e / ou raciocínio lógico. A maioria dos programas de IA não é usada para controlar robôs. Mesmo quando a IA é usada para controlar robôs, os algoritmos de IA são apenas parte de um sistema robótico maior, que também inclui sensores, atuadores e programação não IA. Os robôs com inteligência artificial são a ponte entre a robótica e a IA, ou seja, são controlados por programas de IA. Caso tenha se lembrado de algum personagem da ficção, são os seus neurônios em plena atividade!

CURIOSIDADE

Uma questão importante a ser clarificada aqui são os conceitos de *machine learning* e *deep learning*. Estas são disciplinas de um mesmo domínio, a inteligência artificial, estando em sua essência. *Machine learning* é o termo utilizado para definir o aprendizado de uma máquina, no qual os algoritmos desenvolvidos modificam-se a si próprios, sem a intervenção do homem, no sentido de analisar dados e aprender com eles, ao identificar padrões que levam à decisão. Já *deep learning* é uma subdivisão de *machine learning*, na qual algoritmos específicos são programados para análise contínua de dados com uma estrutura lógica semelhante à dos humanos, as chamadas redes neurais. Essas redes são inspiradas nos neurônios humanos e em seu funcionamento incluem reconhecimento da fala, detecção de objetos e identificação de imagens, que torna o processo de aprendizagem da máquina mais avançado. A imagem de seguida ajuda a perceber uma pouco mais.

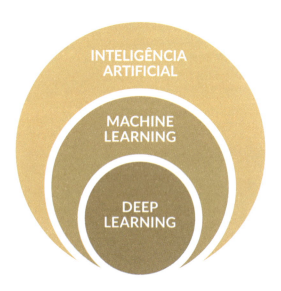

Voltemos aos robôs! Não há dúvida de que os robôs são ótimos para ajudar os humanos. Enquanto ainda mantemos nosso domínio, desenvolvimentos na robótica de IA humanoide estão a fazer notícia. Um robô em particular destaca-se. O nome dela é Sophia, e ela já conquistou o mundo. Depois de receber a cidadania da Arábia Saudita em 2017, Sophia tornou-se a primeira cidadã robô do mundo. Não só isso! Sophia também conversou com ilustres figuras políticas e participou de conferências ao redor do glóbulo. Desenvolvida pela Hanson Robotics com sede em Hong Kong, essa solução robótica pode sorrir e expressar emoções, como um ser humano. Faça uma pergunta a ela e Sophia lhe dará a resposta certa; ela pode até contar uma piada! Este *android* usa *machine learning* de última geração para reconhecer rostos e detectar diferentes gestos com as mãos. Ao contrário de outros robôs que parecem ter saído diretamente de um filme de ficção científica, Sophia é mais realista. Seu design foi inspirado na beleza clássica da atriz Audrey Hepburn. Além de ser benéfico para pesquisas em IA, Sophia pode ser útil em setores como educação e medicina. Por exemplo, ela poderia oferecer companhia aos idosos nas instalações de enfermagem. Nas escolas, robôs como a Sophia podiam auxiliar os professores e fornecer explicações individuais aos alunos. Seguindo o sucesso de Sophia, a Hanson Robotics também desenvolveu a Little Sophia. Apesar de ser pequeno, o robô está equipado com uma poderosa IA, que a permite andar, aprender e servir como um assistente inteligente. Para atingir seu potencial máximo, ela também precisa de cuidados e carinho.

É perceptível que, tanto a IA quanto a robótica percorreram um longo caminho. O que pareciam meros conceitos há alguns anos hoje são realidade. Os robôs estão a tornar-se mais inteligentes e, embora as pessoas ainda tenham sentimentos confusos sobre esta tecnologia, a verdade é que não há retorno. Apesar de seu potencial alarmante, as chances de sermos exterminados por robôs no futuro são muito pequenas. Em vez de temer estas inovações, devemos adotá-las, afinal não há muito que possamos fazer para evitar o avanço contínuo da tecnologia.

UM POUCO MAIS SOBRE INTELIGÊNCIA ARTIFICIAL

Inteligência artificial é um termo que implica o uso de um computador para modelar/replicar o comportamento inteligente, e seu desenvolvimento dá-se com base em algoritmos que "aprendem" tal comportamento, com pouca intervenção humana.

A inteligência distingue-nos dos outros animais e é através dela que somos capazes de escolher entre as várias opções que a vida apresenta-nos. Advinda de *intelligere*, do latim *inter* (entre) e *legue* (escolhas), requer de nós a junção de raciocínio, pensamento e compreensão, e isso leva-nos por caminhos, dilemas, ou problemas, como queiram chamar. Agora reflitam: se a inteligência humana, natural, traz consigo problemas, imaginem a inteligência artificial. Tanto é que o termo *problem AI-complete* é muito difundido neste campo. Tem um significado diferente dos problemas que estamos acostumados a lidar, mas são tidos como aqueles impossíveis de resolver por um algoritmo-padrão, e envolvem altos níveis de visão computacional, compreensão de linguagem e habilidade de lidar com circunstâncias inesperadas, ao resolver problemas/dilemas de todo o tipo que possam existir. Sim, é uma prova à inteligência humana, em que discute-se, por exemplo, se um agente artificial pode ter senso de ética e agir no âmbito humano, ou seja, adaptando-se.

Usualmente falar de *AI complete* é mostrar que há problemas que não podem ser resolvidos sem que os humanos apresentem uma solução mais profunda, aquele velho estilo humano de resolver questões. O intuito da ciência é criar agentes artificiais que consigam equiparar-se aos humanos, mas vale lembrar que nossa capacidade de resolver problemas vem da interação com experiências vividas. No entanto, muitos progressos estão a ser alcançados neste campo, como processamento de imagens e linguagem natural, o que eleva o nível da nossa conversa. Será que um dia o bom senso, o reconhecimento de situações incomuns e os ajustes típicos dos seres humanos estarão presentes em agentes artificiais? Será que serão capazes de categorizar diferentes questões relacionadas à vida real, e dilemas e enigmas éticos farão parte da resolução de problemas *AI complete*? Seguramente é um capítulo da vida real que em breve iremos ler!

A IA agora capacita tantos aplicativos do mundo real, que vão desde reconhecimento facial a tradutores de linguagem e assistentes como Siri e Alexa, que mal notamos. Junto com esses aplicativos de consumo, empresas em todos os setores estão cada vez mais a aproveitar o poder da IA em suas operações. A adoção da IA promete benefícios consideráveis para empresas e economias por meio de suas contribuições para o crescimento da produtividade e inovação. Ao mesmo tempo, o impacto da IA no trabalho provavelmente será profundo. Algumas ocupações, bem como a demanda por algumas habilidades, diminuirão, enquanto outras aumentam e muitas mudam à medida que as pessoas trabalham ao lado de máquinas em constante evolução e cada vez mais capazes.

Um outro aspecto a considerar é que a inteligência artificial pode melhorar drasticamente a eficiência de nossos locais de trabalho e aumentar, ainda, o trabalho que os humanos podem fazer. Como assim? Quando a IA assume tarefas repetitivas ou perigosas, ela libera a força de trabalho humana para fazer o trabalho para o qual ela está mais bem equipada — tarefas que envolvem criatividade e empatia, entre outras. A IA é vista por muitos como um motor de produtividade e crescimento econômico. Pode aumentar a eficiência com que as coisas são feitas e melhorar muito o processo de tomada de decisão ao analisar grandes quantidades de dados. Também pode gerar a criação de novos produtos e serviços, mercados e indústrias, aumentando, assim, a demanda do consumidor e gerar novos fluxos de receita.

Como "nem tudo são flores" (*life is not a bed of roses*), a IA também pode ter um efeito altamente perturbador na economia e na sociedade. Alguns alertam que isso pode levar à criação de superempresas — centros de riqueza e conhecimento — que podem ter efeitos deletérios na economia em geral. Também pode aumentar a lacuna entre os países desenvolvidos e aqueles em desenvolvimento e aumentar a necessidade de trabalhadores com certas habilidades, ao mesmo tempo que torna outras redundantes; esta última tendência pode ter consequências de longo alcance para o mercado de trabalho. Especialistas também alertam sobre seu potencial para aumentar a desigualdade, reduzir os salários e reduzir a base tributária. Por essas razões, precisamos da lente da ética ao olharmos para todas essas questões.

Apesar do progresso, muitos problemas difíceis permanecem que exigirão mais avanços científicos. Até agora, a maior parte do progresso tem sido no que costuma ser referido como "IA estreita" (*narrow AI*), em que técnicas de *machine learning* estão a ser desenvolvidas para resolver problemas específicos, por exemplo, no processamento de linguagem natural. A IA estreita envolve as aplicações que já nos acostumamos a utilizar em nosso quotidiano, como sistemas de reconhecimento facial, jogos de xadrez, entre outros. As questões mais difíceis estão no que costuma ser chamado de "inteligência artificial genérica", em que o desafio é desenvolver agentes de IA que possam resolver problemas gerais da mesma forma que os humanos. Muitos pesquisadores consideram que isso está a décadas de se tornar realidade.

O risco existencial da inteligência artificial genérica (AGI) é a hipótese de que o progresso substancial, neste contexto, poderia algum dia resultar na extinção humana ou alguma outra catástrofe global irrecuperável. Argumenta-se que a espécie humana atualmente domina outras espécies porque o cérebro humano tem algumas características capacidades que outros animais não têm. Se a IA ultrapassar a humanidade em inteligência geral e tornar-se "superinteligente", poderá ser difícil ou impossível o controle humano. Assim como o destino do gorila da montanha depende da boa vontade humana, também o destino da humanidade pode depender das ações de uma máquina superinteligente, e em um futuro muito próximo.

REVOLUÇÃO TECNOLÓGICA

A próxima mudança de paradigma não é apenas uma revolução tecnológica. É uma revolução evolutiva. É a maior mudança na evolução humana desde o início dos tempos que mudará para sempre quem somos como espécie. A IA não substituirá os humanos, nem competirá conosco. Em vez disso, iremos utilizá-la e integrá-la em nossa cognição. Nossa evolução mudará de biológica para tecnológica se assim quisermos, claro! Não é o computador que se torna superinteligente, e sim o ser humano. A IA não tornará os humanos uma "classe inútil", nem causará o caos social, como sugerem alguns futuristas. Vai revolucionar o que nunca foi revolucionado antes: o próprio "ser" humano.

Estamos a entrar na era que será governada pela humanidade 2.0 — uma versão mais inteligente, mais autoconsciente, mais conectada e integrada de nossa espécie, que irá expandir as fronteiras do conhecimento coletivo e responder ao que por muito tempo foi colocado na esfera do desconhecido.

O *machine learning* e a IA continuam a avançar por etapas, e cada vez que um novo tipo principal de rede neural é lançado. Vamos encontrar muitas pessoas que o melhoram, levando-o a atingir uma nova linha de base, e um novo salto a partir daí. Em termos de onde começaremos a ver melhorias importantes nestas etapas, acontecerá quando começarmos a encadear várias respostas. Portanto, uma coisa é fazer uma pergunta e obter uma resposta; outra é manter um diálogo contínuo na conversa. Assim, como a maioria das redes neurais hoje são treinadas com entradas e saídas individuais, alguns acreditam que, a longo prazo, teremos conversas completas que treinam o sistema e ajudam-no a entender melhor o processamento da linguagem natural.

O campo mais importante da IA no momento é o *machine learning* — a noção de usar técnicas estatísticas para ajudar os sistemas a aprender com os dados. Esta é a área que está a ganhar mais atenção no momento, devido ao seu potencial, ou seja, o uso de redes neurais e algoritmos de aprendizagem profunda (*deep learning*) para desenvolver sistemas com capacidades de aprendizagem mais próximas às do cérebro humano. Estas ferramentas estão a ser usadas em uma variedade de aplicações (*apps*), sendo as mais comuns os *chatbots* para realizar tarefas cada vez mais sofisticadas de interação com o cliente, ao combinar *machine learning*, processamento de linguagem natural e geração de fala.

Desta vez, a sensação é de que a IA veio para ficar e que pode tornar-se essencial em todos os aspectos da existência humana, desde a detecção e tratamento de insuficiência cardíaca até a gestão de empresas, economias e sistemas jurídicos. Existem cinco fatores principais que tornaram a IA o tema quente na agenda de empresas, investidores, políticos e cidadãos. Em primeiro lugar, estamos a ver o desenvolvimento de ferramentas de *machine learning* muito mais eficientes e inteligentes — os algoritmos centrais por meio dos quais os sistemas de IA desenvolvem sua inteligência. Em segundo e paralelamente, o poder de processamento do *hardware* do computador e as velocidades de transação aumentaram. Em terceiro, a computação em nuvem permite-nos partilhar e combinar dados com poder de processamento em todo o mundo. Ao mesmo tempo, empresas como Google e Amazon acumularam grandes quantidades de dados que exigem IA para processá-los (quarto fator) — gerando dinheiro, sendo este o quinto fator. A escala da oportunidade apresentada pela IA viu bilhões de dólares sendo investidos por essas novas empresas de tecnologia, corporações em outros setores e *startups* financiadas por risco. Então o jogo está bem e realmente ligado.

O futuro da IA reside em compatibilizar a tecnologia com dados ao vivo em tempo real para criar experiências personalizadas e contextualizadas. A IA tem a capacidade de ir além do *machine learning*, ao interpretar e entender a subliminaridade da emoção humana e, assim, criar experiências envolventes.

AGENTES ARTIFICIAIS

Um dos objetivos no campo da inteligência artificial há algumas décadas tem sido o desenvolvimento de agentes artificiais capazes de coexistir em harmonia com pessoas e outros sistemas. A comunidade de pesquisa em computação tem-se esforçado para projetar agentes artificiais capazes de realizar tarefas da maneira que as pessoas fazem, tarefas que requerem mecanismos cognitivos, como planejamento, tomada de decisão e aprendizagem. Os domínios de aplicação de tais agentes de *software* são evidentes hoje em dia. Os humanos estão a experimentar a inclusão de agentes artificiais em seu ambiente como veículos não tripulados, casas inteligentes e robôs humanoides capazes de cuidar das pessoas. Neste contexto, a pesquisa no campo da ética tornou-se mais do que um tema quente, tornou-se necessário. A ética da máquina concentra-se no desenvolvimento de mecanismos éticos para que agentes artificiais sejam capazes de engajar-se em um comportamento moral. No entanto, ainda existem desafios cruciais no desenvolvimento destes Agentes Morais verdadeiramente artificiais.

Alguns pesquisadores definem *Artificial Moral Agents* (AMA) da seguinte forma: um AMA é um agente virtual (*software*) ou agente físico (robô) capaz de envolver-se em um comportamento moral ou pelo menos evitar um comportamento imoral. Este comportamento moral pode ser baseado em teorias éticas como a ética teleológica ou consequencialista, a deontologia cujo critério é a intenção ou motivo e a ética da virtude, mas não necessariamente. Os agentes de IA serão — e já são — muito capazes de completar processos paralelos à inteligência humana. Universidades, organizações privadas e governos estão a desenvolver ativamente a inteligência artificial com a capacidade de imitar as funções cognitivas humanas, como aprendizagem, solução de problemas, planejamento e reconhecimento de fala. Mas se esses agentes carecem de empatia, instinto e sabedoria na tomada de decisões, sua integração na sociedade deve ser limitada e, em caso afirmativo, de que maneiras?

Muitos líderes da indústria e acadêmicos do campo da ética das máquinas querem que acreditemos que a inevitabilidade dos robôs virem a ter um papel maior em nossas vidas exige que os robôs sejam dotados de capacidades de raciocínio moral. Os robôs dotados dessa forma podem ser referidos como agentes morais artificiais (AMA). As razões frequentemente dadas para desenvolver AMAs são: a prevenção de danos, a necessidade de confiança pública, a prevenção do uso imoral, o fato de que tais máquinas são melhores raciocinadores morais do que os humanos, e o de que construir estas máquinas levaria a uma melhor compreensão da moralidade humana. Embora alguns estudiosos tenham questionado a própria iniciativa de desenvolver AMAs, o que está a faltar no debate é um exame mais detalhado das razões oferecidas pelos especialistas em ética das máquinas para justificar o desenvolvimento de AMAs.

A "ética da máquina" pertence à disciplina tecnológica cujo propósito é projetar, construir e desenvolver robôs que exibam algum tipo de comportamento moral, e não a discussão filosófica sobre como tal empreendimento tecnológico colide com nossas ideias morais tradicionais. Isso ajuda a manter a perspectiva tecnológica separada da filosófica, uma distinção muito importante e que não deve ser esquecida.

Neste contexto está a abordagem de continuidade, cuja principal afirmação é que AMAs e agentes morais humanos não apresentam nenhuma diferença qualitativa significativa e, portanto, devem ser considerados entidades homogêneas. As IAs não são imunes a erros e o *machine learning* leva tempo para tornar-se útil. Se bem treinado, usando bons dados, as IAs podem ter um bom desempenho. No entanto, se alimentarmos as IAs com dados ruins ou cometermos erros na programação interna, as IAs podem ser prejudiciais. Cabe aqui uma nota importante. A IA tornou-se cada vez mais inerente aos sistemas de reconhecimento facial e de voz, alguns dos quais têm implicações comerciais reais e impactam diretamente as pessoas. Esses sistemas são vulneráveis a vieses e erros introduzidos por seus criadores humanos. Além disso, os dados usados para treinar esses próprios sistemas de IA podem conter preconceitos. Embora as *machine learners* possam ser consideradas entidades autodeterminadas, elas ainda são construídas para servir a algum propósito definido pelos seres humanos, como todas as máquinas. Assim, a sua forma de "autodeterminação", ainda de tipo funcional, não condiz com a forma como o ser humano estabelece objetivos e valores. Na verdade, a "autodeterminação" da máquina está sempre embutida em contextos práticos, cujos objetivos e valores gerais já são definidos pelos seres humanos.

As IAs irão evoluir para superar os seres humanos? E se elas se tornarem mais espertas do que os humanos e tentarem nos controlar? Os computadores tornarão os humanos obsoletos? O ponto em que o crescimento da tecnologia ultrapassa a inteligência humana é conhecido como "singularidade tecnológica". Alguns acreditam que isso sinalizará o fim da era humana e que poderá ocorrer já em 2030 com base no ritmo da inovação tecnológica. IAs levando à extinção humana — é fácil entender por que o avanço da IA é assustador para muitas pessoas.

Avanços rápidos em inteligência artificial são temidos por muitos na Europa e nos Estados Unidos, com cientistas a alertarem sobre o desemprego em massa. Mas em Cingapura, onde as restrições a trabalhadores estrangeiros deixaram muitas empresas lutando por pessoal, o setor de serviços está cada vez mais a encontrar soluções automatizadas para o aperto de sua força de trabalho. De restaurantes a hospitais, robôs estão sendo implementados em um esforço apoiado pelo governo para ajudar as empresas a sobreviver a um mercado de trabalho restrito.

Quase tão impressionantes quanto o próprio *android* eram as opiniões de seu inventor. Segundo o Dr. David Hanson, os robôs precisam ter um rosto "bonito e expressivo" para que possam se comunicar de forma mais intuitiva com os humanos. Dr. Hanson disse que espera que Sophia como uma plataforma de software e hardware seja um "nexo" para o desenvolvimento de outros robôs com expressões faciais e presença social. "Os robôs serão mais humanos do que humanos", disse o Dr. Hanson, "mais inteligentes, mais éticos. Melhor em certas tarefas porque os robôs não perdem a paciência".

Alguns robôs são capazes de interação humana sofisticada graças à visão computacional, reconhecimento de voz e processamento de linguagem natural. Isso abre inúmeras aplicações para interação direta humano-robô com treinamento humano mínimo. Jibo, um robô pessoal destinado ao entretenimento doméstico e automação, usa o reconhecimento facial para personalizar suas interações.

Pesquisadores programaram um robô parecido com bebê e fizeram os robôs interagirem com os alunos voluntários. Os cientistas descobriram que os bebés robôs foram capazes de provocar nos alunos as mesmas reações das mães que estiveram com bebés na vida real. Os *baby bots*, como seus colegas vivos, fizeram os alunos sorrirem sem ter que sorrir muito eles próprios.

Quando os cientistas japoneses desenvolveram um robô para fornecer suporte emocional a doentes e idosos, optaram por fazê-lo na forma de uma foca bebê. Da mesma forma, os cientistas da Universidade de Lincoln optaram por recursos de plástico branco simples ao projetar um "companheiro para impressão", Marc, que pode ser aparafusado a partir de componentes impressos em 3D. Pesquisas anteriores mostraram que os humanos interagem prontamente com não muito mais do que um par de sobrancelhas e um sorriso, portanto nossos requisitos estéticos podem ser os mais fáceis de atender.

Já Vector, o robô mais adorável do mercado, traduz a solução para nossa vontade de ter um animal de estimação, sem autorização para tal. Conforme o Vector se move pela casa, ele cria um mapa 3D de seus arredores e detecta obstáculos. Graças ao reconhecimento facial integrado, ele reconhecerá rostos e responderá a sua própria maneira. Se você chamar o robô, o Vector será ativado e se voltará para você, prestando atenção em outros comandos.

Robôs não têm bússola moral, eles apenas têm uma bússola. Existem muitas nuances nos relacionamentos que os robôs nunca irão replicar em seus relacionamentos com humanos. Ray Kurzweil, diretor de engenharia do Google, estimou que os robôs atingirão os níveis de inteligência humana em 2029, supostamente deixando-nos cerca de 14 anos para reinarmos supremos. Então, até onde estamos nessa trajetória?

ROBÓTICA T

A robótica T vem a desenvolver pesquisas recentes e investindo em desenvolvimento para avançar nossas habilidades de engenharia em termos de manipulação de objetos, comunicação verbal e não verbal, movimento, cognição e interação. Tornar um parceiro robô um auxiliar expressivo e comunicativo provavelmente o tornará mais satisfatório para trabalhar e liderar, e aumentará a confiança dos usuários, mesmo que cometa erros, como sugere um novo estudo. A pesquisa também mostra que dar aos robôs características semelhantes às humanas pode ter um outro lado — os usuários podem até mentir para o robô a fim de evitar ferir seus sentimentos.

Em um esforço para criar uma tecnologia mais confiável com a qual as pessoas possam relacionar-se facilmente, pesquisadores da Universidade de Bristol criaram o robô BERT2. O *bot* está longe de ser lançado no mercado, tendo sido usado apenas para pesquisas sobre a resposta humana a ajudantes robóticos. No entanto, seus olhos, sobrancelhas e boca emotivos demonstraram ter um impacto significativo na maneira como os humanos o tratam. O BERT2 (*Bristol Elumotion Robotic Torso* 2), um robô humanoide, apenas com a parte superior de torso, foi projetado no Laboratório de Robótica Bristol, Reino Unido, e apresenta um rosto digital expressivo (olhos, sobrancelhas e boca animados), pele artificial que pode "sentir", membros e mãos ágeis que podem agarrar. O BERT2 é capaz, ainda, de gesticular de maneira humana realista em resposta a comandos e dicas visuais.

Pesquisadores da University College London e da University of Bristol experimentaram um robô humanoide auxiliar que ajuda os usuários a fazer uma omelete. O robô foi encarregado de passar os ovos, sal e óleo, mas deixou cair um dos ovos de poliestireno em duas das condições, mas de seguida tentou consertar. O objetivo do estudo foi investigar como um robô pode recuperar a confiança de um usuário quando comete um erro e como pode comunicar seu comportamento errôneo para alguém que está a trabalhar com ele, seja em casa ou no trabalho. O estudo concluiu que as pessoas preferem robôs expressivos e comunicativos aos eficientes e eficazes. Ou seja, um robô comunicativo e expressivo é preferível para a maioria dos usuários a um mais eficiente e menos sujeito a erros, apesar de demorar 50% mais para completar a tarefa. Os utilizadores reagiram bem ao pedido de desculpas do robô, que conseguiu se comunicar, e foram particularmente receptivos à sua expressão facial triste. Os pesquisadores dizem que é provável que isso os tenha assegurado de que "sabia" que havia cometido um erro. Ao final da interação, o robô comunicativo foi programado para perguntar aos participantes se eles lhe atribuíam a função de ajudante de cozinha, mas eles responderam apenas "sim" ou "não" e não conseguiram qualificar suas respostas. Alguns estavam relutantes em responder e a maioria parecia desconfortável. Uma pessoa teve a impressão de que o robô parecia triste quando disse "não", sendo que ele não havia sido programado para parecer assim. Outro reclamou de chantagem emocional e um terceiro chegou a mentir para o robô.

Atributos semelhantes aos humanos, como arrependimento, podem ser ferramentas poderosas para negar a insatisfação, mas devemos identificar com cuidado quais características específicas queremos focalizar e replicar. Se não houver regras básicas, podemos acabar com robôs com personalidades diferentes, assim como as pessoas que os projetam.

ROBOÉTICA

O conceito de roboética traz à tona uma reflexão ética fundamental que está relacionada a questões particulares e dilemas morais gerados pelo desenvolvimento de aplicações robóticas. A ética robótica, às vezes conhecida pela abreviatura "roboética", diz respeito aos problemas éticos que ocorrem com robôs, tais como: os robôs representam uma ameaça para os humanos a longo ou curto prazo? Alguns usos dos robôs são problemáticos? Como os robôs devem ser projetados para agirem "eticamente" (esta última preocupação também é chamada de ética da máquina)? Alternativamente, a roboética refere-se especificamente à ética do comportamento humano em relação aos robôs, à medida que os robôs se tornam cada vez mais avançados.

A ética dos robôs é um subcampo da ética da tecnologia, especificamente a tecnologia da informação, e está intimamente ligada a questões jurídicas e socioeconômicas. Pesquisadores de diversas áreas estão começando a abordar questões éticas sobre a criação de tecnologia robótica e sua implementação nas sociedades, de forma que ainda garanta a segurança da raça humana.

A preocupação da roboética está nas regras que devem ser criadas para robôs, a fim de garantir seu comportamento ético, para garantir que máquinas com IA comportem-se de forma a priorizar a segurança humana, acima das tarefas atribuídas e sua própria segurança e que também estejam de acordo com os preceitos aceitos da moralidade humana. Ao tratar do código de conduta que os engenheiros projetistas robóticos devem implementar na IA de um robô, esta ética artificial deve garantir que os sistemas autônomos sejam capazes de exibir um comportamento eticamente aceitável em situações em que robôs ou qualquer outro sistema autônomo, como veículos, interajam com humanos.

Pesquisadores, teóricos e acadêmicos de áreas tão diversas como robótica, ciência da computação, psicologia, direito, filosofia e outras estão a unir esforços e abordar questões éticas urgentes sobre o desenvolvimento e implantação da tecnologia robótica nas sociedades. Muitas áreas da robótica são afetadas, especialmente aquelas em que os robôs interagem com humanos, ao variar de assistência a idosos e robótica médica a robôs para missões de busca e resgate, inclusos robôs militares, bem como todos os tipos de robôs de serviço e entretenimento. Embora os robôs militares tenham sido inicialmente o foco principal da discussão (por exemplo, se e quando os robôs autônomos deveriam ter permissão para usar força letal, se deveriam ter permissão para tomar decisões de forma autônoma etc.), nos últimos anos o impacto de outros tipos de robôs, em particular, robôs sociais, também se tornou um tópico cada vez mais importante.

Futuristas e especialistas em tecnologia como Elon Musk, Steve Wozniak e Stephen Hawking expressaram preocupação de que, se não forem controlados, os robôs podem levar à queda de humanos. Visões mais otimistas incluem a esperança de que robôs cuidadosamente projetados possam ajudar o mundo a recuperar-se de problemas criados por humanos. Roboticistas, filósofos e engenheiros estão a ver um debate contínuo sobre a ética da máquina. Quem ou o que será responsabilizado quando ou se um sistema autônomo apresentar mau funcionamento ou prejudicar humanos? Atualmente, os pesquisadores estão a seguir uma tendência que visa promover o projeto e implementação de sistemas artificiais com comportamento moralmente aceitável incorporado.

A roboética será cada vez mais importante à medida que entrarmos em uma era em que robôs mais avançados e sofisticados, bem como inteligência artificial genérica (AGI), tornar-se-ão parte integrante de nossa vida diária. Portanto, o debate em questões éticas e sociais na robótica avançada deve ser cada vez mais frequente. O atual crescimento da robótica e os rápidos desenvolvimentos em IA exigem que os roboticistas e os humanos em geral preparem-se, mais cedo ou mais tarde. Com o avanço da discussão em roboética, alguns argumentam que os robôs contribuirão para a construção de um mundo melhor. Já outros, que os robôs são incapazes de ser agentes morais e não deveriam ser projetados com capacidades embutidas de tomada de decisão neste sentido.

CAPÍTULO 10 | NEURO E ROBOÉTICA

Como fator mitigador temos a *AI Safety*, uma ética coletiva que devemos seguir a fim de evitar problemas em sistemas de *machine learning*, comportamento não intencional e prejudicial que pode surgir de projetos inadequados de sistemas de IA do mundo real. Quando pensamos sobre o estudo da segurança da IA, geralmente pensamos sobre alguns dos problemas mais difíceis nesse campo — como podemos garantir que agentes sofisticados de aprendizagem por reforço que são significativamente mais inteligentes do que seres humanos se comportem da maneira que seus *designers* pretendiam? Exemplos nos mostram que mesmo algoritmos simples e modernos, tanto para aprendizagem supervisionada quanto por reforço, já podem comportar-se de maneiras surpreendentes, as quais não pretendemos.

O objetivo da segurança de IA de longo prazo é garantir que os sistemas avançados de IA estejam alinhados com os valores humanos — que façam com segurança as coisas que as pessoas desejam que façam. Infelizmente, as respostas humanas às perguntas sobre seus valores podem não ser confiáveis. É essa capacidade geral de resolução de problemas que temos em mente quando falamos sobre "inteligência artificial genérica" (AGI) ou "IA mais inteligente que a humana". Os sistemas de IA podem superar os humanos em habilidades científicas e de engenharia sem serem particularmente semelhantes aos humanos em quaisquer outros aspectos — a inteligência artificial não precisa implicar consciência artificial, por exemplo, ou emoções artificiais. Em vez disso, temos em mente a capacidade de modelar bem os ambientes do mundo real e identificar uma variedade de maneiras de colocar esses ambientes em novos estados.

As máquinas tornar-se-ão superinteligentes e os humanos perderão o controle? Embora haja debate sobre a probabilidade de este cenário acontecer, sabemos que sempre há consequências imprevistas quando uma nova tecnologia é introduzida. Tais resultados não intencionais da inteligência artificial provavelmente desafiarão a todos nós. A criatura voltar-se-á contra o criador? Em inteligência artificial, assim como na filosofia, o problema do controle é dominante, ou seja, como construir um agente superinteligente que ajudará seus criadores e evitar a construção inadvertida de uma superinteligência que prejudicará seus criadores?

A facilidade de transformação de robô ético em antiético não é surpreendente. É uma consequência direta do fato de que os comportamentos éticos e antiéticos requerem o mesmo mecanismo cognitivo — em nossa implementação — com apenas uma diferença sutil na maneira como um único valor é calculado. Na verdade, a diferença entre um robô ético (o que busca os resultados mais desejáveis para o humano) e um robô agressivo (o que busca os resultados menos desejáveis para o humano) é uma simples negação desse valor. Se alguém examinar os riscos associados aos robôs éticos e como eles podem ser mitigados, encontrará três:

1. O risco de que um fabricante sem escrúpulos possa inserir alguns comportamentos antiéticos nos robôs, a fim de explorar usuários ingênuos ou vulneráveis para ganhos financeiros, ou talvez obtenção de alguma vantagem de mercado (aqui o escândalo de emissões de diesel VW de 2015 vem à mente). Não há medidas técnicas que mitiguem esse risco, mas o dano à reputação de ser descoberto é, sem dúvida, um desincentivo significativo. A conformidade com os padrões éticos, como o guia BS 8611 para o projeto ético, e a aplicação de robôs e sistemas robóticos, ou os novos padrões "humanos" IEEE P700X emergentes, também apoiariam os fabricantes na aplicação ética de robôs éticos.

2. Talvez mais sério seja o risco decorrente de robôs que têm configurações éticas ajustáveis pelo utilizador. Aqui, o perigo surge da possibilidade de que o utilizador ou um engenheiro de suporte técnico por engano, ou deliberadamente, escolha configurações que movam os comportamentos do robô para fora de um "envelope ético". Muito depende, claro, de como a ética do robô é codificada, mas podem-se imaginar as regras éticas do robô expressas em um formato acessível ao utilizador. Sem dúvida, a melhor maneira de proteger-se contra este risco é que os robôs não tenham configurações de ética ajustáveis, de modo que a ética do robô seja codificada e não seja acessível aos usuários ou engenheiros de suporte.

3. Mesmo a ética codificada não protegeria contra, sem dúvida, o risco mais sério de todos, que surge quando estas regras éticas são vulneráveis a *hackers* maliciosos. Dado que já foram relatados vários casos a envolver *hackers*, não é difícil imaginar uma situação em que as configurações éticas para uma frota inteira de carros sem motorista serem *hackeadas*, sendo transformadas em armas. É claro que carros sem motorista (ou robôs em geral) sem ética explícita também são vulneráveis a *hackers*, mas colocar robôs em armas é muito mais desafiador para o invasor. Robôs explicitamente éticos concentram os comportamentos em um pequeno número de regras que os tornam exclusivamente vulneráveis a ataques cibernéticos (Vanderelst e Winfield, 2018).

Finalmente, talvez não para já, mas no futuro, os robôs poderão tornar-se agentes morais com responsabilidade moral atribuída. Até então, os engenheiros e projetistas de robôs devem assumir a responsabilidade quanto às consequências éticas de suas criações. Em outras palavras, devem ser moralmente responsáveis pelo que projetam e trazem para o mundo, enquanto espécie. Qualquer semelhança com Victor Frankstein (o Prometeu moderno) não é mera coincidência.

QUARTA REVOLUÇÃO INDUSTRIAL E ÉTICA

Tudo o que você leu até aqui faz parte da chamada Quarta Revolução Industrial, caracterizada pela convergência da robótica, IA, sistemas autônomos e tecnologia da informação, ou sistemas ciberfísicos. Essas iniciativas tecnológicas expressam a necessidade de uma consideração séria das implicações éticas e sociais. A ética da máquina foi transformada de uma área de nicho de preocupação de alguns engenheiros, filósofos e acadêmicos do direito, a um debate internacional. A ética da IA e da robótica é um campo muito jovem dentro da ética aplicada, com uma dinâmica significativa. A IA e a robótica são tecnologias digitais que terão impacto significativo no desenvolvimento da humanidade em um futuro próximo, ao levantarem questões fundamentais sobre o que devemos fazer com estes sistemas, o que os próprios sistemas devem fazer, quais os riscos que envolvem e como podemos controlá-los.

Muitos pesquisadores estão interessados nesta temática. Uma parte está amplamente preocupada com o uso ético de sistemas autônomos, inclusos padrões e regulamentos — em poucas palavras, governança ética, enquanto outra parte está a preocupar-se em como os sistemas autônomos podem ser éticos, ou seja, estarem imbuídos de valores éticos. Ambos têm importância crítica.

A governança ética é necessária para desenvolver padrões que permitam-nos garantir de forma transparente e robusta a segurança dos sistemas autônomos e, assim, construir a confiança pública. Os sistemas autônomos éticos são necessários porque, inevitavelmente, o futuro próximo dos sistemas serão os agentes morais; considerem, neste contexto, carros sem motorista ou IAs de diagnóstico médico, ambos os quais precisarão fazer escolhas com consequências éticas.

A IA de alguma forma tem mais proximidade conosco do que outras tecnologias — daí existir o campo da "filosofia da IA". Talvez seja porque o projeto da IA é criar máquinas que tenham uma característica central em como nós, humanos, vemo-nos, enquanto seres sensíveis e pensantes. Os principais objetivos de um agente artificialmente inteligente provavelmente envolvem detecção, modelagem, planejamento e ação, mas os aplicativos de IA atuais também incluem percepção, análise de texto, processamento de linguagem natural (PNL), raciocínio lógico, jogos, sistemas de apoio à decisão, análise de dados, análise preditiva, bem como veículos autônomos e outras formas de robótica (P. Stone *et al.*, 2016).

A interação homem-robô (HRI) é um campo acadêmico por direito próprio, que agora presta atenção significativa às questões éticas, à dinâmica da percepção de ambos os lados e aos diferentes interesses presentes e à complexidade do contexto social, incluso o trabalho (Arnold e Scheutz, 2017).

A automação clássica substituiu o músculo humano, enquanto a automação digital substitui o pensamento humano ou o processamento de informações — e, ao contrário das máquinas físicas, é muito barato duplicar a automação digital (Bostrom e Yudkowsky, 2014). Isso pode significar uma mudança mais radical no mercado de trabalho. Portanto, a principal questão é: os efeitos serão diferentes desta vez? A criação de novos empregos e riqueza acompanhará a destruição de outros empregos? E mesmo que não seja diferente, quais serão os custos de transição e quem os suportará? Precisamos fazer ajustes sociais para uma distribuição justa dos custos e benefícios da automação digital? Estas são perguntas que valem 1 milhão de euros!

Nos últimos anos, tem havido uma atenção crescente sobre o possível impacto da robótica e sistemas de IA do futuro. Pensadores proeminentes alertaram publicamente sobre o risco de um futuro distópico quanto à complexidade desses sistemas, caso progridam ainda mais. Esses avisos contrastam com o atual estado da arte da robótica e da tecnologia de IA. Entretanto a ética costuma ser lenta para acompanhar os desenvolvimentos tecnológicos. À medida que a tecnologia da robótica avança, as preocupações éticas tornam--se mais prementes: os robôs devem ser programados para seguir um código de ética, se isto for possível? Existem riscos em formar vínculos emocionais com robôs? Como a sociedade e a ética podem mudar com a robótica?

Não estamos acostumados com a ideia de máquinas a tomar decisões éticas, mas o dia em que elas farão isso rotineiramente, por si mesmas, está a aproximar-se a passos largos. O fato de estarmos a desenvolver robôs semelhantes aos humanos significa que estes terão um comportamento semelhante ao humano, mas não a consciência humana. Eles serão capazes de percepcionar, raciocinar, tomar decisões e aprender a adaptar-se, mas ainda não terão consciência e personalidade humanas. Existem considerações filosóficas que levantam essa questão, mas, com base na IA atual, parece improvável que a consciência artificial seja alcançada tão cedo.

Assim, as perspectivas éticas da IA e da robótica devem ser abordadas, pelo menos, por duas maneiras. Em primeiro lugar, os engenheiros que desenvolvem sistemas precisam estar cientes dos possíveis desafios éticos que devem ser considerados, incluso evitar o uso indevido e permitir a inspeção humana da funcionalidade dos algoritmos e sistemas (Bostrom e Yudkowsky, 2014). Em segundo lugar, ao irmos em direção a sistemas autônomos avançados, os próprios sistemas devem ser capazes de tomar decisões éticas para reduzir o risco de comportamento indesejado (Wallach e Allen, 2009).

Um desafio ainda mais fundamental é que, se a máquina evoluir por meio de um processo de aprendizagem, podemos ser incapazes de prever como ela se comportará no futuro; podemos nem mesmo entender como ele chega às suas decisões. Esta é uma possibilidade inquietante, especialmente se os robôs estiverem a fazer escolhas cruciais sobre nossas vidas. Uma solução parcial pode ser insistir que, se as coisas derem errado, temos uma maneira de auditar o código — uma maneira de examinar o que está a acontecer.

AVANÇOS EM IA E PROGRAMAÇÃO DE MÁQUINA

Convidamos você a conhecer um pouco mais sobre programação da máquina!

As instruções programadas determinam o conjunto de ações que devem ser realizadas automaticamente pelo sistema. O programa especifica o que o sistema automatizado deve fazer e como seus vários componentes devem funcionar para atingir o resultado desejado. O conteúdo do programa varia consideravelmente de um sistema para outro. Em sistemas relativamente simples, o programa consiste em um número limitado de ações bem definidas que são realizadas contínua e repetidamente na sequência adequada, sem desvio de um ciclo para o outro. Em sistemas mais complexos, o número de comandos pode ser muito grande e o nível de detalhe em cada comando pode ser significativamente maior. Em sistemas relativamente sofisticados, o programa prevê que a sequência de ações seja alterada em resposta a variações nas matérias-primas ou outras condições operacionais.

Os comandos de programação estão relacionados ao controle de *feedback* em um sistema automatizado em que o programa estabelece a sequência de valores para as entradas (pontos de ajuste) das várias malhas deste controle que compõem o sistema automatizado. Um determinado comando de programação pode especificar o ponto de ajuste para o *feedback* em *loop*, que por sua vez controla alguma ação que o sistema deve realizar. Com efeito, o objetivo do ciclo de *feedback* é verificar se a etapa programada foi executada. Por exemplo, em um controlador de robô, o programa pode especificar que o braço deve mover-se para uma posição designada e o sistema de controle de *feedback* é usado para verificar se o movimento foi feito corretamente. As máquinas programáveis geralmente são capazes de tomar decisões durante sua operação. A capacidade de tomada de decisão está contida no programa de controle, na forma de instruções lógicas que governam a operação de tal sistema sob várias circunstâncias. Sob determinado conjunto de circunstâncias, o sistema responde de uma maneira; sob diferentes circunstâncias, responde de outra. Existem várias razões para fornecer um sistema automatizado com capacidade de tomada de decisão, inclusas (1) detecção e recuperação de erros; (2) monitorização de segurança; (3) interação com humanos; e (4) otimização de processos.

Programação de robôs

O sistema de computador que controla o manipulador deve ser programado para ensinar ao robô a sequência de movimento específica e outras ações que devem ser executadas a fim de realizar sua tarefa. Existem várias maneiras de programar robôs industriais. Um método é o chamado programação *lead-through*. Isso requer que o manipulador seja conduzido através dos vários movimentos necessários para realizar uma determinada tarefa, registrando os movimentos na memória do computador do robô, que pode ser feito ao mover fisicamente o manipulador através da sequência deste movimento ou ao usar uma caixa de controle para conduzir o manipulador através da sequência.

Um segundo método de programação envolve o uso de uma linguagem de programação muito parecida com a linguagem de programação de um computador. No entanto, além de muitas das capacidades desta uma linguagem de programação (ou seja, processamento de dados, cálculos, comunicação com outros dispositivos de computador e tomada de decisão), a linguagem do robô também inclui instruções especificamente projetadas para o controle do robô. Estes recursos incluem (1) controle de movimento, usados para direcionar o robô para mover seu manipulador para alguma posição definida no espaço; e (2) entrada/saída.

Avanços em *deep learning* e IA, disponibilidade de *big data* e poder de computação mais barato estão a revolucionar o processo de descoberta de medicamentos. Eles podem tornar o custo desta descoberta 50% mais barato e reduzir o tempo que leva desde a identificação de uma doença-alvo até a descoberta de uma molécula que atue de 5,5 anos para apenas um ano.

Um exemplo de avanços na área da IA é a plataforma BenevolentAI®, uma *startup* de inteligência artificial no centro de Londres, que capacita cientistas a decifrar o vasto e complexo código subjacente à biologia humana e encontrar novas maneiras de tratar doenças. A capacidade da BenevolentAI® de criar e capturar valor continuará a crescer rapidamente com melhores algoritmos de *deep learning*, bancos de dados de bioinformática robustos e maior poder de computação.

Os especialistas da BenevolentAI® estão entre muitas IAs. pesquisadores e cientistas de dados em todo o mundo que voltaram sua atenção para o coronavírus, com o objetivo de acelerar os esforços para entender como ele está a espalhar-se, tratar as pessoas que o têm e encontrar uma vacina. Antes da pandemia, os pesquisadores de IA faziam parte de um dos setores mais badalados e bem financiados da indústria de tecnologia, ao buscar visões de veículos autônomos e máquinas que podem aprender por si próprios. Agora, eles estão simplesmente a tentar ser úteis, trabalhando em tecnologia que aprimore os especialistas humanos em vez de substituí-los. No final de janeiro de 2020, pesquisadores da BenevolentAI®, voltaram sua atenção para o coronavírus. Em dois dias, ao usar tecnologias que podem vascular a literatura científica relacionada ao vírus, pesquisaram milhões de documentos científicos e localizaram um possível tratamento com rapidez que surpreendeu tanto a empresa que fabrica o medicamento quanto muitos médicos que passaram anos a explorar seus efeitos em outros vírus. As ferramentas contaram com um dos mais novos desenvolvimentos em inteligência artificial: "modelos de linguagem universal" que podem aprender a entender a linguagem escrita e falada, ao analisar milhares de livros antigos, artigos da Wikipedia, entre outros textos digitais. Ao usar ferramentas de linguagem automatizadas, os engenheiros da empresa geraram um banco de dados detalhado e intrincadamente interconectado de processos biológicos específicos relacionados ao coronavírus.

SIM, SEU PRÓXIMO COLEGA PODE SER UM ROBÔ

Os robôs já existem há algum tempo, especialmente na indústria. O que distinguirá a nova geração de robôs em todos os setores além e inclusa a manufatura é sua inteligência mais do que rudimentar. Começaremos a pensar nestas criações inteligentes de tecnologia como *cobots*.

Qualquer coisa que apresente variabilidade requer atenção humana. Isso ocorre porque os humanos podem processar milhões de pontos de dados para chegar a decisões quase intuitivamente. Os humanos confiam no conhecimento, na experiência, na intuição e na coragem absoluta para impulsionar as coisas que fazem. As máquinas também estão a construir enormes bancos de dados com recursos de processamento, ao usar *machine learning* (ML), internet das coisas (IoT) e inteligência artificial (IA) para preencher a lacuna e lidar com a variabilidade. Achamos que "inteligência" é a palavra-chave aqui. Quando as máquinas aumentarem seu desempenho ao usar "inteligência" para responder a ambientes em mudança, estaremos prontos para tratá-las como *cobots*. Tecnologias como ML, IoT e AI estão a tornar-se mais precisas, possibilitando que os *bots* lidem com processos sofisticados. Já estamos a testemunhar seu impacto em áreas como comércio, medicina e manufatura.

Há a crença de que os *cobots* conduzirão uma revolução bem fundamentada nos próximos três anos nas áreas de manufatura, armazenamento e retalho e terão um grande impacto, pois ajudam a reduzir rejeições/devoluções, aumentar o rendimento, muito além dos valores atuais, e melhorar a segurança de maneira incomensurável. Precisamos preparar-nos para este futuro imediato, ao permanecer abertos à ideia de "induzir e educar" as novas fileiras de "colegas de trabalho" que estão a caminho.

Entre as muitas novas tecnologias que estão a impactar a indústria de manufatura hoje, estamos convencidos de que os robôs colaborativos são o desenvolvimento de automação de maior impacto, particularmente eficazes para pequenas e médias empresas. Acelerar a aplicação do tipo colaborativo de robôs é integrar sistemas de visão com inteligência artificial, e esta integração está a possibilitar uma série de novas aplicações. Os robôs colaborativos são uma nova geração de robôs leves e baratos, com recursos de segurança que permitem às pessoas trabalharem cooperativamente com estes dispositivos em um ambiente de produção. Os robôs colaborativos podem sentir humanos e outros obstáculos e responder parando automaticamente para que não causem danos ou destruição.

Com esses robôs, cercas e gaiolas de proteção não são necessários e, portanto, muitas vezes podem ser habilitados com flexibilidade e menores custos de implementação. São investimentos particularmente atraentes para empresas de pequeno e médio porte, pois o custo normal é inferior a US$ 40.000, e sua programação simplificada significa que podem ser implantados sem a contratação de engenheiros especializados. Além disso, notícias alarmantes do tipo "os robôs irão roubar nossos empregos" perpetuam o medo genuíno da automação que está a dominar o mundo agora. Mas os *cobots* são algo completamente diferente. Criados especificamente para trabalhar ao lado de humanos (não nos substituir), robôs colaborativos ou *cobots* estão aqui para tornar nossas vidas mais fáceis e melhores. Agora diga-nos, o que é assustador nisso?

Combinar neurobiologia e inteligência artificial tem o potencial de transformar a realidade que conhecemos em todas as suas formas, e a primeira coisa que mudará a parceria dessas duas tecnologias é o próprio conceito de indivíduo: os dias do conceito de *self* que temos usado para organizar as sociedades atuais estão contados. Os especialistas dizem que o surgimento da inteligência artificial deixará a maioria das pessoas melhor na próxima década, mas muitos preocupam-se sobre como os avanços na IA afetarão o que significa ser humano, ser produtivo e exercer o livre-arbítrio.

A IA pode fornecer aos humanos um grande alívio ao realizar várias tarefas repetitivas. A tecnologia pode aprender o trabalho uma vez e repeti-lo quantas vezes desejar seu programador humano. Essa automação de diferentes tarefas reduz a carga de trabalho de tarefas monótonas e repetitivas. A vida digital está a aumentar as capacidades humanas e interromper atividades humanas de eras antigas. Os sistemas orientados por código espalharam-se para mais da metade dos habitantes do mundo em informações ambientais e conectividade, ao oferecer oportunidades e ameaças sem precedentes. À medida que a IA baseada em algoritmo emergente continua a espalhar-se, as pessoas ficarão melhores do que estão hoje?

Especialistas previram que a inteligência artificial em rede amplificará a eficácia humana, mas também ameaçará a autonomia e as capacidades humanas. Eles falaram de possibilidades abrangentes, em que os computadores podem igualar ou mesmo exceder a inteligência humana e as capacidades em tarefas como tomada de decisões complexas, raciocínio e aprendizagem, análises sofisticadas e reconhecimento de padrões, acuidade visual, reconhecimento de fala e tradução de linguagem. Eles afirmaram que sistemas "inteligentes" em comunidades, veículos, edifícios e serviços públicos, fazendas e processos de negócios economizarão tempo, dinheiro e vidas e oferecerão oportunidades para que os indivíduos desfrutem de um futuro mais personalizado.

O equívoco da consciência está relacionado ao mito de que as máquinas não podem ter objetivos. As máquinas podem obviamente ter objetivos no sentido estrito de exibir um comportamento orientado para objetivos. Se você se sente ameaçado por uma máquina cujos objetivos estão desalinhados com os seus, então são precisamente os objetivos neste sentido estrito que o preocupam, e não se a máquina está consciente e experimenta um senso de propósito.

Algumas das questões que requerem regulamentação mais urgente são a privacidade e o risco potencial de criação de novas desigualdades sociais ou "mentais", à medida que o estudo do cérebro permitirá, além da cura de doenças neurológicas, aprimorar certas habilidades, ao criar indivíduos melhorados, com mais opções de adaptação em seu desenvolvimento. Se conseguirmos "ultrapassar" a evolução natural das espécies, como garantiremos a igualdade entre os indivíduos?

Assim, *será o humanismo a chave para a revolução tecnológica?* Este grande passo, a capacidade do homem de entender como funciona o motor de seu corpo e de "ajustá-lo", se necessário, permitiria à humanidade fechar um círculo, que começou com o Renascimento e culminou na definição final de si mesmo, do indivíduo. Decifrar o cérebro nos permitirá, ir além de nossos próprios limites, mas também conhecermo-nos enquanto espécie. É o paradoxo perfeito, aquele que nos define. Enquanto isso, que tal pensarmos nos agentes artificiais como parceiros de jornada que nos permitirão desfrutar o melhor de nossa essência, nossa capacidade criativa e, quem sabe até, sobre tempo para um *dolce far niente*, em seu melhor sentido italiano.

CAPÍTULO 11
O FUTURO DA BIOMETRIA

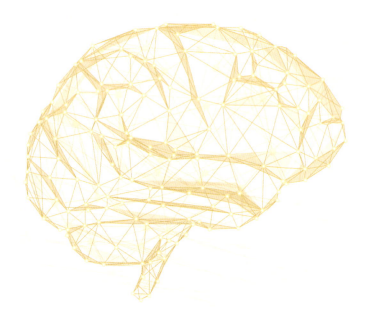

Um computador que pode reconhecer sua voz, entender seus comandos e executá-los lhe parece familiar? Com toda a certeza, já viu a aplicação da tecnologia biométrica em algum filme de ficção científica — e não estamos tão longe disso na vida real. As tecnologias biométricas examinam padrões biológicos que são exclusivos de um indivíduo para identificá-los.

Começamos a ver um aumento nos métodos não físicos de autenticação, por meio da tecnologia biométrica, nomeadamente autenticação por impressão digital e reconhecimento facial entre os mais comuns. Desde desbloquear *smartphones* até entrar em edifícios ou registrar nossa identidade para uma série de finalidades (como transações bancárias), a biometria rapidamente tornar-se-á um método amplamente usado para identificar uma pessoa. Não somos preditores, mas, em um futuro próximo, podemos esperar uma maior taxa de adoção e melhor tecnologia, não apenas para acesso a dispositivos pessoais, mas também autenticação e personalização. Arriscamos dizer que o reconhecimento facial será a menina dos olhos da tecnologia biométrica (e não é que esta expressão fez todo sentido aqui?).

Mas a biometria eventualmente substituirá as senhas e chaves tradicionais mencionadas de uma vez por todas? Neste capítulo, analisamos onde a biometria é mais provável de ser introduzida para substituir, ou complementar, métodos de autenticação mais tradicionais, se a substituição completa é sustentável para todos os sistemas no futuro e os prós e contras da tecnologia biométrica.

No entanto, há aqui uma questão importante. A nova biometria não deve ser considerada apenas pela ótica da inovação na autenticação do consumidor. É preciso considerar, ainda, novas maneiras de os dados biométricos gerados serem aproveitados pelas empresas. Deixemos de lado, por instantes, as questões de privacidade. Mais e mais pessoas estão dispostas a fornecer seus dados para corporações como Microsoft, Google, Apple e Facebook, todos os dias, nomeadamente quando trata-se de imagens de seus rostos. Essas informações têm uma infinidade de utilizações, desde influenciar amplas tendências de marketing até fornecer dados de usuário exclusivos sobre clientes em bancos, saúde, atendimento ao cliente e muito mais.

Os *smartphones* oferecem a capacidade de rastrear mais dados sobre os consumidores do que se pensava ser possível. Publicidade personalizada, rastreamento demográfico aprimorado e visualização de anúncios em tempo real são apenas alguns usos possíveis de todas as novas informações disponibilizadas para empresas que usam essa tecnologia.

Uma abordagem mais sofisticada e promissora é o reconhecimento facial tridimensional (3D), agora uma área de pesquisa popular em laboratórios acadêmicos e industriais, pois oferece uma confiabilidade muito maior (Chang *et al.*, 2005). Comparado com uma imagem 2D, um modelo 3D pode ser usado para identificar uma pessoa com muito mais facilidade, mesmo se a cabeça estiver inclinada ou se a câmera não estiver com o enquadramento perfeito. Embora este método também dependa da detecção de marcos faciais, tais sistemas podem criar um conjunto muito mais confiável de recursos biométricos ao usar a terceira dimensão. Na verdade, os pontos de referência faciais são usados para alinhar a sonda à orientação do modelo de referência e, só então, se a orientação for idêntica ou quase idêntica, são feitas medições de similaridade. As próprias medidas podem ser baseadas na cor local ou análise de textura, mas também em medidas derivadas da terceira dimensão, como flexões locais ou distâncias entre superfícies geométricas.

Grandes corporações já perceberam o valor da biometria, e a Samsung não ficou a ver navios. A gigante tecnológica registrou uma patente que detalha maneiras de rastrear o fluxo de sangue dentro de um usuário, por meio de sensores de fotopletismografia (PPG), eletrocardiografia (ECG) e resposta galvânica da pele (GSR). A patente especifica que a tecnologia pode integrar-se a um *smartphone*, *smartwatch* ou portátil e aplicada ao dedo, pulso, braço, perna, tornozelo, tórax ou testa do usuário. A boa notícia é que tal tecnologia abre algumas novas oportunidades para monitorizar a saúde e a forma física.

Deixamos aqui um exemplo interessante de um *gadget* criado para tornar a vida humana melhor, com base em tecnologia biométrica. Ao ler dados corporais, a biometria identifica dados biológicos que traduzem essa melhoria. Imagine uma pulseira vestível para controle de climatização corporal... Ela existe! Estudantes do Massachusetts Institute of Technology (MIT) criaram a Wristify, uma pulseira termostática operada manualmente que ajuda a regular a temperatura corporal do usuário de acordo com suas preferências. Inicialmente a pulseira foi pensada para colmatar o uso excessivo de energia dispendida por condicionadores de ar ou aquecedores de ambiente em residências e empresas, uma das causas para o aquecimento global. Por meio de um aumento ou queda de 0,4 graus Celsius na temperatura a cada segundo, sem alterar drasticamente a temperatura central, chega-se ao estado corporal que deseja, aquecendo-se ou resfriando-se. E tudo isso por menos de US$ 300 (cerca de € 255)! Agora já pode sorrir e aproveitar os dias ensolarados e frios ou refrescar-se em dias muito quentes ao exibir à grande e à francesa a sua Wristify.

WEARABLES, A TECNOLOGIA QUE VESTIMOS

Um assunto que não nos escusamos em perceber mais um bocadinho é o que envolve *wearables* ou tecnologias vestíveis. Para relembrar, *wearables* englobam quaisquer dispositivos tecnológicos que possam ser usados como acessórios, aqueles que podemos "vestir". Muito mais do que apenas prender dispositivos em nossos pulsos, rostos, orelhas e pés, roupas inteligentes podem monitorizar constantemente nossa frequência cardíaca, emoções e até mesmo pagar pelo teu café da manhã — tudo sem qualquer toque ao *smartphone* ou *smartwatch*. E sem magia, o que é importante deixar claro aqui!

Os *wearables* foram anunciados há muito tempo como o futuro da tecnologia inteligente. O que costumava ser uma indústria de relógios de pulso e auscultadores desajeitados, agora volta-se a tecidos inteligentes, *wearables* que realmente usamos como roupas. *Designers* já confeccionaram roupas feitas de fios de fibra ótica que permitem ao usuário controlar a luminosidade da aparência com apenas alguns cliques. Um exemplo interessante são roupas conectadas a recursos inteligentes que incluem fibras sensíveis ao toque, tecidas na manga para que, em vez de buscar o *smartphone* repetidas vezes ao bolso, os ciclistas possam realizar tarefas simples, como atender uma ligação ao simples toque na manga.

A tecnologia vestível funde-se com o corpo humano de forma não invasiva, como uma segunda pele. Entretanto quais são as implicações? Com a necessidade de conectividade constante inescapável no estilo de vida do consumidor moderno, a tecnologia vestível torna-se mais adaptável ao corpo humano por meio de adesivos flexíveis que podem ser tocados, digitalizados e rastreados para uma experiência intuitiva que, rapidamente, torna-se uma segunda pele. À medida que avançamos em direção a um futuro em que a tecnologia integra-se fisicamente ao corpo humano, os consumidores hesitantes são mais propensos a testar pequenas partes vestíveis que aderem à pele por uma fita-cola, para uma experiência mais conectada antes de comprometerem-se com implantes subdérmicos no estilo *cyborg*.

Apesar da Apple e da Google dominarem a criação de computadores que usamos em nossos pulsos e rostos, respetivamente, o *The New York Times* relata que algumas *startups* influentes estão a desenvolver tecnologia vestível na forma de adesivos de pele, elásticos, finos como papel que permanecem colados em nossos corpos. Os dispositivos inteligentes que recolhem dados biométricos podem monitorizar qualquer coisa, desde sua frequência cardíaca até hidratação da pele e níveis de suor, além de responder, via e-mail, com informações inteligentes e, se desejar, recomendações de produtos.

Dispositivos vestíveis tornaram-se a mercadoria em alta no cenário de tecnologia de hoje. De hábitos *fitness* à saúde e infoentretenimento, a tecnologia vestível mudou a maneira como os consumidores recebem e enviam dados em todo o mundo, ao abrir a porta para o mercado de vestíveis crescer exponencialmente nos próximos anos. O corpo humano é um sofisticado reator químico que usa o metabolismo para todas as suas atividades. A energia que ele produz e usa deve, eventualmente, deixar o corpo e ir para o meio ambiente experiencial. Portanto, não é demasiado dizer que uma medida direta das "calorias queimadas" seria a transferência de calor do corpo. E os *wearables* conseguem rastrear essa queima de calorias por meio de estimativa aproximada e correlação com monitores de frequência cardíaca e vários sensores. No entanto, os algoritmos usados para rastrear a queima de calorias são extremamente imprecisos. Para que os dispositivos vestíveis monitorizem com precisão as calorias queimadas, é necessária uma medição direta do gasto de energia térmica de um indivíduo. Esta medição pode então ser usada para monitorizar com precisão as calorias queimadas. Um dispositivo que utiliza essa tecnologia de medição destacar-se-ia e poderia ser usado por atletas casuais e profissionais que gostavam de monitorizar diretamente seu gasto de energia, otimizar seu treinamento e prevenir a exaustão muscular.

Uma ampla gama de sensores vestíveis está disponível comercialmente, a fornecer os dados brutos para descrever ações fora de uma análise de movimento em um laboratório. A escolha dos sensores, número e posicionamento dependerá das variáveis de atividade e movimento a serem verificadas. Os sistemas práticos de sensores devem atender a muitos requisitos complexos de *design*, desde cosmética, privacidade e aceitabilidade de tecnologia pelos usuários até processamento de sinal, transmissão de dados, anotação e escalabilidade para fácil uso. Especialmente importante para a detecção de movimento é a precisão e a velocidade dos algoritmos de detecção de recursos e classificadores que transformam uma sequência de sinais inerciais em um padrão de movimento reconhecível para medir detalhes importantes do comportamento do consumidor e outras atividades intencionais.

e- Têxteis

Têxteis eletrônicos ou e-têxteis são tecidos que permitem que componentes digitais como bateria e luz (inclusos computadores pequenos) e eletrônicos sejam incorporados a eles. "Têxteis inteligentes" são tecidos que foram desenvolvidos com novas tecnologias que agregam valor ao usuário. São itens de vestuário que foram aprimorados com tecnologia para adicionar funcionalidade além do uso tradicional Pailes-Friedman, do Pratt Institute, afirma que "o que torna os tecidos inteligentes revolucionários é que eles têm a capacidade de fazer muitas coisas que os tecidos tradicionais não podem, incluindo comunicar, transformar, conduzir energia e até crescer" (Gaddis, 2014).

Algumas roupas inteligentes usam tecidos avançados com circuitos entrelaçados, enquanto outras implementam sensores e *hardware* adicional para fornecer funcionalidade inteligente. Muitas roupas inteligentes podem conectar-se a uma aplicação ou programa em um dispositivo secundário usando Bluetooth ou Wi-Fi. No entanto, a conectividade sem fio não é necessária para classificar uma vestimenta como um tipo de roupa inteligente.

Em vez de lidar com acessórios digitais ou ter um sensor de saúde conectado ao corpo, imagine usar uma blusa inteligente que pode recolher a mesma quantidade de dados que um *wearable*, mas com melhor precisão. Os dispositivos vestíveis tradicionais ultrapassaram os limites da monitorização da saúde. Blusas, calças e jaquetas inteligentes não apenas têm boa aparência, mas também podem ajudar as pessoas a prevenir insuficiência cardíaca, controlar o diabetes, relaxar os músculos e melhorar sua qualidade de vida em geral. Devido a esses benefícios, as roupas inteligentes cresceram em um mercado que deve chegar a US$ 5,3 bilhões em 2024.

Os têxteis inteligentes podem ser divididos em duas categorias diferentes: estética e melhoria de desempenho. Exemplos estéticos incluem tecidos que acendem e tecidos que podem mudar de cor. Alguns desses tecidos recolhem energia do ambiente, aproveitando vibrações, sons ou calor, ao reagir a essas entradas. O processo de mudança de cor e iluminação também pode funcionar ao incorporar o tecido a componentes eletrônicos que podem alimentá-lo. Os têxteis inteligentes que melhoram o desempenho destinam-se ao uso em atividades atléticas, esportes radicais e aplicações militares. Isso inclui tecidos projetados para regular a temperatura do corpo, reduzir a resistência do vento e controlar a vibração muscular — os quais podem melhorar o desempenho atlético. Outros tecidos foram desenvolvidos para roupas de proteção, para proteger contra riscos ambientais extremos, como radiação e os efeitos das viagens espaciais.

A indústria de saúde e beleza também está aproveitando essas inovações, que variam desde têxteis médicos que liberam medicamentos a tecidos com propriedades hidratantes, perfumes e antienvelhecimento. Muitos projetos de roupas inteligentes, tecnologia vestível e computação vestível envolvem o uso de têxteis eletrônicos (e-têxteis). Os e-têxteis são da computação vestível porque a ênfase é colocada na integração perfeita dos têxteis com elementos eletrônicos como microcontroladores, sensores e atuadores. Além disso, os têxteis eletrônicos não precisam ser usáveis. Por exemplo, têxteis eletrônicos também são encontrados no *design* de interiores. O campo relacionado da fibretrônica (implantação de tecnologia em têxteis) explora como a funcionalidade eletrônica e computacional pode ser integrada às fibras têxteis. Um novo relatório da *Cientific Research* examina os mercados de tecnologias vestíveis baseadas em têxteis, as empresas que as produzem e as tecnologias facilitadoras.

O relatório identifica três gerações distintas de tecnologias vestíveis em têxteis: a "primeira geração" conecta um sensor ao vestuário. Atualmente, essa abordagem é adotada por marcas de roupas desportivas, como Adidas, Nike e Under Armour. Os produtos da "segunda geração" incorporam o sensor na peça, conforme demonstrado pelos produtos atuais da Samsung, Alphabet, Ralph Lauren e Flex. Nos *wearables* de "terceira geração", o vestuário é o sensor. Um número crescente de empresas está a criar sensores de pressão, deformação e temperatura para esse fim.

Uma variedade de pequenas e grandes empresas começaram a integrar a tecnologia em suas roupas, o que resultou no surgimento de roupas inteligentes em quase todas as categorias de moda. Exemplos dos muitos tipos diferentes de roupas de alta tecnologia incluem:

- Meias inteligentes: as meias inteligentes *Sensoria* podem detectar qual parte de seus pés está recebendo mais pressão durante a corrida e pode enviar esses dados para um aplicativo de *smartphone*.

- Sapatos inteligentes: a Pizza Hut fez experiências com seus próprios sapatos inteligentes de edição limitada que permitem pedir pizza.

- Roupas de trabalho inteligentes: a Samsung criou um fato de negócios inteligente que pode trocar cartões de visita digitais, desbloquear *smartphones* e interagir com outros dispositivos.

Mas se o que você precisa é de um abraço, imagine um colete conectado ao Facebook que vos abraça a cada curtida dos amigos em sua página. Sim, ele existe! Like-A-Hug foi desenvolvido por alunos do MIT como um "colete de mídia social vestível" que traduz cada "curtir" virtual do Facebook em um verdadeiro abraço. Para quem quer mais da sua rede social, esta é a solução perfeita. O projeto foi desenvolvido como um exercício exploratório em *display* de forma tátil, uma tecnologia que permite que a sensação do toque seja vivenciada em ambientes virtuais, ao ampliar as possibilidades das medias sociais para além da interface gráfica convencional. E como não abraçamos alguém sem receber um abraço de volta, o colete esvazia-se quando retribui o aperto que acabaste de vivenciar. Por enquanto ainda é um protótipo e melhorias estão a ser testadas no produto. Quem sabe aquele "chi coração" não o tornaria melhor?

Aplicações futuras para e-têxteis podem ser desenvolvidas para produtos desportivos e de bem-estar e dispositivos médicos para monitorização de pacientes. Têxteis técnicos, moda e entretenimento também serão aplicações significativas. Assim como na eletrônica clássica, a construção de recursos eletrônicos nas fibras têxteis requer o uso de materiais condutores e semi-condutores, como os têxteis condutores. Atualmente, existem várias fibras comerciais que incluem fibras metálicas misturadas com fibras têxteis para formar fibras condutoras que podem ser costuradas. No entanto, como os metais e os semicondutores clássicos são materiais rígidos, eles não são muito adequados para aplicações em fibras têxteis, pois as fibras são sujeitas a muito alongamento e flexão durante o uso.

O futuro das roupas inteligentes é mais brilhante do que nunca e será acele-rado pelos avanços nos sensores e têxteis inteligentes, como a capacidade de tecer fios de maneira confiável e com material de baixo custo. A partir daí, a fabricação em grande escala é apenas uma questão de tempo. Parece que os *wearables* que conhecemos agora poderão em breve ser desafiados por roupas inteligentes, também conhecidas como *wearables* 2.0. A produção de roupas inteligentes é um esforço multidisciplinar e requer contribuições de diferentes áreas, inclusas as de design têxtil, manufatura técnica, bem como vários aspectos da saúde digital. Graças à crescente experiência em sensores de tecido e materiais biométricos têxteis, as roupas inteligentes podem tor-nar-se tão onipresentes quanto os *smartphones* hoje em dia. O grande desafio em desenhar um novo estilo de roupa está em encontrar o melhor ajuste e o design 3D pode ser a solução. Um corte mais largo ou mais apertado, mangas compridas ou curtas, um colarinho com pontas ou curvo? Este processo pode ser significativamente melhorado pela renderização 3D. Esboços planos e padrões técnicos podem ser transformados em renderizações 3D simuladas, permitindo que ajustemos o *design* e criemos o melhor ajuste em tempo real.

Uma nota final que deixamos aqui é sobre a inteligência artificial em *design* de moda. Um exemplo interessante de uso de IA na indústria de vestuário é o Projeto Muze, um projeto do Google e da Zalando. O projeto treinou uma rede neural para entender cores, texturas, preferências de estilo e outros parâmetros estéticos derivados do Relatório de Tendências de Moda do Google, bem como dados de design e tendências fornecidos pela Zalando. O projeto usou um algoritmo para criar *designs* baseados nos interesses dos usuários, alinhados às preferências de estilo reconhecidas pela rede.

A Explosão de Wearables

A tecnologia vestível decolou em uma série de direções antes consideradas impossíveis. O panorama dos dispositivos já percorreu um longo caminho desde as primeiras calculadoras do tamanho de um pulso ou os primeiros auscultadores por Bluetooth. Óculos inteligentes oferecem interatividade digital tão próxima quanto o nariz do usuário. Os óculos de ciclismo Solos ajudam os ciclistas com informações sobre velocidade e condicionamento físico em um *display heads-up* (HUD) simples, uma superfície translúcida que projeta tais informações. O tão aguardado Vaunt da Intel promete misturar-se ao perfil dos óculos normais, ao responder a gestos sutis de inclinação da cabeça e transmitir apenas as informações mais essenciais ao usuário, tudo sem a necessidade de uma enorme tela. Há até um aumento nas joias inteligentes que oferece recursos de alta tecnologia por meio do mais discreto dos acessórios. O Motiv Ring rastreia a atividade física, a frequência cardíaca e os padrões de sono em um anel fino e minimalista. O Ringly vai um passo adiante e alerta os usuários sobre notificações importantes, como reuniões e ligações, por meio de sua pedra preciosa.

Estamos a testemunhar o advento de categorias inteiramente novas de mecanismos de interface que trazem com eles uma mudança de paradigma fundamental em como vemos e interagimos com a tecnologia. Reconhecer, compreender e aproveitar efetivamente o crescente panorama atual de *wearables* torna-se cada vez mais essencial para o sucesso de uma ampla gama de negócios.

A Wearable Senses (WS) concentra-se em projetar interações próximas ao corpo, especificamente designs que incorporam computação vestível ou tecidos inteligentes. É uma comunidade que parece uma cultura multidisciplinar emergente, em que profissionais de pesquisa, educação e indústria ajudam-se e desafiam-se continuamente. O foco está em uma abordagem de pesquisa por meio do *design*. Essa abordagem pode ser vista como uma transação iterativa entre o design e a pesquisa, na qual habilidades, conhecimentos e atitudes são gerados por meio de ciclos de design, construção e testes experimentais de protótipos experienciais em ambientes da vida real.

A pesquisa sobre vestíveis pode ser feita envolvendo o fio, o tecido ou até o produto/vestuário, e acredita-se que todos eles são importantes. Os pesquisadores precisam desenvolver estilos de interação completamente novos e diferentes, que integrem ações corporais, cognição e percepção, ao adotar estruturas teóricas que apoiem a ação e a percepção incorporadas. Em segundo lugar, combinar têxteis e eletrônicos para criar protótipos robustos e de alta qualidade é tecnicamente desafiador e requer novas soluções e técnicas. Terceiro, descobrimos que é difícil prever o efeito dos designs na vida diária e que é necessário desenvolver abordagens eficazes para medir e avaliar conceitos no contexto da vida real. Os três desafios — estilos de interação para perto do corpo, novas redes de colaboração e *pools* de exemplos testados *in situ* — dão direção a novos esforços de pesquisa e determinam a ênfase de alguns dos projetos de pesquisa que foram iniciados.

Cabe aqui uma nota de que estamos um pouco mais perto de livrar-nos dos volumosos sensores de saúde agora que os cientistas criaram um *wearable* superfino que pode registrar dados através da pele, como uma tatuagem de ouro cheia de estilo, ideal para monitorização médica de longo prazo, tão confortável a ponto de esquecermos que a estamos usando.

A maioria das interfaces baseadas na pele consiste em componentes eletrônicos embutidos em uma substância, como plástico, que é então colada na pele. O problema é que o plástico costuma ser rígido ou não o deixa mover-se e suar. Os cientistas usaram um material que se dissolve em baixo d'água, deixando a parte eletrônica diretamente na pele, de maneira confortável. Vinte participantes usaram-no na pele por uma semana, sem quaisquer problemas. Eles não coçavam ou irritavam, e o *wearable* não danificava.

Reduções progressivas nos requisitos de custo, tamanho e energia de giroscópios, acelerômetros, outros sensores fisiológicos e transmissão de dados no internet, juntamente com o trabalho empírico sobre algoritmos de reconhecimento de atividade, sugerem que sistemas vestíveis (*wearables*) podem tornar-se ferramentas onipresentes.

QUANTIFIED SELF (QS) E CICLOS DE FEEDBACK

Uma tendência contemporânea fundamental emergente na ciência de *big data* é o *quantified self* (QS) — indivíduos envolvidos no autorrastreamento de qualquer tipo de informação biológica, física, comportamental ou ambiental. Por indivíduos, entende-se por n=1 o indivíduo em grupos. Existem oportunidades para cientistas de *big data* desenvolverem novos modelos para apoiar a recolha, integração e análise de dados QS, assim como liderar a definição de recursos de banco de dados de acesso aberto e padrões de privacidade para os quais os dados pessoais são usados. Os aplicativos QS de próxima geração podem incluir ferramentas para renderizar dados, QS significativos na mudança de comportamento, estabelecendo linhas de base e variabilidade em métricas objetivas, ao aplicar novos tipos de técnicas de reconhecimento de padrão e agregar múltiplos fluxos de dados de autorrastreamento de eletrônicos vestíveis, biossensores, *smartphones*, dados genômicos e serviços baseados em nuvem.

Para fixar, *quantified self* (QS) é o termo que incorpora o autoconhecimento por meio do autorrastreamento. Outros termos para usar dados de autorrastreamento para melhorar o funcionamento diário são autoanálise, hackeamento corporal, autoquantificação, autovigilância, *sousveillance* (registro de atividades pessoais) e informática pessoal.

A lista de coisas que podemos medir sobre nós mesmos é interminável: entre outras, nossa frequência cardíaca, respiração, horas dormidas ou até mesmo o número de espirros e tosses durante um dia. No entanto, nem todas as coisas importantes na vida podem ser medidas e nem tudo que pode ser medido é importante. O QS realmente gira em torno de encontrar um significado pessoal em seus dados pessoais. O movimento *quantified self* foi fundado por Gary Wolf e Kevin Kelly em 2007. Desde o início, objetiva explorar "para que novas ferramentas de autorrastreamento sejam boas" e "criar um ambiente onde essa pergunta possa ser explorada em um nível humano".

Ao incorporar tecnologia (como sensores e *wearables*), busca adquirir dados sobre vários aspectos da vida de um indivíduo, especialmente saúde e condicionamento físico, com o objetivo de melhorar a autoconsciência e o desempenho humano na indústria de saúde digital. *O quantified self* refere--se tanto ao fenômeno cultural de autorrastreio com tecnologia quanto a uma comunidade de usuários e fabricantes de ferramentas de autorrastreio que partilham um interesse no autoconhecimento por meio de números. As práticas do *quantified self* sobrepõem-se à prática de registro de vida e outras tendências que incorporam tecnologia e aquisição de dados na vida diária, geralmente com o objetivo de melhorar o desempenho físico, mental e/ou emocional. A adoção generalizada nos últimos anos de *wearables* de condicionamento físico e sono, como o Fitbit ou o Apple Watch, combinada com o aumento da presença da internet das coisas na área de saúde e em equipamentos de exercícios, tornou o autorrastreamento acessível a um grande segmento da população.

A visão de longo prazo da atividade de QS é a de uma abordagem de monitorização sistêmica, em que o fluxo contínuo de informações pessoais de um indivíduo fornece sugestões de otimização de desempenho em tempo real. Existem algumas limitações potenciais relacionadas à atividade de QS — barreiras à adoção generalizada e uma crítica sobre a solidez científica —, mas que podem ser superadas. Um aspecto interessante da atividade de QS é que ela é fundamentalmente um fenômeno quantitativo e qualitativo, uma vez que inclui a recolha de dados por métricas objetivas, sem deixar de considerar a experiência subjetiva do impacto desses dados. Parte desta dinâmica está a ser explorada à medida que o QS está a estruturar-se em duas novas maneiras: ao aplicar métodos de QS ao rastreamento de fenômenos qualitativos, como humor, e pelo entendimento de que a recolha de dados QS é apenas o primeiro passo na criação de ciclos qualitativos de *feedback*, para mudança de comportamento. No futuro, o QS pode ser adicionalmente transformado no *exoself* estendido à medida que a quantificação de dados e o autorrastreio permitem o desenvolvimento de novas capacidades sensoriais, não possíveis com os sentidos comuns. O corpo individual tornar-se-á um objeto mais cognoscível, calculável e administrável por meio da atividade de QS, e os indivíduos terão uma relação cada vez mais íntima com os dados à medida que medeiam a realidade experienciada.

Os autorrastreadores estão a ultrapassar os limites da saúde pessoal. Ao usarem uma abordagem científica, estão a lançar luz em uma escuridão desconhecida. À medida que descobrem percepções ocultas, são os empreendedores que trazem suas descobertas — e suas ferramentas — para as massas. Enquanto os autorrastreadores estão a empurrar o movimento para frente, os empreendedores ajudam na sua expansão.

Temos a sorte de viver em uma época em que a tecnologia possibilita a exploração de soluções. De repente, somos todos cientistas e nossas descobertas são limitadas apenas pela imaginação. À medida que sensores são adicionados aos nossos *smartphones*, óculos, roupas e até mesmo implantados em nossos corpos, o potencial para o que é imaginável está a crescer.

Agora imagine as descobertas possíveis, os mistérios da experiência humana que podem ser resolvidos, à medida que dados de pessoas ao redor do mundo são agregados, explorados e decodificados em pedaços de conhecimento. Com as mãos ao lado do corpo e os olhos abertos, nosso mundo tornar-se-ia muito mais brilhante.

E por falar em brilho, três artistas reuniram-se e resolveram colaborar em um projeto de peça da moda vestível, com um acessório de cabeça a combinar. A inspiração de um pintor japonês, um estilista chinês e um artista australiano veio das pinturas japonesas e nasceu o Blinklifier, um computador vestível que amplifica o piscar humano e minimiza o uso de dispositivos intrusivos no rosto. Ao seguir as contrações naturais dos músculos do olho, estende esse movimento a um arranjo de luz visível que muda de padrão a depender do gesto do piscar. Ao combinar arte e tecnologia, o *wearable* exibe dados íntimos e cria um *loop* de *feedback* entre o usuário e o dispositivo. Blinklifier enriquece nossos diálogos emocionais e gerencia as relações sociais através do piscar, amplificando, assim, as emoções que desejamos comunicar, ao apresentar composições visuais notáveis e exageradas. E, para melhorar, cílios postiços foram metalizados para capturar o movimento de piscar e um material condutor foi usado como delineador para conectar os cílios com o dispositivo, além do uso de LEDs que criam os padrões de intermitência. Eis o literal significado de um mundo mais brilhante!

BEM-VINDO A UM MUNDO DE SENSORES!

Um sensor é um dispositivo que mede a entrada física de seu ambiente e converte-a em dados que podem ser interpretados por um ser humano ou uma máquina. A maioria dos sensores são eletrônicos (os dados são convertidos em dados eletrônicos), mas alguns são mais simples, como um termômetro de vidro, que apresenta dados visuais. A tecnologia de sensores está evoluindo tão rapidamente que opções antes impensáveis para capturar acontecimentos no mundo físico estão se tornando viáveis — e difundidas.

Cada vez mais, vivemos em um mundo carregado de sensores. Quase todos os dispositivos eletrônicos em nossas vidas têm algum tipo de sensor, possivelmente muitos. Não tendemos a pensar em sensores ao olhar para nossos *smartphones*, geladeiras, carros, aviões e edifícios, mas, acredite, eles estão lá! O objetivo de qualquer sensor é bastante simples: reunir informações (vibração, temperatura, pressão, tensão) que podem ser inseridas em algoritmos e análises para uma melhor tomada de decisão em tempo real. Quanto mais dados os sensores recolhem, melhor será a análise dessas informações.

O minúsculo sensor eletrônico está a ter um grande impacto em nossas vidas. A cada momento, dia após dia, esses pequenos, mas essenciais, "burros de carga" tecnológicos transformam fluxos de dados em decisões que transformam vidas. Os benefícios podem ser enormes. Nos últimos anos, os sensores deixaram sua maior marca como a vela de ignição no motor da IoT. Centenas de bilhões de sensores já estão incorporados em uma vasta gama de objetos físicos em rede, permitindo tudo, desde sofisticados dispositivos de saúde que monitorizam remotamente a frequência cardíaca e a ingestão de medicamentos até sistemas que rastreiam chaves perdidas, desligam o forno a partir do seu *smartphone* ou ajudam a manter as plantas interiores vivas, inserindo-nos na economia baseada nos sensores.

Mas o que vem a ser um sensor IoT?

Os seres humanos são naturalmente atraídos por maneiras que podem enriquecer a vida e o meio ambiente. Os sensores IoT podem fazer exatamente isso, ao recolher, processar e transmitir os dados que provém da internet. Esses dados podem ser usados para ajudar os consumidores a tomar decisões informadas e otimizar as operações de negócios com maior eficiência. Os efeitos positivos simplesmente não podem ser subestimados, pois os sensores de IoT estão para interromper as formas tradicionais de condução dos negócios. No entanto, para um sensor IoT realmente causar um impacto, ele deve ser considerado "inteligente". Existem quatro elementos principais que devem estar presentes em um sensor inteligente:

- Recolha de dados.

- Processamento de dados.

- Transmissão de dados.

- Conectividade com a internet.

De modo geral, os sensores inteligentes, como o nome indica, tornam as pessoas, lugares e produtos mais inteligentes. Eles podem ser encontrados ao nosso redor (por exemplo, dispositivos de *smartphone*, *wearables* etc.), mas a razão para o recente aumento do interesse é devido aos avanços na tecnologia de sensor. A tecnologia atual está a imitar de perto os seres humanos em termos de habilidades sensoriais. Eles recolhem diferentes tipos de dados individuais de vários sensores para fornecer uma análise mais precisa e vigorosa.

Sensores inteligentes são construídos como componentes IoT que convertem a variável do mundo real que eles estão a medir em um fluxo de dados digital para transmissão a um *gateway*. Os algoritmos da aplicação são executados por uma unidade de microprocessador embutida (MPU).

Os novos sensores de imagem 3D são verdadeiros chips de sensor de imagem de percepção de profundidade, que funcionam em um princípio totalmente diferente dos sensores de imagem comuns e 3D estereoscópico comum. A imagem 3D não é criada por visão estéreo — essencialmente duas imagens 2D separadas, a forma como nossos olhos funcionam —, mas por sentir a profundidade de vários objetos na cena usando um único sensor de imagem. É como um radar baseado em ondas de luz *pixel* a *pixel*. Uma ampla família de imageadores 3D consiste em sensores de tempo de voo altamente integrados (sensores ToF). Essas imagens de chip único são robustas à luz do sol, altamente escalonáveis e prontas para integração em uma ampla gama de aplicativos eletrônicos, industriais e automotivos.

A IoT está a caminho de conectar 50 bilhões de coisas "inteligentes" até 2020 e 1 trilhão de sensores logo depois, de acordo com a National Science Foundation. Dispositivos equipados com sensores já estão a gerar uma enorme quantidade de dados. Estamos a ver "prédios inteligentes" a evoluir, começando com controle de temperatura, segurança física, iluminação e, eventualmente, experiências individualizadas de inquilinos. Um protótipo de sistema "segue" você pelo chão de um escritório e ajusta a iluminação e a temperatura conforme seu movimento. Outra instalação informa aos funcionários quando o refeitório do andar de baixo está a chegar na lotação máxima, para que eles possam decidir quando é um bom momento para almoçar.

Os dispositivos IoT são tão bons quanto os dados recolhidos por seus sensores. Um sistema IoT geralmente tem inúmeros pequenos sensores incorporados que são capazes de recolher e transmitir dados em uma ampla gama de dispositivos. Essas informações são fornecidas ao vivo e extremamente precisas, o que permite às empresas ver claramente quais melhorias devem fazer e as alterações necessárias em seus processos e produtos. O interesse do consumidor pela IoT não diminuiu nos últimos anos e está a ganhar força, especialmente em termos de monitorização doméstica e segurança. No entanto, empresas e organizações governamentais constituem o maior número de usuários de tecnologia de sensores. Para organizações governamentais, sensores remotos podem informar quando um semáforo está com defeito ou se uma fábrica está a emitir toxinas em níveis maiores do que o aceitável para o ambiente. Internamente, os sensores podem ser usados para capturar o comportamento dos funcionários ou, ainda, enriquecer a experiência de consumo dos clientes externos. As aplicações da IoT atrairão mais atenção do consumidor à medida que começam a envolver mais as indústrias e rotinas domésticas, de segurança, saúde, eletrônicos, *wearables* — e este é um futuro que se aproxima rapidamente.

O mercado mundial de sensores inteligentes deverá crescer de US$ 18 bilhões em 2017 para US$ 47,20 bilhões até 2023, a uma taxa composta de crescimento anual (CAGR) de 18,20% durante o período de previsão. Os principais fatores que impulsionam o crescimento dos mercados de sensores inteligentes são o uso crescente de sensores em vários setores da indústria, como eletrônicos de consumo, automotivo, logístico, defesa e saúde. Espera-se que o mercado de sensores inteligentes tenha enormes oportunidades no setor biomédico, de eletrônicos de consumo e de saúde. No entanto, a estrutura de projeto complexa e a falta de personalização são os fatores de restrição que impedem o crescimento do mercado de sensores inteligentes. Os sensores inteligentes são capazes de autoteste, autoidentificação, autovalidação e autoadaptação. Esses sensores oferecem várias vantagens, como alta confiabilidade, alto desempenho, tamanho compacto, baixo consumo de energia e requerem cabos de interconexão mínimos. As desvantagens dos sensores inteligentes incluem sua complexidade em comparação com os sensores tradicionais, pois consiste em sensor e é necessária uma unidade lógica e de processamento para gerenciar a calibração do sensor, o que acaba aumentando o custo.

Em breve, a IoT em breve irá interconectar todos os diferentes tipos de produtos e dispositivos em todos os setores. Sua onipresença está no horizonte e o potencial para redefinir nosso dia a dia, e a forma como conduzimos os negócios é absolutamente emocionante em seu desenrolar.

VOCÊ COMO UM AMBIENTE DE SENSOR

Bem-vindo, Cyborg! Já está a acontecer. Nós, humanos, estamos gradualmente fundindo-nos com o mundo digital. Pode-se apostar que você sempre sabe onde seu *smartphone* está. Provavelmente mais do que onde seus filhos estão. É espantoso que em dez anos conhecemos um pequeno pedaço de tecnologia que liga-nos ao mundo inteiro e nunca mais nos separamos dele. Ainda não está embutido sob a pele ou em nosso córtex cerebral, mas tudo é possível. O corpo humano já é como um supercomputador, com entradas sensoriais de todos os lugares.

Adicione como evidência a rápida absorção de *wearables*. Se você tem um Fitbit ou Apple Watch no pulso, já está equipado com sensores. A saída dos sensores e *wearables* do seu *smartphone* geralmente termina na nuvem, onde os dados podem ser extraídos não apenas para o seu próprio benefício, mas também para os outros.

A tecnologia de sensoriamento vestível mudou recentemente e rapidamente de uma visão de ficção científica para uma ampla gama de produtos médicos e de consumo estabelecidos. Essa explosão de sensores vestíveis pode ser atribuída a vários fatores, como acessibilidade e ergonomia proporcionada pelos avanços na eletrônica miniaturizada, a proliferação de *smartphones* e dispositivos conectados, um desejo crescente do consumidor por consciência de saúde e a necessidade não atendida de médicos continuamente obter dados de qualidade médica de seus pacientes. Os sensores biomédicos apresentam uma excelente oportunidade para medir os parâmetros fisiológicos humanos de maneira contínua, em tempo real e não invasiva, aproveitando a tecnologia de semicondutores e de embalagens eletrônicas flexíveis.

Esses sensores incorporam uma ampla gama de avanços em: 1) plataformas microeletromecânicas (MEMS); 2) sensores biológicos e químicos; 3) eletrocardiograma (ECG); 4) eletromiograma (EMG); 5) plataformas de sensoriamento neural baseadas em eletroencefalograma (EEG); 6) sensores químicos e biológicos, cada vez mais vistos como alternativas promissoras para instrumentos analíticos caros no setor de saúde.

Empresas como Epicore Biosystems, Halo Wearables, GraphWear e Kenzen Wear estão atualmente a desenvolver sensores epidérmicos para detecção de suor. A Epicore Biosystems estabeleceu a fabricação de grande volume para a medição contínua e não invasiva de vários biomarcadores de suor écrino. A empresa fez parceria com o Gatorade Sports Science Institute, o Seattle Mariners (MLB), a Força Aérea dos EUA (USAF) e o Shirley Ryan AbilityLab para testar e validar seus dispositivos. O Halo H1 desenvolveu o primeiro sensor em uma pulseira não invasivo, para monitorizar os níveis de hidratação em atletas, utilizando sensores óticos e elétricos.

Eletrodos de interface com a pele em sensores vestíveis transduzem fluxos iônicos que ocorrem naturalmente e dependem do tempo no corpo humano para sinais elétricos mensuráveis; alternativamente, como atuadores, como para estimulação nervosa, eles estimulam mudanças nesses fluxos. A qualidade das gravações e a eficiência da estimulação dependem em grande parte da impedância elétrica da interface eletrodo-pele-corpo. A melhor interface normalmente consiste em um contato de eletrodo "úmido", normalmente obtido ao usar-se um hidrogel ou adesivo eletricamente condutor, ambos contendo eletrólitos.

Um sensor de movimento (ou detector de movimento) é um dispositivo eletrônico projetado para detectar e medir o movimento. Os sensores de movimento são usados principalmente em sistemas de segurança residencial e comercial, mas também podem ser encontrados em *smartphones*, dispensadores de toalhas de papel, consoles de jogos e sistemas de realidade virtual. Existem dois tipos de sensores de movimento: sensores de movimento ativos e sensores de movimento passivos. Os sensores ativos possuem um transmissor e um receptor. Esse tipo de sensor detecta movimento medindo as mudanças na quantidade de som ou radiação refletida de volta para o receptor. Os sensores de movimento ativo libertam energia continuamente e na forma de campo elétrico ou luz infravermelha em uma área específica. Quando objetos com assinaturas de calor ou temperaturas passam por essa área, eles podem ser detectados pelos sensores devido à perturbação e alteração nas temperaturas. Esse tipo de sensor possui circuitos detectores de reflexão e circuitos emissores e, normalmente, faz parte ou é um elemento integrado dos sistemas, executando espontaneamente a tarefa de detectar movimento nessa área específica. Eles geralmente são integrados a sistemas de segurança, sistemas de controle residencial, sistemas de eficiência energética e sistemas de controle de iluminação automatizados e assim por diante.

Já os sensores de movimento passivo, diferentemente dos sensores de movimento ativo, não emitem radiação de nenhum tipo, mas detectam movimento em sua área de cobertura ao absorver a energia. Esse tipo de sensor consome menos energia e também são categorizados com base no sensor incorporado no dispositivo de detecção de movimento. Assim são eles: giroscópio MEMS, acelerômetro MEMS, magnetômetro MEMS e combinação MEMS. Um MEMS (sistema microeletromecânico) é uma máquina em miniatura que possui componentes mecânicos e eletrônicos. A dimensão física de um MEMS pode variar de vários milímetros a menos de um micrômetro, uma dimensão bem menor que a largura de um cabelo humano.

Seguem alguns exemplos de sensores ativos e passivos. O tipo mais comum de detector de movimento ativo usa tecnologia de sensor ultrassônico; esses sensores de movimento emitem ondas sonoras para detectar a presença de objetos. Existem também sensores de micro-ondas (que emitem radiação de micro-ondas) e sensores tomográficos (que transmitem e recebem ondas de rádio). Já o sensor infravermelho passivo (sensor PIR) é um sensor eletrônico que mede a luz infravermelha (IR) que se irradia de objetos em seu campo de visão. Eles funcionam inteiramente na detecção da radiação infravermelha (calor radiante) emitida ou refletida por objetos. Os sensores PIR detectam movimentos gerais, mas não fornecem informações sobre quem ou o que se moveu. Para isso, é necessário um sensor infravermelho ativo. Os sensores passivos são comumente chamados simplesmente de PIR ou, às vezes, de PID, para "detector de infravermelho passivo". O termo passivo refere-se ao fato de que os dispositivos PIR não irradiam energia para fins de detecção.

A tecnologia com base em sensores também apresenta alguns obstáculos, nomeadamente a privacidade e a segurança dos dados, duas principais preo-cupações que devem ser garantidas durante o uso de sensores. Sistemas de sensores que funcionam naturalmente devem ser protegidos. Um dispositivo *hackeado* será desastroso para toda a rede e futuras infraestruturas de IoT, como transporte. Embora a grande força da IoT esteja na diversidade de tecnologias e tipos de sensores, isso também permite uma ampla gama de ataques cibernéticos. Além disso, os dispositivos incorporados produzidos em massa podem permitir que uma única violação seja duplicada rapida-mente em vários dispositivos. Os sistemas de sensores são responsáveis por emular os recursos de outros dispositivos com a capacidade de atualizar o *software* para garantir mudanças que poderiam ser feitas para melhorar o combate e o desempenho de ataques cibernéticos cada vez mais complexos.

BIOSSENSOR

Um biossensor é um dispositivo analítico, utilizado para a detecção de uma substância química (sejam enzimas, DNA, anticorpos, proteínas), que com-bina um componente biológico com um detector físico-químico, para fins de monitorização do efeito, e não da substância em si, e está em áreas de saúde, alimentação e controle de meio ambiente sua aplicação mais usual, nomeadamente descoberta de drogas, diagnóstico, biomedicina, segurança e processamento de alimentos, monitorização ambiental, defesa e segurança. Os "leitores" são normalmente projetados e fabricados de acordo com os diferentes princípios de funcionamento dos biossensores.

As tecnologias de biossensagem estão a tornar-se essenciais para o avanço da saúde humana. Um biossensor detecta um analito biológico específico e monitorizar sua função dentro de um meio biológico; esta tecnologia tem ganhado a atenção de muitos pesquisadores em todo o mundo devido à sua importância em aplicações médicas.

Uma rede de sensores corporais sem fio (ou simplesmente BSN — *body sensor network*) é uma coleção em rede de sensores vestíveis (programáveis) que podem comunicar-se entre si e também com outros dispositivos inteligentes e sensores ambientais. Os sensores em nós têm recursos de computação, armazenamento, transmissão sem fio e detecção. Sinais/dados fisiológicos detectados incluem movimento corporal, temperatura da pele, frequência cardíaca, condutividade da pele, atividades cerebrais e musculares e biomarcadores. Para realizar análises *online* e *offline* de fluxos de dados, os BSNs foram recentemente auxiliados por infraestruturas baseadas em computação em nuvem que fornecem armazenamento flexível e processamento escalonável. Uma ampla gama de cenários de aplicativos é habilitada pelas tecnologias BSN, embora as aplicações *m-Health* provavelmente representem o exemplo mais emblemático e difundido. Especificamente, os sistemas baseados em BSN podem ser usados para monitorizar diretamente vários sinais vitais de forma contínua e não invasiva, visto que minúsculos sensores sem fio são colocados na pele e às vezes integrados às roupas.

Os avanços contínuos em *wearables*, sensores e tecnologias inteligentes de *Wireless Body Area Network* precipitaram o desenvolvimento de novas aplicações para comunicações vestíveis, corpo a corpo, para monitorização da saúde e atividades desportivas. O progresso nesse campo interdisciplinar é ainda mais influenciado por desenvolvimentos em comunicação de rádio, protocolos, aspectos de sincronização, coleta de energia e soluções de armazenamento e técnicas de processamento eficientes para antenas inteligentes.

Vejamos um exemplo. A qualidade do sono afeta a saúde do paciente, isso é fato. Assim, a observação de sinais vitais de vida, como temperatura corporal e suor durante o sono, é essencial na monitorização do sono e também no diagnóstico clínico. No entanto, os métodos tradicionais de registro de mudanças fisiológicas durante o sono são maioritariamente intrusivos. Um travesseiro inteligente foi desenvolvido para fornecer uma maneira relativamente fácil de observar a condição de sono de uma pessoa, ao empregar sensores de temperatura e umidade, implantados dentro do travesseiro em posições estratégicas. Com a cabeça do paciente no travesseiro, as funções dos sensores são identificadas, como temperatura principal, auxiliar ou ambiental, com base nas diferenças de valor de três sensores de temperatura. Assim, o padrão de sono pode ser extraído por análise estatística, e a temperatura corporal é inferida por um Sistema de Lógica Fuzzy especialmente projetado quando a posição frontal é estável por mais de 15 minutos. O suor noturno é relatado nos dados pelo sensor de umidade. Portanto, um sistema de detecção de saúde baseado em nuvem é integrado ao travesseiro inteligente para recolher e analisar os dados.

Os avanços nas tecnologias são amplamente sustentados por melhorias recentes em microeletrônicos de baixa potência, fabricação e embalagens para miniaturização de dispositivos. Além dos desenvolvimentos em microfabricação e nanofabricação, novos projetos em materiais biocompatíveis e sensores para minimizar reações de corpo estranho a implantes, gerenciamento adaptativo de desvio do sensor e transmissão de dados acelerada de dentro do corpo impulsionaram avanços recentes em biossensores implantáveis.

SENSORES VISUAIS

Uma rede de sensores visuais é uma rede de dispositivos de câmeras inteligentes distribuídos espacialmente, capazes de processar e fundir imagens de uma cena em uma variedade de pontos de vista, de forma mais útil do que as imagens individuais. Essa rede de sensores pode ser sem fio, e muito da teoria e aplicação da última aplica-se à primeira. A rede geralmente consiste nas próprias câmeras, que têm algum processamento de imagem local, recursos de comunicação e armazenamento e, possivelmente, um ou mais computadores centrais, em que os dados de imagem das várias câmeras são posteriormente processados e fundidos (esse processamento pode, no entanto, simplesmente ocorrer de forma distribuída entre as câmeras e seus controladores locais). Também fornecem alguns serviços de alto nível ao usuário, de modo que a grande quantidade de dados pode ser destilada em informações de interesse usando consultas específicas.

A principal diferença entre as redes de sensores visuais e outros tipos de redes de sensores é a natureza e o volume das informações que os sensores individuais adquirem: ao contrário da maioria dos sensores, as câmeras são direcionais em seu campo de visão e capturam uma grande quantidade de informações visuais que podem ser parcialmente processadas, independentemente dos dados de outras câmeras na rede. Alternativamente, pode-se dizer que, enquanto a maioria dos sensores mede algum valor, como temperatura ou pressão, os sensores visuais medem padrões. Assim, a comunicação em redes de sensores visuais difere substancialmente das redes de sensores tradicionais.

Os sensores óticos usam os mesmos fenômenos físicos para realizar sua operação de detecção, mas não envolvem fibra ótica. Em vez disso, eles contam com lentes ou sistemas de espelho para transmitir e manipular os feixes de luz usados em seu processo de detecção.

SKINPUT: APROPRIANDO-SE DO CORPO COMO UMA SUPERFÍCIE DE ENTRADA

Se você está a ficar irritado com as minúsculas telas sensíveis ao toque dos dispositivos móveis de hoje, podes interessar-se em uma "nova" superfície de entrada ainda esquecida: você. Uma nova interface baseada na pele chamada Skinput permite que os usuários usem suas próprias mãos e braços como telas sensíveis ao toque, detectando os vários sons de frequência ultrabaixa produzidos ao tocar em diferentes partes da pele. Esta tecnologia usa detecção bioacústica para localizar toques de dedo na pele. Quando ampliado com um pico-projetor, o dispositivo pode fornecer uma interface gráfica de usuário para manipulação direta no corpo. A tecnologia foi desenvolvida por Chris Harrison, Desney Tan e Dan Morris, no Grupo de Experiências do Usuário Computacional da Microsoft Research.

Skinput representa uma maneira de desacoplar a entrada de dispositivos eletrônicos com o objetivo de permitir que os dispositivos se tornem menores sem encolher simultaneamente a área de superfície na qual a entrada pode ser realizada. Enquanto outros sistemas, como o SixthSense tentaram fazer isso com visão computacional, o Skinput emprega acústica, que tira proveito das propriedades condutoras de som naturais do corpo humano (por exemplo, condução óssea). Isso permite que o corpo seja anexado como uma superfície de entrada sem a necessidade de a pele ser invasivamente instrumentada com sensores, marcadores de rastreamento ou outros itens.

Ao recolher sinais está a usar uma nova série de sensores usados como uma braçadeira. Esta abordagem fornece um sistema de entrada de dedo no corpo sempre disponível, naturalmente portátil. No Skinput, um teclado, menu ou outros gráficos são transmitidos para a palma e antebraço do usuário a partir de um projetor embutido na braçadeira. Um detector acústico na braçadeira determina então qual parte da tela é ativada pelo toque do usuário. Como explicam os pesquisadores, as variações na densidade, tamanho e massa óssea, bem como os efeitos de filtragem dos tecidos moles e das articulações, significam que diferentes localizações da pele são acusticamente distintas. Seu *software* combina as frequências de som com locais específicos da pele, permitindo que o sistema determine qual "botão da pele" o usuário pressionou.

Atualmente, o detector acústico pode detectar cinco localizações de pele com uma precisão de 95,5%, o que corresponde a uma versatilidade suficiente para muitas aplicações móveis. O protótipo do sistema então usa tecnologia sem fio como Bluetooth para transmitir os comandos para o dispositivo que está a ser controlado, como um *smartphone*, iPod ou computador. Vinte voluntários que testaram o sistema forneceram *feedback* positivo sobre a facilidade de navegação.

Os pesquisadores afirmam que o sistema também funciona bem quando o usuário está a caminhar ou correr. Como explicam os pesquisadores, a motivação para Skinput vem dos espaços interativos cada vez menores nos dispositivos móveis de bolso de hoje. Eles observam que o corpo humano é um dispositivo de entrada atraente "não apenas porque temos cerca de dois metros quadrados de área de superfície externa, mas também porque grande parte dela é facilmente acessível por nossas mãos (por exemplo, braços, parte superior das pernas, tronco)". "Além disso, a propriocepção — nossa percepção de como nosso corpo está configurado no espaço tridimensional — nos permite interagir com precisão com nossos corpos de uma maneira sem olhos", escreveram os pesquisadores em um artigo recente. "Por exemplo, podemos mover rapidamente cada um dos nossos dedos, tocar a ponta do nosso nariz e bater palmas sem ajuda visual. Poucos dispositivos de entrada externos podem reivindicar essa característica de entrada precisa e sem olhos e fornecer uma área de interação tão grande."

Dispositivos com poder e recursos computacionais significativos agora podem ser carregados facilmente em nossos corpos. No entanto, seu tamanho reduzido normalmente leva a um espaço de interação limitado (por exemplo, telas diminutas, botões e volantes) e, consequentemente, diminui sua usabilidade e funcionalidade. Como não podemos simplesmente tornar os botões e telas maiores sem perder o principal benefício do tamanho pequeno, consideramos abordagens alternativas que aprimoram as interações com pequenos sistemas móveis.

Uma opção é oportunisticamente apropriar-se da área de superfície do ambiente para fins interativos. Por exemplo, Scratch Input é uma técnica que permite que um pequeno dispositivo móvel gire as mesas nas quais ele repousa em uma tela de entrada de dedo gestual. No entanto, as tabelas nem sempre estão presentes e, em um contexto móvel, é improvável que os usuários queiram carregar superfícies apropriadas com eles (neste ponto, é melhor ter um dispositivo maior). No entanto, há uma superfície que foi negligenciada anteriormente como uma tela de entrada e que sempre viaja conosco: nossa pele.

BIOMETRIA DO CONSUMIDOR

A biometria pode ser usada para identificar pessoas por meio de uma variedade de critérios. Uma categoria de biometria é comportamental, ou seja, ações realizadas por uma pessoa em particular, como pressões em um teclado ou reconhecimento de voz. A outra categoria são os critérios fisiológicos, como varredura da íris, reconhecimento facial ou impressões digitais. As informações obtidas podem ser usadas para rastrear tudo, desde o comportamento criminoso ao comportamento de consumo.

Nos últimos cinco anos, o promissor e altamente dinâmico mercado de sensores biométricos para o consumidor foi totalmente remodelado. A biometria provavelmente influencia os ecossistemas de pagamento, identidade *online* e gerenciamento de acesso de uma forma que muda todo o cenário da economia digital. Como essas tecnologias podem identificar um indivíduo com grande precisão pelos atributos físicos e comportamentais, elas estão a ser usadas com mais frequência para fins de identificação e autenticação.

A autenticação facial, especialmente a modelagem facial em 3D, deve desempenhar o papel principal nessas mudanças. Será o subconjunto a ser observado nos próximos anos. O registro facial e o processo de autenticação são áreas críticas para o desenvolvimento futuro. Para uma nota detalhada sobre o processo, juntamente com a influência do modelo de rosto 2D e 3D no processo e comparação do modelo de rosto 2D e 3D de não temporalidade, várias condições na captura de rosto devem ser consideradas, como ângulo na captura de tempo, condição de iluminação, etc. A detecção de vivacidade é crucial para manter a eficácia dos sistemas biométricos baseados na face.

Biometria do consumidor, reconhecimento de voz, sensores 3D e mercados de identificação digital devem crescer pelo menos 17% em CAGR (taxa de crescimento anual composta). O mercado global de biometria do consumidor está previsto para ter um CAGR de 19,6% de 2020 a 2025 pela Mordor Intelligence, como demanda por autenticação de identidade pois o controle de acesso aumenta com o aumento da conectividade e digitalização.

O relatório "Mercado de Biometria do Consumidor — Crescimento, Tendências e Previsões (2020-2025)" prevê que mais avanços tecnológicos para sensores biométricos levarão à sua implementação em cada vez mais portáteis e dispositivos eletrônicos móveis, e que a segurança aprimorada levará a um crescimento significativo em pagamentos móveis. Os sensores de impressão digital em *smartphones* continuarão a representar uma grande fatia do mercado, enquanto a Ásia-Pacífico terá a maior taxa de crescimento, de acordo com o relatório, que agora está disponível na *Research and Markets*.

A imagem de profundidade inclui-se nesse contexto e refere-se à capacidade de produzir uma imagem que contém informações de profundidade em cada local da imagem. Os humanos percebem a profundidade usando nossos dois olhos para criar "visão estérea". Câmeras que digitalizam e renderizam objetos em 3D agora são um recurso padrão em muitos *smartphones*, drones, robôs e automóveis. Emparelhadas com o *software* certo, essas câmeras estão a tornar possível detectar níveis de luz, movimentos e texturas em mais lugares, e a um custo menor, do que era possível anteriormente.

Adicionar mais informações 3D às imagens pode permitir que você tire fotos muito melhores ou efeitos de iluminação às fotos que tiraste. Ao tirar uma foto, também podes alterar a profundidade focal e os ângulos de diferentes fontes de luz. Com a detecção 3D, pode-se até mesmo colocar uma nova fonte de luz artificial em uma foto para criar sombras em seu rosto e, assim, realizar o desejo de ter a aparência perfeita sem recorrer a filtros de redes sociais ou cirurgias plásticas definitivas. O reconhecimento facial é hoje a principal aplicação da detecção 3D, mas certamente não é a única.

Atualmente, a bioimpressão pode ser usada para imprimir tecidos e órgãos para ajudar na pesquisa de drogas e pílulas. No entanto, as inovações emergentes abrangem a bioimpressão de células ou matriz extracelular depositada em um gel 3D, camada por camada, para produzir o tecido ou órgão desejado. Além disso, a bioimpressão 3D começou a incorporar a impressão de estruturas de suporte, usadas para regenerar articulações e ligamentos.

A bioimpressão tridimensional (3D) é a utilização de técnicas semelhantes à impressão 3D para combinar células, fatores de crescimento e biomateriais na fabricação de peças biomédicas que imitam ao máximo as características naturais do tecido. Geralmente, a bioimpressão 3D utiliza o método de camada por camada para depositar materiais conhecidos como biotintas e criar estruturas semelhantes a tecidos, posteriormente usadas nas áreas médica e de engenharia de tecidos. A *bioprinting* cobre uma ampla gama de biomateriais.

Cabe aqui uma nota de que a biometria não é apenas uma questão de detecção de impressão digital ou rosto, mas também de íris e reconhecimento de voz, em relação ao colapso geral do reconhecimento de biometria, Yole (Yole Developpement report "Consumer Biometrics: Market and Technologies

Trends 2018") estima que a proporção de cada tipo de detecção será bastante desequilibrada no futuro, com 60% do módulo biométrico em volume a vir do módulo de reconhecimento facial, enquanto a impressão digital (40%) verá uma diminuição do seu valor ao longo do tempo, pela competição e implementação alternativa que levará à redução de custos. Um exemplo é o mercado de robótica de massa, que inclui tudo, desde robôs domésticos a robótica de varejo, e requer um módulo 3D pequeno e barato e um processador integrado para fazer o processamento 3D e algoritmos de visão computacional.

VOCÊ E SEUS SUPERPODERES

Visão

O que faria se disséssemos que em breve poderá enxergar no escuro? Ou que terá a capacidade de *zoom* em objetos para fazê-los parecer maiores apenas olhando para eles? Provavelmente iria rir e dizer-nos que isso é coisa de super-heróis! No entanto, acredite ou não, várias empresas já anunciaram que estão a pesquisar a tecnologia de lentes de contato inteligentes que pode acelerar a visão além das capacidades humanas naturais.

Uma nova *startup* do Vale do Silício está a tentar construir a "primeira lente de contato verdadeiramente inteligente do mundo", ao colocar uma tela contra seu olho que pode melhorar sua visão do mundo. A Mojo Vision, mostrou um protótipo muito precoce em reuniões na CES (Consumer Electronics Show) em Las Vegas 2020 e agora está pronta para começar a falar sobre o desenvolvimento do produto. Espera criar primeiro uma lente de contato inteligente que possa ajudar as pessoas com baixa visão, ao exibir sobreposições aprimoradas do mundo, aprimorando ou ampliando detalhes para ajudá-los a ver. A ideia da Mojo Vision é reduzir nossa dependência de telas de *smartphones* e *tablets*, colocando-as em nossos olhos. Isso significa que os usuários que receberem uma mensagem não terão que tirar o *smartphone* do bolso ou mala para lê-la, mas, sim, olhar para o canto de sua visão e, assim, fazer a mensagem aparecer ali mesmo, pronta a ser lida. A empresa acrescentou que a lente também está conectada à internet, o que significa que os usuários podem obter acesso quase instantâneo às informações com base em seus arredores — por exemplo, o caminho para o restaurante ou supermercado mais próximo.

Como parte da demonstração, Mojo apresentou um visor colocado sobre o olho de uma pessoa pode ajudá-la a ver no escuro, especialmente se uma pessoa já tiver baixa visão. A demonstração contou com um algoritmo de detecção de bordas para mostrar onde os objetos foram colocados em uma sala. O objetivo final é tornar o contato um pouco parecido com o que o Google Glass deveria ser: uma tela que pode mostrar "informações úteis e oportunas" sem forçá-lo a sacar o *smartphone*. Com um tamanho muito menor, uma lente de contato inteligente poderia evitar um grande número de obstáculos sociais que o Google Glass enfrentou inicialmente; apenas tem o desafio muito mais difícil de transformar sua tecnologia em um objeto menor que um cêntimo. A empresa diz que as pessoas provavelmente terão que usar um acessório extra para fornecer a conexão de dados e proces-sá-los para os contatos.

Atualmente em forma de protótipo funcional, o *Mojo Lens* da empresa apresenta o que está a ser anunciado como "o menor e mais denso *display* dinâmico já feito". Sobrepostos à visão do usuário do mundo real, os textos e gráficos em movimento são entregues em uma distância de pixel de mais de 14 mil ppi (*pixels* por polegada) e uma densidade de pixel de mais de 200 milhões de *pixels* por polegada quadrada. Também embutido na lente está "o sensor de imagem com maior eficiência energética do mundo, otimizado para visão computacional", um transmissor/receptor de rádio e sensores de movimento que rasteiam os movimentos dos olhos do usuário e estabilizam a tela micro-LED. "Os auscultadores de RA de hoje são muito estranhos para serem usados em situações sociais e profissionais e muitas soluções de RA tentam criar experiências imersivas que podem confundir a realidade", disse a empresa em seu *site*. "É por isso que a Mojo foi pioneira no conceito de "computação invisível" — uma tela que nunca atrapalha." O Mojo Lens usa microeletrônicos exclusivos e feitos sob medida e o microvisor mais denso do mundo, que supostamente tem uma resolução de 14 mil *pixels* por pole-gada. De acordo com a *Wired*, que testou o dispositivo, a lente do protótipo tem uma tela embutido do tamanho de um ponto de uma caneta de tinta. Como é o caso dos óculos AR, as informações exibidas serão transmitidas sem fio do *smartphone* do usuário por meio de um pequeno dispositivo de retransmissão vestível. Essas informações podem consistir em algo como mensagens de texto, dicas de navegação passo a passo, pontos de discussão para apresentações ou instruções para consertar máquinas.

Tecnologia Táctil

O toque é extremamente importante para a comunicação e aprendizagem humana, mas cada vez mais, a maior parte do conteúdo com o qual intera-gimos é puramente visual. A tecnologia tátil apresenta uma maneira de usar os avanços que fizemos na tecnologia e combiná-los com um instinto muito mais primordial: o toque. Estudos mostram que os humanos trabalham e aprendem melhor em um ambiente multissensorial, conectados à teoria de aprendizagem multissensorial.

Como adjetivos, a diferença entre háptico e tátil é que háptico é ou está relacionado ao sentido do tato, enquanto tátil é o que se toca, relacionado a algo tangível, perceptível ao sentido do tato. Tecnologia háptica, também conhecida como comunicação cinestésica ou toque 3D, refere-se a qualquer tecnologia que pode criar uma experiência de toque ao aplicar forças, vibrações ou movimentos do usuário. Essas tecnologias podem ser usadas para criar objetos virtuais em uma simulação de computador, controlar objetos virtuais e, ainda, aprimorar o controle remoto de máquinas e dispositivos (telerrobóticos). Dispositivos táteis podem incorporar sensores táteis que medem as forças exercidas pelo usuário na interface. A palavra háptica, do grego: ἁπτικός (haptikos), significa "tátil, pertencente ao sentido do tato". Dispositivos táteis simples são comuns na forma de controladores de jogo, joysticks e volantes.

A tecnologia háptica facilita a investigação de como funciona o sentido do toque humano, ao permitir a criação de objetos virtuais táteis controlados. A maioria dos pesquisadores distingue três sistemas sensoriais relacionados ao sentido do tato em humanos: cutâneo, cinestésico e háptico. Todas as percepções mediadas pela sensibilidade cutânea e cinestésica são denominadas percepção tátil. O sentido do tato pode ser classificado como passivo e ativo, e o termo "tátil" costuma ser associado ao toque ativo para comunicar ou reconhecer objetos. A mesma tecnologia háptica visa simular a sensação de toque com vários mecanismos, como usar o toque como um sistema de feedback para comunicar informações de e para o usuário. Enquanto espécies com orientação visual, geralmente não paramos para pensar o quão incrível é o nosso sentido do tato.

Quando usamos nossas mãos para explorar o mundo ao nosso redor, recebemos dois tipos de feedback — o cinestésico e o tátil. Para entender a diferença entre os dois, considere uma mão que estende, pega e explora uma bola de beisebol. Conforme a mão alcança a bola e ajusta sua forma para agarrá-la, um conjunto exclusivo de pontos de dados que descreve o ângulo da articulação, o comprimento do músculo e a tensão é gerado. Essas informações são coletadas por um grupo especializado de receptores embutidos nos músculos, tendões e articulações. Conhecidos como proprioceptores, esses receptores carregam sinais para o cérebro, no qual

CAPÍTULO 11 | O FUTURO DA BIOMETRIA

são processados pela região somatossensorial do córtex cerebral. O fuso muscular é um tipo de proprioceptor que fornece informações sobre as mudanças no comprimento do músculo. O órgão do tendão de Golgi é outro tipo de proprioceptor que fornece informações sobre mudanças na tensão muscular. O cérebro processa essa informação cinestésica para fornecer uma noção do tamanho e forma brutos da bola de beisebol, bem como sua posição em relação à mão, braço e corpo.

Quando os dedos tocam a bola, o contato é feito entre as pontas dos dedos e a superfície da bola. Cada almofada do dedo é uma estrutura sensorial complexa que contém receptores tanto na pele quanto no tecido subjacente. Existem deles, um para cada tipo de estímulo: toque leve, toque pesado, pressão, vibração e dor. Os dados recolhidos desses receptores ajudam o cérebro a entender detalhes táteis sutis sobre a bola. Conforme os dedos exploram, eles percebem a textura mais lisa do couro, a aspereza elevada dos laços e a dureza da bola conforme a força é aplicada. Até mesmo as propriedades térmicas da bola são detectadas por meio de receptores táteis.

Infelizmente, os cientistas da computação tiveram grande dificuldade em transferir esse conhecimento básico do toque para seus sistemas de realidade virtual. As pistas visuais e auditivas são fáceis de replicar em modelos gerados por computador, mas as pistas táteis são mais complexas. É quase impossível permitir que um usuário sinta algo acontecer na mente do computador por meio de uma interface típica. Claro, os teclados permitem que os usuários digitem palavras e os *joysticks* e volantes podem vibrar. Mas como um usuário pode tocar o que está dentro do mundo virtual? Os cientistas da computação têm tentado responder a essas perguntas. Seu campo é um subconjunto especializado de hápticas conhecidas como hápticas de computador.

Neste contexto, a tecnologia tátil é a tática de integrar gatilhos multissensoriais dentro de objetos físicos, permitindo assim interações do mundo real com a tecnologia. Reúne os mundos digital e físico ao usar controles táteis, semelhante à tecnologia háptica, já que ambas se concentram em interações de toque com a tecnologia. Entretanto, enquanto a háptica é um toque simulado, o tátil é o toque físico. Também se assemelha à realidade aumentada, mas, em vez de usar uma interface digital para interagir com o mundo físico, ela faz o oposto — uma interação física que desencadeia uma reação digital. A palavra "tátil" significa relacionado ao sentido do tato ou que pode ser percebido pelo tato — tangível.

A entrada por toque já eliminou quase totalmente a necessidade de teclados físicos e mouses, mas em breve ela não ficará nem mesmo confinada a uma tela. Os pesquisadores estão a desenvolver sistemas que podem registrar e traduzir os movimentos das mãos no ar, ou mesmo replicar a sensação de objetos e texturas tridimensionais. A Sony está a experimentar uma tecnologia de tela sensível ao toque chamada "toque flutuante", que permite que você simplesmente passe o dedo sobre algo na tela, em vez de realmente tocá-lo. Você passaria o mouse sobre algo com o dedo da mesma forma que faria com o cursor em um computador e tocaria para selecionar.

Pintar ou manipular informações digitais no ar com o Zerotouch Invisible Touchscreen, um *display* multitoque transparente sem tela que detecta a entrada do utilizador com 256 sensores infravermelhos já é realidade. O movimento do usuário é visto como pontos em uma matriz de linhas. Em vez de realmente tocar em uma superfície, o usuário pode mover as mãos por meio da tela. Isso significa que ele pode ser colocado sobre um computador normal sem tela sensível ao toque para transformá-lo em uma superfície multifoque. E assim pintaríamos como um verdadeiro Picasso!

Tanto os seres humanos quanto os dispositivos devem beneficiar-se com as novas interfaces de "pele". Em outubro de 2019, os pesquisadores das interfaces Skin-On revelaram uma capa de *smartphone* que imita a sensação tátil da pele humana. A "pele" é capaz de sentir vários gestos, como traços, alongamentos e várias pressões e traduzi-los em funções no telefone. Por exemplo, torcer a superfície da pele ajusta o volume; fazer cócegas na pele leva-o a enviar um *emoji* risonho, conectando o humano e o dispositivo a um nível emocional. A equipe também está a explorar como a pele artificial pode ser usada com outros dispositivos, como relógios inteligentes e *trackpads*.

Agora imagine-se ser capaz de tocar em algo que não está realmente lá. Um novo tipo de tecnologia de toque que está a ser desenvolvido pelo grupo de pesquisa da Walt Disney Company permite aos utilizadores sentir texturas em uma tela sensível ao toque, bem como tocar objetos holográficos projetados no espaço, como por meio de um Xbox Kinect. Chamada de "tecnologia ultratátil", pode revolucionar a experiência dos jogos, mas também ser útil em ambientes médicos.

E se você pudesse ouvir pelo dedo de alguém? A tecnologia Ishen-Den-Shin (nomeada em homenagem a uma frase japonesa que significa "o que a mente pensa, o coração traduz") usa o corpo humano como um transmissor de som. Um microfone de mão conectado a um computador grava, assim que ouve uma pessoa falar, e transforma o que ouviu em um *loop* de som que é convertido em um sinal inaudível de alta voltagem, inofensivo, transmitido para o invólucro condutor do microfone. Isso significa que quem segura o microfone se torna um emissor de som humano. Se tocarem um objeto ou a orelha de outra pessoa com o dedo, as pequenas vibrações sonoras podem ser ouvidas.

ESPAÇO CORPO-FACE E MOVIMENTO

Mãos e rostos desempenham um papel importante para a comunicação humana. Eles são a principal fonte de informação para discriminar e identificar pessoas, para interpretar sinais comunicativos como gestos de mãos e rosto e para compreender emoções e intenções com base em expressões faciais. Aplicações que envolvem interfaces homem-robô com capacidades de interação avançada começaram a receber considerável atenção na comunidade acadêmica em laboratórios industriais e na mídia. Alguns dos maiores desafios científicos para tais aplicações estão relacionados com o desenvolvimento de tecnologias e técnicas apropriadas para que os robôs percebam os humanos e rastreiem sua atividade. O rastreio do movimento das mãos fornece informações para sistemas de reconhecimento de gestos manuais, enquanto as características faciais codificam informações críticas sobre a expressão facial e o movimento da cabeça.

Alguns pesquisadores propuseram um modelo de discretização do espaço da imagem baseado na localização facial e na antropometria corporal. Nesse espaço corpo-face, uma rede neural reconhece as posturas das mãos, o LISTEN. LISTEN é um sistema de visão por computador em tempo real que detecta e rastreia um rosto em uma imagem de vídeo. Nesse sistema, os rostos são detectados, dentro das manchas da cor da pele, por uma rede neural modular. Um sistema semelhante ao reconhecimento de voz, usa o reconhecimento da postura da mão para executar um comando. Para detectar a intenção do usuário de emitir um comando, "janelas ativas" podem ser investigadas no espaço corpo-rosto. Quando uma mancha da cor da pele entra em uma "janela ativa", o reconhecimento da postura da mão é acionado, ao usar uma rede neural específica para cada postura.

Outros pesquisadores apresentaram uma abordagem integrada para rastrear mãos, rostos e características faciais específicas (olhos, nariz e boca) em sequências de imagens. Esse rastreamento de mãos e rosto é realizado por meio de um rastreador de *blob* de última geração, especificamente treinado para rastrear regiões da cor da pele. Entenda-se por *blob* a capacidade de armazenar objetos não textuais em bancos de dados. Eles estendem o rastreador de cor de pele propondo um classificador probabilístico incremental, que pode ser usado para manter e atualizar continuamente a crença sobre a classe de cada gota rastreada, que pode ser mão esquerda, mão direita ou rosto, bem como para associar características da mão com suas faces correspondentes. Este é um novo método para a detecção e rastreamento de características faciais específicas dentro de cada mancha facial detectada, que consiste em um detector baseado em aparência e um rastreador baseado em características. A abordagem proposta visa fornecer subsídios para a análise dos gestos das mãos e das expressões faciais que os humanos utilizam enquanto estão envolvidos em vários estados de conversação com robôs que operam de forma autônoma em locais públicos.

Um outro ponto a tocar em nossa conversa é a captura de movimento (às vezes referida como *mo-cap* ou *mocap*, para abreviar), ou seja, o processo de registrar o movimento de objetos ou pessoas. É usado em aplicações militares, de entretenimento, desporto, médicas e para validação de visão computacional e robótica. Na produção de filmes e no desenvolvimento de videogames, refere-se à gravação de ações de atores humanos e ao uso dessas informações para animar modelos de personagens digitais em animação digital 2D ou 3D. Quando inclui o rosto e os dedos ou captura expressões sutis, muitas vezes é referido como captura de desempenho. Em muitos campos, a captura de movimento às vezes é chamada de rastreamento de movimento, mas em filmes e jogos o rastreamento de movimento geralmente refere-se mais ao movimento correspondente. Em sessões, movimentos de um ou mais atores são amostrados muitas vezes por segundo. Enquanto as primeiras técnicas usavam imagens de várias câmeras para calcular as posições 3D, muitas vezes o objetivo da captura de movimento é registrar apenas os movimentos do ator, não sua aparência visual. Esses dados de animação são mapeados para um modelo 3D para que o modelo execute as mesmas ações que o ator. Agora pode entender o sucesso do filme *Avatar* e todos os seus segredos!

Tecnologia de Injeção sem Agulha

Esqueça o Google Glass e aquele Fitbit que você costumava usar; o que há de mais moderno em computação vestível não é usado no corpo, mas dentro nele. Com chips fisicamente inseridos em seu corpo, ligados aos nervos ou colocados nos músculos ou na pele, pode ocorrer uma nova forma de sinergia entre o ser humano e o computador. Como funciona a eletrônica injetada?

A tecnologia de injeção sem agulha (NFIT) é um conceito extremamente amplo que inclui uma ampla gama de sistemas de administração de drogas através da pele usando qualquer uma das forças como Lorentz. O *Lorentz* são ondas de choque, pressão por gás ou eletroforese que impulsiona a droga, praticamente anulando o uso de agulha hipodérmica. Essa tecnologia não é apenas considerada benéfica para a indústria farmacêutica, mas também para o mundo em desenvolvimento, ao ser considerada altamente útil em programas de imunização em massa, visto evitar as chances de ferimentos por agulha e outras complicações, inclusas aquelas decorrentes do uso múltiplo de uma única agulha.

Os dispositivos NFIT podem ser classificados com base em seu funcionamento, tipo de carga, mecanismo de entrega do medicamento e local de entrega. Para administrar uma dose estável, segura e eficaz através do NFIT, a esterilidade, o prazo de validade e a viscosidade do medicamento são os principais componentes a serem observados. Os sistemas de injeção sem agulha tecnicamente superiores são capazes de administrar medicamentos altamente viscosos que não podem ser administrados pelos sistemas tradicionais de agulha e seringa, aumentando ainda mais a utilidade da tecnologia. Os dispositivos NFIT podem ser fabricados de várias maneiras; no entanto, o procedimento amplamente utilizado para fabricá-lo é pela técnica de moldagem por injeção.

Por enquanto, os implantes são explicitamente para a prestação de serviços médicos. Uma vez que a capacidade de controlar e se comunicar com um dispositivo implantado ou injetado é alcançada, uma série de serviços podem ser fornecidos, como rastreamento em tempo real do crescimento de um tumor ou distribuição localizada e controlada de medicamentos. O futuro é de implantes injetados miniaturizados que fornecem estimulação nervosa direcionada. Isso é chamado de neuromodulação. Equipar o corpo com qualquer dispositivo de monitorização fisiológico inteligente e, em instantes, os serviços de emergência podem ser chamados, automaticamente, se alguém estiver prestes a ter um ataque cardíaco, por exemplo. A terapia de neuroestimulação pode ser administrada em resposta a uma crise epilética iminente ou ao aumento dos tremores de Parkinson. Ao ir direto ao nervo, é possível que a identificação de vias neurais signifique tratamento para doenças como depressão e obesidade.

Podemos trazer ainda para este contexto os sensores ingeríveis. Em termos simples, são dispositivos eletrônicos ingeríveis, aproximadamente do tamanho de uma cápsula de medicamento, compostos de materiais biocompatíveis que compõem uma fonte de alimentação, microprocessador, controlador, sensores etc., dando ao dispositivo a capacidade de telecomunicação para uso na área de saúde, indústria de diagnóstico e monitorização de doenças. Importante salientar que, como não é invasiva, essa tecnologia de saúde em tempo real pode ter implicações de longo alcance, muito além do que os sensores atuais são capazes.

Sensores ingeríveis ainda são um conceito novo, e a ideia de engolir um sensor contendo todos os componentes eletrônicos permanece um desafio psicológico. Diretrizes de segurança estritas devem ser mantidas pelas empresas farmacêuticas e autoridades regulatórias. O campo também deve superar o enorme obstáculo dos gastos maciços vinculados ao desenvolvimento de produtos, uma vez que essas tecnologias exigem a invenção de novas tecnologias integradas, um problema que pode diminuir a velocidade de desenvolvimento. No entanto, as informações que podem ser obtidas por meio dessa tecnologia ingerível têm um enorme potencial para lançar luz sobre funcionalidades recém-descobertas.

A tecnologia de sensores ingeríveis é a próxima etapa após os sensores vestíveis. O tamanho do mercado de sensores ingeríveis foi estimado em cerca de US$ 491 milhões em 2016, e isso pode aumentar a uma taxa composta de crescimento anual de até 19% até 2024. É uma tecnologia inovadora no campo do diagnóstico, monitorização e gerenciamento de doenças. Portanto, vale a pena explorar o campo das "pílulas inteligentes".

E se você chegou até o final deste capítulo com a sensação de que estava em uma ilha deserta enquanto tudo isso era desenvolvido, bem-vindo ao novo mundo! Há ainda o Bluetooth para o corpo controlado por aplicações. Sim, é possível implantar transmissores sem fio no corpo e receber um sinal de e para eles por meio de um dispositivo externo. Tradicionalmente, isso é obtido por meio de um dispositivo médico externo dedicado — foi o que aconteceu com os implantes tradicionais, como os marca-passos —, mas, mais recentemente, surgiu o interesse em usar um *smartphone* para este fim.

CAPÍTULO 12
CONCLUSÕES E CAMINHOS A SEGUIR

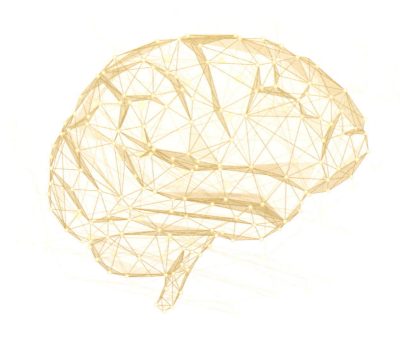

Este livro tentou dar uma visão geral analítica dos princípios nas áreas de biometria e neurociência, bem como desenvolvimentos futuros. Sua estrutura contém uma introdução à biociência e neurociência cognitiva. Processos biológicos, medidas poliméricas e técnicas biométricas foram então explorados, desde biossinais, rastreamento ocular e codificação facial até impressões de voz e fibretrônica.

O futuro dos avanços biométricos é introduzido ao cobrir tópicos como 3D *sensing*, *biossensors*, *wearable senses* e *emotion tracking*. No reino da neurociência, as ondas cerebrais são bem dissecadas e analisadas. Também são contempladas as áreas de neurofisiologia e neurociências aplicadas à área de marketing. Os tópicos específicos apresentados incluem neuroética, *brand sense*, publicidade hiperpersonalizada, preços e o papel das cores no turismo.

A área da neurociência do consumidor também ganha algum destaque — comportamento do consumidor, atenção, envolvimento e tomada de decisão. Sinapses e neurotransmissores no processo de tomada de decisão, *feedback* em *loop*, regras de decisão compensatória e não compensatória (lexicográfica, eliminação por aspectos e conjuntiva), imagem cerebral, eletroencefalografia (EEG) e, ainda, experiência com Neurosky. A neuro(r) evolução e o surgimento de neurotecnologias também são introduzidos no texto, de sensor *tech*, *sensory messaging to augmented cognitive devices*. Um dos capítulos do livro é totalmente dedicado à cobertura de um tema muito importante em nossas vidas, a roboética — agentes éticos/morais artificiais, inteligência artificial benevolente, verificadores de IA.

O capítulo final também olha para o futuro e o caminho a seguir no domínio da biometria e neurociência — bioenergética do cérebro, o cérebro artificial e transumanos.

E qual é então o caminho a seguir? Iremos apontar o futuro a partir de agora, nosso presente.

Bioenergética

Bioenergética é o ramo da bioquímica que se concentra em como as células transformam energia, muitas vezes ao produzir, armazenar ou consumir trifosfato de adenosina (ATP). Os processos bioenergéticos, como a respiração celular ou a fotossíntese, são essenciais para a maioria dos aspectos do metabolismo celular e, portanto, para a própria vida.

Como o estudo da transformação da energia, a bioenergética inclui diferentes processos celulares e metabólicos que levam à produção e utilização de energia. Uma nota para metabolismo, termo dado ao conjunto de transformações químicas que sustentam a vida dentro das células dos organismos vivos.

Relativamente à bioenergética humana, é o estudo multidisciplinar de como a energia é transferida em células, tecidos e organismos. A maneira pela qual nosso corpo regula as vias e processos desta transferência de energia tem uma influência fundamental na saúde. E como o cérebro é um dos órgãos do nosso corpo que mais produz energia, olhemos mais atentamente para a bioenergética da função cerebral. Na verdade, pode-se dizer que a principal diferença entre o cérebro e um computador é o plugue: uma vez conectado, a energia não é um problema para o computador, mas esta é um fardo constante para cada célula do cérebro. Como tal, o metabolismo da energia no cérebro não é apenas um mero serviço de limpeza e sobrevivência, mas constitui um elemento essencial que participa diretamente na sinalização, computação e comportamento.

Atualmente a ciência já dispõe de um processo bioenergético que afeta as funções celulares, a ponto de melhorá-las: a fotobiomodulação cerebral ou fotobiomodulação transcraniana (tPBM), ou seja, o processo de usar luz infravermelha próxima (NIR). Um bom exemplo de funções cerebrais que podem ser melhoradas é a atividade cognitiva e acuidade mental. Se pensarmos bem é um bom apoio ao tratamento de distúrbios como a depressão, até então tratados com fármacos e psicoterapia. A exposição à luz quase infravermelha, ou laserterapia de baixa intensidade, vem a ser investigada por muitos pesquisadores, sendo que os primeiros resultados já apresentam-se promissores, com ausência de efeitos adversos graves. Aqui, o córtex frontal é exposto à luz quase infravermelha por meio da testa. Um longo caminho ainda precisa ser seguido, pois o principal experimento neste sentido, realizado por Schiffer *et al.* (2009), com dez pacientes em depressão, mostrou que, apesar da rápida reação dos sintomas que diminuíram sensivelmente em duas semanas, passadas quatro semanas da sessão os sintomas regressaram. Esses pesquisadores da Harvard University usavam a hemoglobina total como medida e perceberam que, apesar da eficácia do tratamento (remissão em torno de 60%), sua capacidade de manutenção ainda é limitada.

Interface Cérebro-Máquina (IMC)

Uma interface cérebro-máquina (IMC), ou *Brain Machine Interface* (BCI), é um dispositivo que traduz informações neuronais em comandos capazes de controlar *software* ou *hardware* externo, como um computador ou braço robótico.

As BCIs ocupam um campo emergente com o potencial de mudar o mundo, com diversas aplicações, da reabilitação humana. A configuração básica de um sistema BCI inclui três componentes: eletrodos específicos para registrar a atividade cerebral elétrica, magnética ou metabólica; um *pipeline* de processamento para interpretar esses sinais, extraindo recursos relevantes deles, decodificando padrões de interesse e emitindo comandos; e um computador ou dispositivo externo que opera por meio dos comandos gerados. Há, ainda, uma grande variedade de dispositivos que podem ser controlados por meio de comandos cerebrais e podem ser usados de cinco maneiras: para substituir, restaurar, aumentar, complementar ou melhorar algumas funções humanas.

O primeiro componente da tecnologia BCI é um método para registrar os sinais do cérebro humano. Pode ser considerado o mais relevante, pois determina aspectos como o custo, as áreas potenciais de aplicação e a população que pode utilizá-lo. A atividade cerebral pode ser medida com sensores implantados dentro do corpo (BCIs invasivos) ou com sensores externos (BCIs não invasivos). Sensores não invasivos permitem o registro da atividade elétrica (com eletroencefalografia, EEG), atividade magnética (com magnetoencefalografia, MEG) ou atividade metabólica (com espectroscopia de infravermelho próximo funcional, fNIRS). O fNIRS tem a limitação de fornecer uma resolução temporal muito baixa e, portanto, não é frequentemente usada para BCIs. O EEG e o MEG, ao contrário, permitem maior resolução temporal, apesar de baixa resolução espacial. O MEG requer um magnetômetro grande e caro. Geralmente, para BCIs não invasivas, o EEG é a tecnologia preferida devido ao menor custo e portabilidade. Por esse motivo, a maior parte das informações contidas neste livro refere-se a interfaces cérebro-computador baseadas em EEG.

As BCIs são frequentemente usadas como dispositivos de vida assistida para indivíduos com deficiências motoras ou sensoriais e registram sinais neurais de origem cortical com o objetivo de controlar uma interface de usuário para fins de comunicação, um artefato robótico ou membro artificial como atuador. Um dos principais componentes do sistema neuroprotético é a própria interface neurotécnica, a matriz de eletrodos que tem diferentes designs e técnicas de fabricação. As tecnologias avançadas de micro usinagem de silício levaram a matrizes de eletrodos intracorticais altamente sofisticadas para aplicações neurocientíficas fundamentais.

Nos últimos anos, as pesquisas da BCI estão focadas em BCI invasiva, parcialmente invasiva e não invasiva. Além disso, o EEG também pode ser aplicado à comunicação telepática, que pode fornecer base para a comunicação baseada no cérebro ao usar a fala imaginada. É possível usar sinais de EEG para discriminar as vogais e consoantes inseridas nas palavras faladas e nas palavras imaginadas.

A receita global de vendas de hardware da BMI (Brain Machine Interfaces) chegará a US$ 19 bilhões por ano em 2027, ante US$ 2,4 bilhões em 2018, de acordo com um novo estudo da Juniper Research. Os IMCs preenchem a lacuna entre a tecnologia e o cérebro, ao monitorizar sinais cerebrais para fins de interpretação ou controle. A pesquisa descobriu que o maior impacto do IMC será quando usado para monitorização de concentração, onde a tecnologia EEG (eletroencefalograma) pode ser aproveitada para supervisionar a fadiga. Isto é crucial para empresas industriais, aquelas que se esforçam para melhorar a segurança e a produtividade. Juniper previu que o avanço da tecnologia em conjunto com a absorção de realidade virtual/mista pelo consumidor facilitaria novos paradigmas de interface quando integrados.

NEURÔNIOS ARTIFICIAIS

A natureza da função e do desenvolvimento do sistema nervoso são inerentemente globais, uma vez que todos os componentes eventualmente influenciam uns aos outros. As redes comunicam-se por meio de conexões sinápticas, elétricas e modulatórias densas e desenvolvem-se por meio do crescimento simultâneo e da interligação de seus neurônios, processos, glia e vasos sanguíneos. Esses fatores impulsionam o desenvolvimento de técnicas capazes de gerar imagens de sinais neurais, anatomia e processos de desenvolvimento em escalas cada vez maiores. Sim, os neurônios sintéticos podem levar a pesquisa do cérebro para o próximo nível.

Uma equipe internacional de pesquisadores desenvolveu neurônios artificiais que podem ser implantados no cérebro para reparar os danos causados pela doença de Alzheimer e outras doenças neurodegenerativas. Os chips de silício, que comportam-se como neurônios biológicos, precisam de apenas 140 nanowatts de potência. Isso é um bilionésimo da potência exigida pelos microprocessadores que têm sido usados em outras tentativas de construir neurônios sintéticos, tornando os chips de silício adequados para serem usados como implantes médicos ou dentro de outros dispositivos bioeletrônicos. Os neurônios artificiais são projetados para responder a sinais elétricos do sistema nervoso, algo que tem sido um dos principais objetivos da medicina por décadas. Os dispositivos poderiam ser usados para reparar biocircuitos doentes, ao replicar sua função saudável por meio da resposta ao *feedback* biológico.

Em um estudo conduzido pela Universidade de Bath e com colaboradores das Universidades de Bristol, Zurique e Auckland, pesquisadores modelaram e derivaram equações para explicar como os neurônios respondem a estímulos elétricos de outros nervos. Este foi um processo altamente complicado, pois as respostas são "não lineares", o que significa que, se um sinal chegar duas vezes mais forte, não necessariamente provocará uma reação duas vezes maior — poderia ser três vezes maior, por exemplo. Quando as equações foram estabelecidas, a equipe projetou chips de silício que modelaram com precisão canais iônicos biológicos, antes de provar que seus neurônios de silício imitavam com precisão neurônios reais, vivos, respondendo a uma série de estímulos em ratos. Eles foram capazes de replicar com precisão a dinâmica completa dos neurônios do hipocampo e neurônios respiratórios de ratos sob uma ampla gama de estímulos.

Outra pesquisa é parte de um projeto de quatro anos partilhado entre pesquisadores universitários de Michigan, Stanford, Johns Hopkins, Rochester Institute of Technology, Baylor e da University of California, Santa Barbara. Os planos da equipe são dividir os neurônios em blocos de construção essenciais e construir cada bloco por meio da incorporação de materiais inanimados, como proteínas e lipídios. Os blocos de construção são então montados em subunidades funcionais capazes de realizar parte das funções do neurônio ou da rede neuronal. O projeto foi sobre como usar uma abordagem *bottom up* para fazer um neurônio sintético. Os pesquisadores reuniram todas as informações que biólogos e neurocientistas geraram em termos de compreensão de como o cérebro funciona, também o neurônio, e usaram uma abordagem de engenharia para construí-lo. Uma vez que um neurônio mínimo tenha sido construído com todas as funções essenciais, o projeto concentrar-se-ia no trabalho dos neurônios de processar informações, ao recriar sua capacidade de comunicação entre as células.

O pesquisador principal afirmou que a equipe trabalhará para que as células neuronais sintéticas vizinhas comuniquem-se por meio de sinais positivos e negativos. Se isso for alcançado, o objetivo é ter uma resposta binária funcional que seja essencial para o processamento de informações.

FIBRAS ÓPTICAS MAIS RÁPIDAS E EFICIENTES

O mundo da computação pode mudar rapidamente nos próximos anos, graças à tecnologia que substitui a fiação de metal entre os componentes por links de fibra óptica mais rápidos e eficientes. Um chip no centro dessa placa de circuito contém quatro lasers que convertem sinais elétricos em pulsos de luz. Os pulsos viajam em alta velocidade ao longo do *link* de fibra óptica. Haverá minúsculos chips de silício capazes de codificar e decodificar sinais de laser enviados por fibra óptica. Hoje, quando os dados chegam a um computador por meio de uma conexão de fibra óptica, precisam ser movidos de um dispositivo fotônico separado para um circuito eletrônico. Esse novo sistema promete agilizar as coisas porque tudo funciona em silício.

Os chips fotônicos de silício podem substituir as conexões eletrônicas entre os principais componentes de um computador, como seus processadores e memória. A fiação de cobre usada hoje pode transportar sinais de dados a pouco mais de 10 gigabits por segundo, ou seja, componentes críticos, como a unidade de processamento central e a memória em um servidor, não podem estar muito distantes, fato que restringe como os computadores podem ser construídos. Assim, a fibra óptica permitiu que os sinais de baixa potência viajem mais longe.

Os pesquisadores possibilitaram os benefícios do uso da luz com a escalabilidade de baixo custo e alto volume do silício. Em computadores de consumo, como portáteis, isso permitiria inovações no design industrial. Em vez disto, pode-se colocar a memória no *display* e mudar tudo.

Ao explorar totalmente os benefícios da era óptica, a engenharia computacional supera algumas das limitações dos métodos experimentais, como a projeção de novas proteínas a partir do zero. Projetar proteínas à vontade pode ser uma maneira poderosa de melhorar muitos processos de engenharia química. Embora os métodos computacionais tenham tido sucesso limitado, métodos aprimorados e recursos computacionais expandidos estão a aumentar rapidamente as áreas nas quais estes métodos podem ser aplicados de forma confiável. Percebe como os pequenos biocomputadores aproximam-se da realidade? Vários grupos de pesquisa estão a desenvolver circuitos baseados em DNA que poderão um dia monitorizar e tratar doenças em órgãos internos.

Um ponto importante a ser conversado aqui é o nano computador. Um computador cujas dimensões físicas são microscópicas. O campo da nanocomputação faz parte do campo emergente da nanotecnologia. Vários tipos de nanocomputadores foram sugeridos ou propostos por pesquisadores e futuristas. O limite máximo para o número de transistores por unidade de volume é imposto pela estrutura atômica da matéria.

E se está a ficar perplexo, prepare-se para os computadores quânticos!

A mecânica quântica é a base da física, que é a base da química, que é a base da biologia. Portanto, para que os cientistas simulem com precisão qualquer uma dessas coisas, eles precisam de uma maneira melhor de fazer cálculos que possam lidar com a incerteza. Entra, computadores quânticos. Em vez de *bits*, os computadores quânticos usam *qubits*. Sem apenas estarem ligados ou desligados, os qubits também podem estar no que é chamado de "superposição" — ligados e desligados ao mesmo tempo, ou em algum lugar em um espectro entre os dois. A outra coisa que os *qubits* podem fazer é chamada emaranhamento. Normalmente, se lançares duas moedas, o resultado de um lançamento de moeda não tem relação com o resultado do outro. Eles são independentes. No emaranhamento, duas partículas estão ligadas entre si, mesmo que sejam fisicamente separadas. Se um der cara, o outro também o será.

NEUROCIÊNCIA COMPUTACIONAL

As grandes diferenças entre os circuitos neurais do cérebro e os circuitos de silício de um computador podem sugerir que eles não têm nada em comum. Na verdade, como Dana Ballard (2015) argumenta em seu livro, as ferramentas computacionais são essenciais para a compreensão da função cerebral. Ballard mostra que a organização hierárquica do cérebro tem muitos paralelos com a organização hierárquica da computação; como na computação de silício, as complexidades da computação do cérebro podem ser dramaticamente simplificadas quando sua computação é fatorada em diferentes níveis de abstração.

Com base em várias décadas de progresso na neurociência computacional, juntamente com resultados recentes em metodologias de aprendizagem bayesiana e de reforço, Ballard considera as principais questões computacionais do cérebro em termos de seu lugar natural em uma hierarquia geral. Cada um desses fatores leva a uma nova perspectiva. Um nível neural se concentra nas funções básicas do prosencéfalo e mostra como as demandas de processamento ditam o uso extensivo de circuitos baseados em temporização e uma organização geral de memórias tabulares. Uma organização em nível de incorporação funciona ao contrário, ao fazer uso extensivo de multiplexação e processamento sob demanda para obter computação paralela rápida. Um nível de consciência concentra-se nas representações cerebrais de emoção, atenção e consciência, mostrando que elas podem operar com grande economia no contexto dos substratos neural e de incorporação.

Ballard apresenta no início do livro a premissa de seu objetivo central, a hierarquia de abstrações que representam a computação do cérebro. Ela faz isso de três maneiras. Primeiro, mostra as escalas espaciais hierárquicas presentes no sistema nervoso central (de moléculas a sinapses, neurônios, redes, mapas, sistemas e, finalmente, o sistema nervoso central como um todo). De seguida, uma descrição de similares, parcialmente espaciais, parcialmente conceituais, em que são apresentadas escalas para um computador (começando com portas, circuitos, microcódigo, linguagem Assembly, programas do usuário e terminando com o sistema operacional. Por fim, mostra os níveis de abstração computacional.

O cérebro em geral deve ter algum elemento que seja capaz de monitorizar a execução de rotinas, para determinar se a execução está a ocorrer conforme o esperado, para determinar quando uma tarefa foi concluída com sucesso e fazer alterações nas rotinas, caso a execução seja, de alguma maneira, inadequada. Alguém também pode perguntar-se acerca da possibilidade de definir princípios de organização hierárquica para computação cerebral, relacionados a uma subclassificação de conexões neurais. Em outras palavras, todas as conexões neurais — *feedforward*, laterais ou *feedback* — têm o mesmo propósito? Esses princípios organizacionais desenvolvidos por pesquisadores de IA podem fornecer orientação para tal consideração? Poder-se-ia pensar que, da mesma forma que existe uma miríade de tipos de neurônios, cada um com uma funcionalidade diferente, pode haver muitos tipos de conexões entre os neurônios, cada um com características e funções diferentes.

O CÉREBRO E MACHINE LEARNING

A inteligência humana é constituída de uma infinidade de funções cognitivas, ativadas direta ou indiretamente por estímulos externos de vários tipos. As abordagens computacionais para as ciências cognitivas e para a neurociência são parcialmente baseadas na ideia de que as simulações computacionais de tais funções cognitivas e operações cerebrais suspeitas de corresponder a elas podem ajudar a descobrir mais sobre essas funções e operações, especificamente, como elas podem trabalhar juntas. Tais abordagens também têm como premissa parcial a ideia de que a pesquisa em neurociência empírica, seja seguindo a partir de tal simulação (já que simulação e pesquisa empírica são complementares) ou de outra forma, poderia ajudar-nos a construir melhores sistemas artificialmente inteligentes. Isso baseia-se no pressuposto de que os princípios pelos quais o cérebro aparentemente opera, na medida em que pode ser entendido como computacional, devem pelo menos ser testados como princípios para a operação de sistemas artificiais.

Nesse sentido, atraídos pela força da capacidade do cérebro humano de raciocinar e analisar objetos e ideias, Howard *et al.* (2020) propõem uma nova estrutura de machine learning automática chamada BrainOS ®. A arquitetura e a operação do sistema são inspiradas no comportamento das células neuronais. Uma vez que os modelos de ML existentes têm muitos desafios relacionados a dados de treinamento dependentes de tarefas superdimensionados e resultados não interpretáveis, o BrainOS ® aborda essas deficiências. Na verdade, ele fornece uma abordagem multidisciplinar capaz de lidar com o processamento de linguagem natural (PNL) de forma que a lacuna entre a PNL estatística e muitas outras disciplinas necessárias para a compreensão da linguagem humana seja minimizada. Linguística, raciocínio lógico e computação afetiva são essenciais para analisar a linguagem humana. BrainOS® envolve técnicas simbólicas, bem como sub-simbólicas, empregando modelos como redes semânticas e representações de dependência conceptuais para codificar o significado. Baseada no cérebro humano, que utiliza diferentes áreas neuronais para processar dados de entrada, a depender do tipo de receptor, a infraestrutura proposta é alicerçada em um conjunto de recursos que são gerenciados pelo seletor crítico (ligado e desligado), muito na maneira como a mente biológica opera.

O Brain OS ® é um sistema adaptativo inteligente que combina tipos de dados de entrada, história e objetivos de processos, pesquisa conhecimento e contexto situacional para determinar qual é o modelo matemático mais apropriado, escolhe a infraestrutura de computação mais apropriada para realizar o aprendizado e propõe a melhor solução para um determinado problema. BrainOS ® tem a capacidade de capturar dados em diferentes canais de entrada, realizar aprimoramento de dados, usar modelos de IA existentes, criar outros e ajustar, validar e combinar modelos para criar uma coleção de modelos mais poderosa. Para garantir um processamento eficiente, o BrainOS ® pode calibrar automaticamente o modelo matemático mais adequado e escolher a ferramenta de aprendizagem de computação mais adequada com base na tarefa a ser executada. Assim, chegar-se a soluções ótimas ou pré-ótimas. O BrainOS ® alavanca métodos simbólicos

Um *yottabyte* é atualmente a maior unidade de dados oficialmente reconhecida, porém a próxima etapa (que não é reconhecida atualmente) é um *brontobyte* (10 elevado à potência de 27). Então, se a humanidade quisesse maximizar sua memória, poderíamos armazenar 2.127 *brontobytes* de dados. Estima-se que a internet ocuparia minúsculos 0,00047% da capacidade de memória das humanidades. A conclusão sobre a quantidade de dados que o cérebro humano pode armazenar é que nunca seremos capazes de corresponder tecnicamente aos incríveis feitos que a natureza realizou.

A capacidade de armazenamento global dos *data centers* da internet em 2018 era de 1.450 *exabytes*. Uma estimativa poderia revelar que os maiores supercomputadores de hoje estão a um fator de 100 de ter o poder de imitar a mente humana. Seus sucessores daqui a uma década serão mais do que poderosos o suficiente. Ainda assim, é improvável que máquinas que custam dezenas de milhões de dólares sejam desperdiçadas a fazer o que qualquer humano pode fazer, quando eles poderiam estar resolvendo problemas físicos e matemáticos urgentes que nada mais pode tocar. Máquinas com desempenho semelhante ao humano só farão sentido econômico quando custarem menos do que os humanos, digamos, quando seus "cérebros" custarem cerca de US$ 1.000. Quando este dia chegará?

"A" SINGULARIDADE

Os tipos de mudanças dramáticas no pensamento são chamados de Singularidade — uma palavra que é originalmente derivada da matemática e descreve um ponto que somos incapazes de decifrar suas propriedades exatas. É aquele lugar em que as equações basicamente enlouquecem e não fazem mais sentido.

A Singularidade ganhou fama nas últimas duas décadas em grande parte por causa de dois pensadores. O primeiro é o cientista e escritor de ficção científica Vernor Vinge, que escreveu em 1993: "Em trinta anos, teremos os meios tecnológicos para criar inteligência sobre-humana. Logo depois, a era humana terminará. "

O outro profeta proeminente da Singularidade é Ray Kurzweil. Em seu livro *The Singularity is Near*, Kurzweil basicamente concorda com Vinge, mas acredita que o último foi muito otimista em sua visão do progresso tecnológico. Kurzweil acredita que até o ano de 2045 vivenciaremos a maior singularidade tecnológica da história da humanidade: aquela que pode, em poucos anos, derrubar os institutos e pilares da sociedade e mudar completamente a forma como nos vemos como seres humanos. Assim como Vinge, Kurzweil acredita que chegaremos à Singularidade ao criar uma inteligência artificial super-humana. Uma IA desse nível poderia conceber ideias nas quais nenhum ser humano havia pensado no passado e inventar ferramentas tecnológicas que serão mais sofisticadas e avançadas do que qualquer coisa que temos hoje.

Estamos a entrar em uma nova era. Chamemos-na de "a Singularidade". É uma fusão entre a inteligência humana e a inteligência da máquina que criará algo maior do que ela própria. É a vanguarda da evolução em nosso planeta. Pode-se argumentar que é na verdade a vanguarda da evolução da inteligência em geral, porque não há indicação de que tenha ocorrido em qualquer outro lugar. Para nós, é disso que se trata a civilização humana. É parte do nosso destino e parte do destino da evolução, do progresso contínuo, aumentar o poder da inteligência exponencialmente.

Podemos pensar em parar com isso? Sempre é possível, mas incorrer em pensar que os seres humanos estão bem do jeito que são é uma lembrança carinhosa mal colocada do que os seres humanos costumavam ser. O que os seres humanos são é uma espécie que passou por uma evolução cultural e tecnológica, e é da natureza da evolução que ela se acelera e que seus poderes crescem exponencialmente, e é disso que estamos a falar. O próximo estágio será ampliar nossos próprios poderes intelectuais com os resultados da nossa tecnologia.

Se olharmos para a capacidade de cálculo dos computadores e compará-la com o número de neurônios no cérebro humano, a singularidade poderia ter sido alcançada já no início do ano de 2020. No entanto, um cérebro humano é "conectado" de maneira diferente de um computador, e esta pode ser a razão pela qual certas tarefas que são simples para nós ainda serem bastante desafiadoras para a IA de hoje. Além disto, o tamanho do cérebro ou o número de neurônios não equivale à inteligência. Por exemplo, baleias e elefantes têm mais do que o dobro do número de neurônios em seus cérebros, mas não são mais inteligentes que os humanos.

MÁQUINAS PODEM SUBSTITUIR HUMANOS?

A ideia de que a história humana está a aproximar-se de uma "Singularidade" — que os humanos comuns um dia serão superados por máquinas artificialmente inteligentes ou inteligência biológica cognitivamente aprimorada (ou ambos) — mudou do reino da ficção científica para um debate a sério. Alguns teóricos da singularidade preveem que, se o campo da IA continuar a desenvolver-se no ritmo vertiginoso atual, a Singularidade poderá surgir em meados do século atual. Esta Singularidade virá depois do tempo em que nossas criações tecnológicas excedam o poder de computação dos cérebros humanos, e Kurzweil prevê que, com base na Lei de Moore e na tendência geral de crescimento exponencial da tecnologia, este tempo chegará antes de meados do século 21.

Pode-se especular sobre as mudanças que a Singularidade traria que permitiriam que esse crescimento exponencial continuasse. Assim que construirmos computadores com poder de processamento maior do que o cérebro humano e com *software* autoconsciente que é mais inteligente do que o humano, veremos melhorias na velocidade com que essas mentes artificiais podem funcionar.

O que talvez esteja a pensar neste instante: as máquinas poderiam substituir os humanos como a força dominante no planeta? Alguns podem argumentar que já alcançamos esse ponto. Afinal, os computadores permitem-nos comunicar uns com os outros, acompanhar sistemas complexos como os mercados globais e até controlar as armas mais perigosas do mundo. Além disso, os robôs tornaram a automação uma realidade para trabalhos que vão desde a construção de automóveis até a construção de chips de computador.

Agora essas máquinas têm que responder aos humanos. Elas não têm a capacidade de tomar decisões fora de sua programação ou usar a intuição. Sem autoconsciência e capacidade de extrapolar com base nas informações disponíveis, as máquinas continuam a ser ferramentas. Quanto tempo isso vai durar? Estamos caminhando para um futuro no qual as máquinas ganham uma forma de consciência? Se fizerem isso, o que acontecerá conosco? Entraremos em um futuro no qual computadores e robôs farão todo o trabalho e desfrutaremos os frutos de seu trabalho? Vernor Vinge propõe uma previsão interessante, e potencialmente assustadora, em seu ensaio intitulado "A Singularidade tecnológica vindoura: como sobreviver na era pós-humana". Ele afirma que a humanidade desenvolverá uma inteligência sobre-humana antes de 2030. O ensaio especifica quatro maneiras pelas quais isso poderia acontecer:

- Os cientistas podem desenvolver avanços em inteligência artificial (IA).

- Redes de computadores podem de alguma forma tornar-se autoconscientes.

- As interfaces computador/humano tornam-se tão avançadas que os humanos essencialmente evoluem para uma nova espécie.

- Os avanços das ciências biológicas permitem que os humanos construam fisicamente a inteligência humana.

Dessas quatro possibilidades, as três primeiras podem fazer com que as máquinas assumam o controle. A tecnologia de computador avança a um ritmo mais rápido do que muitas outras tecnologias. Os computadores tendem a dobrar de potência a cada dois anos ou mais. Essa tendência está relacionada à Lei de Moore, que determina que os transístores dobrem de potência a cada 18 meses. Vinge diz que, nesse ritmo, é apenas uma questão de tempo até que os humanos construam uma máquina que possa "pensar" como um humano.

SALLY, O ROBÔ PERFEITO!

Conheça Sally, uma governanta e babá incrivelmente sinistra que na verdade é um robô. Sally vai preparar seu jantar, levar seus filhos para a cama e provavelmente enlouquecer e destruir você durante a noite. Ela é o produto mais recente da Persona Synthetics, uma empresa que oferece ciborgues acessíveis para uso doméstico.

Uma nova classe de pessoas, os NEONs (outra empresa) representam os humanos artificiais. Eles exibem os aspectos mais importantes das capacidades humanas: a habilidade de comunicar-se com o afeto humano, aprender com as experiências e formar novas memórias. Os néones não são o rosto de um assistente de IA ou uma cópia de nós. Eles são entidades de inteligência artificial de última geração compostas digitalmente, que aprendem continuamente com suas interações e constroem experiências conosco em tempo real. NEON continuará a evoluir e a existir em toda a sociedade em vários papéis. Eles podem ser professores, atores, embaixadores de marcas, caixas de banco e até nossos amigos, companheiros e colaboradores. A tecnologia por trás do NEON consiste em dois componentes: CORE R3 e SPECTRA.

Enquanto CORE R3 permite que um NEON capture as nuances, expressões e reações de um ser humano real, SPECTRA criará personas NEON exclusivas que serão treinadas e adaptadas por meio de experiências. CORE R3 oferece 100% do que é visualmente real. CORE R3 é pioneiro em um novo paradigma tecnológico que traz uma realidade natural que está além da nossa percepção normal para distinguir. Com latências de menos de 15 ms, CORE R3 sintetiza realidades originais instantaneamente.

SPECTRA complementa CORE R3 com o espectro de inteligência, emoção, aprendizagem e memória. Esse sistema combinará soluções para se adaptar rapidamente aos comportamentos humanos, tornando os NEONs totalmente imersivos.

O Neon da Samsung, um empreendimento da Star Labs, apresentou o novo "humano artificial" NEON durante a CES 2020, em Las Vegas. Neon não é um assistente de voz ou um robô, e sim um *chatbot* de vídeo que pode aprender as preferências das pessoas e responder às suas perguntas de maneira incomumente realista, afirma a empresa. A Samsung espera que empresas e pessoas licenciem Neons e diz que eles podem ser usados como instrutores de ioga, âncoras de TV, porta-vozes, atores de cinema, consultores financeiros e muito mais. A empresa diz que os Neons têm suas próprias emoções e memórias, por exemplo, o que seria um feito surpreendente e sem precedentes da ciência da computação. É mais provável que os criadores possam simplesmente programá-los para simular emoções e armazenar dados.

MOVIMENTO TRANSUMANISTA

A ideia de aprimorar tecnologicamente nossos corpos não é nova. Mas até que ponto os transumanistas entendem o conceito, é. No passado, fazíamos dispositivos como pernas de madeira, aparelhos auditivos, óculos e dentes falsos. No futuro, poderemos usar implantes para aumentar nossos sentidos para que possamos detectar radiação infravermelha ou ultravioleta diretamente ou impulsionar nossos processos cognitivos conectando-nos a chips de memória. Em última análise, ao fundir o homem e a máquina, a ciência produzirá humanos com inteligência, força e longevidade muito maiores; uma quase personificação dos deuses.

Alguns experimentos tecnológicos pareciam existir em algum lugar entre arte, medicina e contracultura. Eles partilhavam o conhecimento da recém-compreendida neuroplasticidade do cérebro e uma ideia utópica de tecnologia, e estavam a empurrar essa compreensão em direções novas e caseiras. Eles foram, pelo menos, os indícios mais convincentes de que esta subcultura introvertida — que se autodenomina "transumana" — às vezes batia às portas da percepção com a mesma determinação que os primeiros experimentadores de drogas alucinógenas no século passado.

Um ponto que pode ser levantado é uma questão particular para aqueles que se preocupam com o movimento transumanista. Eles acreditam que a tecnologia moderna, em última análise, oferece aos humanos a chance de viver por eras (um período indefinido e muito longo), livres — como deveriam estar — das fragilidades do corpo humano. Órgãos com defeito seriam substituídos por versões de alta tecnologia mais duradouras, da mesma forma que as lâminas de fibra de carbono poderiam substituir a carne, o sangue e os ossos de membros naturais. Assim, acabaríamos com a dependência da humanidade em "nossos frágeis corpos humanos versão 1.0 em uma contraparte 2.0 muito mais durável e capaz", como um grupo colocou.

No entanto, a tecnologia necessária para atingir esses objetivos depende de desenvolvimentos ainda não realizados em engenharia genética, nanotecnologia e muitas outras ciências e pode levar muitas décadas para concretizar-se. Como resultado, muitos defensores — como o inventor e empresário americano Ray Kurzweil, o pioneiro da nanotecnologia Eric Drexler, e o fundador do PayPal e capitalista de risco Peter Thiel — apoiaram a ideia de ter seus corpos armazenados em nitrogênio líquido e criogenicamente preservados, até que a ciência médica alcance o estágio em que eles podem ser revividos e seus corpos ressuscitados aumentados e aprimorados.

Em última análise, os adeptos do transumanismo imaginam um dia em que os humanos se libertarão de todas as restrições corpóreas. Kurzweil e seus seguidores acreditam que esse ponto de inflexão será alcançado por volta do ano 2030, quando a biotecnologia permitirá uma união entre humanos e computadores e sistemas de IA genuinamente inteligentes. A mente homem-máquina resultante ficará livre para vagar por um universo de sua própria criação, carregando-se à vontade em um "substrato computacional adequadamente poderoso".

Por sua vez, os transumanistas argumentam que os custos de aprimoramento inevitavelmente cairão e apontam para o exemplo do *smartphone*, que antes era tão caro que apenas os mais ricos podiam pagar, mas que hoje é um dispositivo universal, que pertence a praticamente todos os membros da sociedade. Essa onipresença tornar-se-á uma característica das tecnologias para aumentar homens e mulheres, insistem os defensores. Uma posição é resumida pelo professor de bioética Andy Miah, da Salford University: "O transumanismo é valioso e interessante filosoficamente porque nos faz pensar de forma diferente sobre a gama de coisas que os humanos podem ser capazes de fazer, mas também porque nos leva a pensar criticamente sobre algumas das limitações que achamos que existem, mas podem de fato ser superadas", diz ele. "Estamos a falar sobre o futuro de nossa espécie, afinal."

No âmbito cerebral, os transumanistas imaginam o dia em que os chips de memória e as vias neurais serão realmente incorporados aos cérebros das pessoas, evitando assim a necessidade de usar dispositivos externos, como computadores, para aceder aos dados e fazer cálculos complicados. A linha entre humanidade e máquinas ficará cada vez mais tênue.

ADMIRÁVEL MUNDO NOVO

No momento, nossa experiência consciente é essencialmente linear (um pouco mais complexa do que isso, com camadas e fios de atenção, mas de modo geral há um fluxo cronológico consistente). No admirável mundo novo, nossa consciência poderia ramificar-se sem limites; ou poderíamos ter experiências em rede, em que diferentes locais de consciência seguem caminhos cruzados, fundindo-se em cada nó e a divisão novamente, antes de finalmente se reunir em um nó com a (muito estranha) experiência composta lembrada.

Os ex-humanos e as consciências artificiais aqui permanecem múltiplos e distintos. Talvez haja um argumento para geralmente fundir-se em uma grande consciência? Pode-se pensar que provavelmente não, porque parece-nos que múltiplos locais de consciência simplesmente produziriam mais na forma de pensar e experimentar. Talvez quando nos tornamos suficientemente ligados e multiencadeados, com as consciências polidimensionais e multimembros da rede a ligar tudo livremente, a questão de sermos um ou muitos — e quantos — pode não parecer tão importante.

O estranho é que, mesmo se colocarmos todas as dúvidas ao lado e assumirmos que as trocas de dados realmente transferem experiências subjetivas, a questão não vai embora. Pode ser que o apego a um determinado nodo de consciência condicione a experiência de modo que seja diferente de qualquer maneira. As superinteligências ganharão o controle da própria estrutura da realidade e criarão uma nova camada de realidade acima do nível físico — um "espaço mental", uma paisagem de valores e ideais adequados. As artes, os serviços pessoais e os movimentos filosóficos serão as principais atividades do *mindscape*.

A consciência não é necessária para artifícios estreitos, mas é essencial para a inteligência *geral*. Por que você acha que evoluiu e por que existe uma forte correlação entre o nível de inteligência geral e o nível de autoconsciência no reino animal? Resposta: porque a consciência é essencial para a inteligência geral. O papel da consciência é que ela é o sistema operacional da mente — é uma linguagem simbólica para gerar um modelo conceptual de si mesmo. Ela gerencia recursos mentais, como atenção, e aloca esses recursos de forma adequada.

As superinteligências não precisam de nosso tipo particular de consciência. Este é um tipo bastante específico e necessário, ou seja, capaz de integrar múltiplos domínios de conhecimento em uma "paisagem de ontologia" coerente — ou, em linguagem simples, capaz de formar modelos conceituais de mentes a modelar a realidade.

Seja bem-vindo a este admirável mundo novo!

Professor Luiz Moutinho, BA, MA, Ph.D., MAE, FCIM

Marketing and Management Futurecast, Artificial Intelligence, Biometrics and Neuroscience in Marketing, Futures Research

Visiting Professor of Marketing, Suffolk Business School, University of Suffolk, England.

Visiting Professor of Marketing, The Marketing School, Portugal.

Adjunct Professor, GSB, Faculty of Business and Economics, University of the South Pacific, Suva, Fiji.

Professora Karla Menezes

NeuroMarketing and Consumer Neuroscience Research.

Country Head Portugal & Brazil – Kotler Impact

Marketing Course Leader at ESCE-IPS – Portugal

Docente do Programa Avançado em Neuromarketing e Neurociência do Consumo, APEU – FEUC, Faculdade de Economia da Universidade de Coimbra.

PhD student in Business Management – focus on Marketing and Consumption – Faculty of Economics of the University of Coimbra

MSc in Business Management – Marketing and Consumer Behavior

REFERÊNCIAS

Adams, Tim (2017). When man meets metal: rise of the transhumans, The Guardian, 29th of October.

Arnold, Thomas and Matthias Scheutz (2017). "Beyond Moral Dilemmas: Exploring the Ethical Landscape in HRI", in Proceedings of the 2017 ACM/IEEE International Conference on Human-Robot Interaction—HRI '17, Vienna, Austria: ACM Press, 445–452.

Arp, Robert. (2013). 1001 Ideas: that changed the way we think. Hachete, UK.

Audrin, C., Ceravolo, L., Chanal, J. et al. (2017) Associating a product with a luxury brand label modulates neural reward processing and favors choices in materialistic individuals. Sci Rep 7, 16176.

Ballard, Dana H. (2015). Brain Computation as Hierarchical Abstraction, Computational Neuroscience Series. The MIT Press.

Bostrom, Nick and Eliezer Yudkowsky (2014) "The Ethics of Artificial Intelligence", in The Cambridge Handbook of Artificial Intelligence, Keith Frankish and William M. Ramsey (eds.), Cambridge: Cambridge University Press, 316–334. Doi:10.1017/CBO9781139046855.020 [Bostrom and Yudkowsky 2014 available online].

Brockman, John (2020). THE SINGULARITY – A Talk With Ray Kurzweil, Edge, 10th of September.

Chang KI, Bowyer KW, Flynn PJ (2005) An evaluation of multimodal 2D+3D face biometrics. IEEE Trans Pattern Anal Mach Intell 27: 619–624.

Cherubino et al (2019). Consumer Behaviour through the Eyes of Neurophysiological Measures: State-of-the-Art and Future Trends. Hindawi Computational Intelligence and Neuroscience.

Courchesne E, Allen G. (1997). Prediction and preparation, fundamental functions of the cerebellum. Learn Mem 1997; 4: 1-35.

Du A, Zipkin AM, Hatala KG, Renner E, Baker JL, Bianchi S, Bernal KH, Wood BA. (2018). Pattern and process in hominin brain size evolution are scale-dependent. Proc. R. Soc. B 285: 20172738. http://dx.doi.org/10.1098/rspb.2017.2738

Eagleman, David (2017). The Brain: the story of you. Lisboa: Ed. Vintage.

Ekman, Paul (1973). Darwin and Facial Expression. Edição Paul Ekman.

Ekman, Paul (1975). Unmasking the Face. Edições Malor.

Ekman, Paul (2003). Emotions Revealed. Edição Paul Ekman.

Ekman, Paul (2003). Emotions Inside Out.

Falconer, Joel (2011). What is the Technological Singularity? The Next Web.com, 19th of June.

Forbes. Mind. Archived from the original on March 7, 2017.

Friesen, Wallace V. and Redican, William K. (1972). Emotion in the Human Face. Edição Paul Ekman.

Gaddis, Rebecca (2017). "What Is The Future Of Fabric? These Smart Textiles Will Blow Your Mind". Forbes. Archived from the original on March 7, 2017.

Goense J, Bohraus Y and Logothetis NK (2016) fMRI at High Spatial Resolution: Implications for BOLD-Models. Front. Comput. Neurosci.

Harari, Y.N. (2011). Sapiens, de animais a deuses: uma breve história da humanidade. 10ª ed. Elsinore. Lisboa.

Harvard Business Review. Marketers Should Pay Attention to fMRI.

Hewett; Baecker; Card; Carey; Gasen; Mantei; Perlman; Strong; Verplank. "ACM SIGCHI Curricula for Human–Computer Interaction". ACM SIGCHI. Archived from the original on 17 August 2014.

Hill, Dan (2007). Emotionomics: Winning Hearts and Minds. Minneapolis: Adams Business & Professional.

Hoogman M, Bralten J, Hibar DP, Mennes M, Zwiers MP, Schweren LSJ, van Hulzen KJE, Medland SE, Shumskaya E, Jahanshad N, Zeeuw P, Szekely E, Sudre G, Wolfers T, Onnink AMH, Dammers JT, Mostert JC, Vives-Gilabert Y, Kohls G, Oberwelland E, Seitz J, Schulte-Rüther M, Ambrosino S, Doyle AE, Høvik MF, Dramsdahl M, Tamm L, van Erp TGM, Dale A, Schork A, Conzelmann A, Zierhut K, Baur R, McCarthy H, Yoncheva YN, Cubillo A, Chantiluke K, Mehta MA, Paloyelis Y, Hohmann S, Baumeister S, Bramati I, Mattos P, Tovar-Moll F, Douglas P, Banaschewski T, Brandeis D, Kuntsi J, Asherson P, Rubia K, Kelly C, Martino AD, Milham MP, Castellanos FX, Frodl T, Zentis M, Lesch KP, Reif A, Pauli P, Jernigan TL, Haavik J, Plessen KJ, Lundervold AJ, Hugdahl K, Seidman LJ, Biederman J, Rommelse N, Heslenfeld DJ, Hartman CA, Hoekstra PJ, Oosterlaan J, Polier GV, Konrad K, Vilarroya O, Ramos-Quiroga JA, Soliva JC, Durston S, Buitelaar JK, Faraone SV, Shaw P, Thompson PM, Franke B. (2017). Subcortical brain volume differences in participants with attention deficit hyperactivity disorder in children and adults: a cross-sectional mega-analysis. Lancet Psychiatry. 2017 Apr;4(4):310-319. doi: 10.1016/S2215-0366(17)30049-4. Epub 2017 Feb 16. Erratum in: Lancet Psychiatry.

Howard N, Chouikhi N, Adeel A, Dial K, Howard A and Hussain A (2020) BrainOS: A Novel Artificial Brain-Alike Automatic Machine Learning Framework. Frontiers in Computational Neuroscience, 14:16.

Jegovanović, Ana N. (2020). Tourism in Neuroscience Framework/Cultural Neuroscience, Mirror Neurons, Neuroethics. International Journal of Law and Public Administration Vol. 3, No. 1.

Katwala, Amit (2020). Quantum computing and quantum supremacy, explained, Wired, 5th of March.

Kenning, P.; Plassmann, H.; Ahlert, D. (2007). Applications of functional magnetic resonance imaging for market researchQualitative Market Research: Na International Journal Vol. 10 No. 2, 2007 pp. 135-152.

Kent, Chloe (2019). Artificial neurons could replace lost or damaged brain cells. Medical Device Network. 4th of December.

Kocsis, L.; Herman, P.; Eke, A. (2006). The modified Beer-Lambert law revisited. Phys Med Biol, v. 51, n. 5, p. N91 Disponível em: https://www.ncbi.nlm.nih.gov/pubmed/16481677.

Lindstrom, M. (2008). Buy.ology – a ciência do Neuromarketing. Portugal: Gestão Plus Edições.

Locke, John (2014). Ensaio sobre o Entendimento Humano. Volume 1. 5. ed. Fundação Calouste Gulbenkian, Lisboa. Tradução original inglês intitulado AN ESSAY CONCERNING HUMAN UNDERSTANDING de John Locke. Edição da Dover Publications, Inc., New York, 1959.

Lutz, A., Greischar, L., Rawlings, N., Ricard M., Richard, J. (2004). Long-term meditators self-induce high-amplitude gamma synchrony during mental practice. Burton H. Singer, Princeton University, Princeton, NJ.

Ma, Q.G., Hu, L.F., Pei, G.X., Ren, P.Y., Ge, P., (2014). Applying Neuroscience to Tourism Management: A Primary Exploration of Neurotourism. Applied Mechanics and Materials 670–671, 1637–1640.

McKie, Robin (2018). No death and an enhanced life: Is the future transhuman? The Guardian.

MacLean, P., Boag, T. & Campbell, D. (2019). A Triune Concept of the Brain and Behaviour: Hincks Memorial Lectures. Toronto: University of Toronto Press. https://doi.org/10.3138/9781487576752

McSweeney, Kelly (2019). This is Your Brain on Instagram: Effects of Social mídia on the Brain, NOW, March 17, online.

Meyerding S.G., Mehlhose C.M. (2018). Can neuromarketing add value to the traditional marketing research? An exemplary experiment with functional near-infrared spectroscopy (fNIRS). Journal of Business Research.

Michael, I., Ramsoy, T., Stephens, M. and Kotsi, F. (2019), "A study of unconscious emotional and cognitive responses to tourism images using a neuroscience method", Journal of Islamic Marketing, Vol. 10 No. 2, pp. 543-564.

Mills, J.E., Meyers, M. and Byun, S. (2010), "Embracing broadscale applications of biometric technologies in hospitality and tourism: Is the business ready?", Journal of Hospitality and Tourism Technology, Vol. 1 No. 3, pp. 245-256.

Moravec, Hans (1998). When will computer hardware match the human brain?, Journal of Evolution and Technology, 1.

Moutinho, Luiz (2000). Strategic management in tourism. CABI Publishing, London.

Neurophysiology Joaquín M. Fuster MD, PhD, in The Prefrontal Cortex (Fifth Edition), 2015.

Oster, H., Hager, Joseph C., Maureen O'Sullivan, O.P. Ellsworth, Phoebe. Ekman, Paul. Tomkins, Silvan.

Pantazes, Robert (2017). Computational Protein Engineering, AIChE, October.

Parrinello, Giuli Liebman (2012). Tourism And Neuroscience: A Preliminary Approach. Journal Of Tourism. Volume 7, Number 2, Autumn 2012, pp. 39-54 UDC: 338.48+640(050).

Prince, S.; Malarvizhi, S. (2009). Functional Optical Imaging of a tissue based on Diffuse Reflectance with Fibre Spectrometer. 4th European Conference of the International Federation for Medical and Biological Engineering, Berlin, Heidelberg. p.484-487.

Reimann et al. (2017). Cliques of Neurons Bound into Cavities Provide a Missing Link between Structure and Function.

Revista Visão, nº 1434, setembro de 2020.

Roberts, Christopher (2013). The size of the Internet – and the human brain, Technology Bloggers.

Rocha, A.M. (2001). Neurobiologia e Cognição. Brasil: Interface (Botucatu) vol.5 no.8.

Schaefer M., Berens H., Heinze H-J., Rotte M. (2006). Neural correlates of culturally familiar brands of car manufacturers. Neuroimage, 31, pp. 861–865. Revista Visão, edição 1434.

Scherer, Klaus R. (2003). Vocal communication of emotion: A review of research paradigms, Speech Communication, 40. 1-2 (April): 227-256.

Schiffer, F., L Johnston, A.L., Ravichandran, C., Polcari, A., Teicher, M. H., Webb, R. H., Hamblin, M.R. (2009). Psychological benefits 2 and 4 weeks after a single treatment with near infrared light to the forehead: a pilot study of 10 patients with major depression and anxiety. Behavioral and Brain Functions. BioMed Central. doi:10.1186/1744-9081-5-46.

Scott, Noel. Green, Christine. Fairley, Sheranne. Investigation of the use of eye tracking to examine tourism advertising effectiveness. Journal Current Issues in Tourism Volume 19, 2016 – Issue 7 Pages 634-642.

Shanahan, Murray (2015). The Technological Singularity, The MIT Press Essential Knowledge series.

Simonite, Tom (2010). Computing at the Speed of Light, MIT Technology Review, 4th of August.

Stone, Peter, Rodney Brooks, Erik Brynjolfsson, Ryan Calo, Oren Etzioni, Greg Hager, Julia Hirschberg, Shivaram Kalyanakrishnan, Ece Kamar, Sarit Kraus, Kevin Leyton-Brown, David Parkes, William Press, AnnaLee Saxenian, Julie Shah, Milind Tambe, and Astro Teller (2016,). "Artificial Intelligence and Life in 2030", One Hundred Year Study on Artificial Intelligence: Report of the 2015–2016 Study Panel, Stanford University, Stanford, CA, September 2016. [Stone et al. 2016 available online].

Tirapu-Ustárroz, Javier., Luna-Lario, Pilar., Iglesias-Fernández, M. Dolores. & Hernáez-Goñi, Pilar (2011). Contribución del cerebelo a los procesos cognitivos: avances actuales. Rev Neurol 2011; 53 (5): 301-315.

Torresen, Jim (2018). A Review of Future and Ethical Perspectives of Robotics and AI, Frontiers in Robotics and AI (15th of January).

Tsotsos, John K. (2015). Computational abstraction towards a theory of the brain. Current Biology, 25,16 (August 17th).

Tzezana, Roey (2017). Singularity: Explain It to Me Like I'm 5-Years-Old -Here's how to understand the merger of humans and robots. Futurism, March the 3rd.

Ulman, Y. I., Cakar, T., & Yildiz, Gokcen. (2015). Ethical issues in neuromarketing: "I consume, therefore I am!". Science and Engineering Ethics, 21(5), 1271-1284.

Van Hooijdonk, Richard (2019) The future of robots and artificial intelligence-Robots and artificial intelligence (AI) bring exciting opportunities to industries, promising to make our future more automated and efficient, FutureTimeline.net, 16th of February.

Vanderelst, D. and Winfield AFT (2018), The Dark Side of Ethical Robots, AAAI/ACM Conf. on AI Ethics and Society (AIES 2018), New Orleans.

Vasanelli, S. (2011). Brain-Chip Interfaces: The Present and The Future. The European Future Technologies Conference and Exhibition. Volume 7, 2011, Pages 61-64.

Vega, K. F.C.; Flanagan, P. J.; Fuks, H. (2013). Blinklifier: A Case Study for Prototyping Wearable Computers in Technology and Visual Arts. A. Marcus (Ed.): DUXU/HCII 2013, Part III, LNCS 8014, pp. 439–445, 2013. © Springer-Verlag Berlin Heidelberg 2013.

Villringer, A.; Chance, B. (1997). Non-invasive optical spectroscopy and imaging of human brain function. Trends Neurosci, v. 20, n. 10, p. 435 42.Disponível em: https://www.ncbi.nlm.nih.gov/pubmed/9347608

Wallach, W., and Allen, C. (2009). Moral Machines: Teaching Robots Right from Wrong. New York: Oxford University Press.

Wang, Wan-Chen; Pestana, Maria Helena & Moutinho, Luiz (2017). The Effect of Emotions on Brand Recall by Gender Using Voice Emotion Response with Optimal Data Analysis, Innovative Research Methodologies in Management. 103-133.

Weerathunge, H.R., Alzamendi, G.A., Cler, G.J., Guenther, F.H., Stepp, C.E. & Zañartu, M. (2022). LaDIVA: A neurocomputational model providing laryngeal motor control for speech acquisition and production. PLOS Computational Biology.

What is Human-Computer Interaction (HCI) ? SYSTEMS & TECHNOLOGY, FEBRUARY 15, 2019.

Wolf, M. et al. (2002). Different Time Evolution of Oxyhemoglobin and Deoxyhemoglobin Concentration Changes in the Visual and Motor Cortices during Functional Stimulation: A Near-Infrared Spectroscopy Study. NeuroImage, v. 16, n. 3, p. 704-712.

Zhuowei, Qian Li. Christianson, Kiel (2016). Visual attention toward tourism photographs with text: An eye-tracking study, Tourism Management, 54, June: 243-258.

www.dvseditora.com.br